清华电脑学堂

计算机网络技术基础及应用

微课视频版　　黄敏 ◎ 编著

清华大学出版社
北京

内容简介

本书从计算机网络的基础知识出发，详细介绍网络体系结构、数据通信原理、互联网技术、网络应用等内容，帮助读者迅速掌握和提高关于计算机网络方面的知识和技能。

全书共11章，内容涵盖计算机网络的基础知识、体系结构与参考模型、数据通信技术、TCP/IP基础、局域网组网技术、局域网互联技术、无线局域网技术、广域网技术、网络应用、网络安全以及网络新技术及应用的相关内容。每章内容除了必备的理论知识外，还穿插"知识拓展"板块，为读者深度剖析理论知识点，"注意事项"强调一些需要特别关注和易混淆、易错的知识点。每章最后还增加"知识延伸"板块，介绍新技术和相关应用，拓展读者的视野和知识储备，提高专业思维水平。

本书内容丰富、全面细致、实用性强，通过网络知识的讲解，帮助读者深入理解网络的工作原理并掌握网络应用技能。本书非常适合网络工程师、安全工程师、计算机软硬件工程师、网络知识爱好者、网络维护人员等技术人员学习参考，也可作为高等院校计算机网络课程的教材。

版权所有，侵权必究。举报：010-62782989，beiqinquan@tup.tsinghua.edu.cn。

图书在版编目（CIP）数据

计算机网络技术基础及应用：微课视频版 / 黄敏编著. -- 北京：清华大学出版社，2025.5. （清华电脑学堂）. -- ISBN 978-7-302-68885-3

Ⅰ. TP393

中国国家版本馆CIP数据核字第2025JG0702号

责任编辑：袁金敏
封面设计：阿南若
责任校对：胡伟民
责任印制：刘海龙

出版发行：清华大学出版社
网　　址：https://www.tup.com.cn，https://www.wqxuetang.com
地　　址：北京清华大学学研大厦A座　　邮　编：100084
社 总 机：010-83470000　　邮　购：010-62786544
投稿与读者服务：010-62776969，c-service@tup.tsinghua.edu.cn
质 量 反 馈：010-62772015，zhiliang@tup.tsinghua.edu.cn
课 件 下 载：https://www.tup.com.cn，010-83470236
印 装 者：天津鑫丰华印务有限公司
经　　销：全国新华书店
开　　本：185mm×260mm　　印　张：16.25　　字　数：409千字
版　　次：2025年5月第1版　　印　次：2025年5月第1次印刷
定　　价：59.80元

产品编号：110622-01

前言

首先,感谢您选择并阅读本书。

新时代呼唤新技术,新征程需要新人才。党的二十大报告明确提出,要加快建设教育强国、科技强国、人才强国。网络作为现代信息社会的基石,标准化、科学化的建设和使用直接关系到国家信息化建设的成败。在信息技术飞速发展的当下,计算机网络技术已经渗透到社会的各个领域,从基础设施到高新科技,从日常生活到工业生产。随着网络规模的不断扩大和复杂性的提升,对网络技术及应用的深入理解成为信息化社会中不可或缺的技能。

本书以党的二十大精神为指导,以培养高素质网络技术人才为目标,科学性、系统性地梳理和深入探讨计算机网络的基本原理、技术应用以及最新的发展趋势。引导读者快速掌握网络相关知识,提升网络管理水平。网络的发展推动着社会生产力的进步,掌握网络这一工具,则具有更广阔的发展前景,并能够为推动我国网络技术的发展贡献力量。

本书涵盖计算机网络技术的各类基础知识、协议体系、网络安全与管理,以及当前热门的网络应用技术等。深入讲解如TCP/IP协议栈、交换技术、路由原理、网络互联技术、安全加密机制、无线网络技术、物联网、云计算等知识,构建了一个体系化的网络技术学习路径。在注重基本概念讲解的同时,附带了新颖实用的网络技术实验手册,使读者能够更好地将网络知识融入实际应用中。

本书特色

在编写本书的过程中,力求做到内容全面、准确、实用,结构清晰、逻辑严谨,语言通俗易懂。希望通过本书,能够帮助读者提高网络技术及应用的综合能力。

- **科学系统、全面翔实**。书中的知识点涵盖网络各方面的技术知识,如网络运行原理、设备工作原理、功能实现配置、关键与核心技术等多个方面。通过本书的学习,用户可以系统全面地掌握网络相关的各类知识。
- **从易而难、易用易学**。针对初学者的学习特点和接受能力,合理地调整了网络知识体系结构的阐述,对学习内容进行了科学的优化和组织,并紧贴职业标准和岗位能力要求。让初学者入门无压力,使从业者迅速提高理论水平。也可以作为参考用书,查漏补缺。
- **涵盖热点、面向未来**。除了基础性、原理性知识的介绍外,本书还涵盖近年来热门的网络应用技术,如IPv6、Mesh组网、Wi-Fi 7、云计算、物联网、大数据、人工智能等,紧跟当今网络领域的发展和流行趋势。通过对新兴网络技术的讲解,帮助读者拓展视野,保持对行业发展的敏锐度。

内容概述

全书共11章，各章节内容见表1。

表1

章序	内容导读	难度指数
第1章	介绍网络的出现与发展、网络的定义与组成、常见性能指标、主要功能、网络的分类和结构、网络的主要应用等	★☆☆
第2章	介绍网络的体系结构与协议、OSI参考模型简介、层次结构、功能与局限性、TCP/IP参考模型简介、层次结构及两种模型的比较、五层原理参考模型等	★★☆
第3章	介绍数据通信基础，数据信息系统模型、通道与信道、常见的通信技术指标、并行与串行通信、异步传输与同步传输、基带、频带与宽带传输、多路复用技术、数据交换技术、差错控制技术等	★★★
第4章	介绍TCP/IP基础、工作流程、特点与应用，IP协议①与IP地址、子网与子网掩码、IPv6协议、IP数据报的格式、IP协议簇常见协议及功能、进程与端口号、UDP协议相关知识、TCP协议相关知识、报文格式及工作过程、可靠传输的实现、流量控制技术等	★★★
第5章	介绍局域网的组成，网络通信设备，网络介质、介质的访问控制，数据链路层的分层、MAC层的地址机制，介质访问控制类型，CSMA/CD与CSMA/CA的工作原理，交换式以太网的出现，交换机的工作过程与原理、转发技术、分层结构，VLAN与配置，生成树协议与配置，链路聚合技术与配置，家庭与小型公司局域网的组建与配置等	★★★
第6章	介绍局域网互联的类型、关键设备与技术，路由器的概念与工作过程，路由的类型与原理，路由表的查看，常见的路由算法及原理，RIP协议、OSPF协议，静态路由的配置，默认路由的配置，RIP协议的配置，OSPF协议的配置等	★★★
第7章	介绍无线局域网的概念与结构、IEEE 802.11系列无线标准、WLAN频段、WLAN使用的关键技术、WLAN常用设备及其功能、无线对等网的配置、Mesh路由器的配置、随身Wi-Fi的配置、笔记本电脑无线热点及共享上网配置等	★★☆
第8章	介绍广域网的特性与分类、广域网的连接及传输技术、广域网的安全技术与常见协议、HDLC协议的相关知识、PPP协议的相关知识、MPLS协议的相关知识、其他常见协议、Internet常见接入技术等	★★★
第9章	介绍网络操作系统基础及常见的系统、WWW服务的概念和工作原理、DNS的结构和查询、FTP服务简介和部署、DHCP服务简介及部署、电子邮件服务等	★★☆
第10章	介绍网络安全基础、常见的威胁及表现形式、常见的防范机制、网络安全体系建设、防火墙技术及种类、部署模式及策略、加密技术、加密算法、数据完整性保护、数字签名和数字证书、入侵检测技术功能与分类、网络病毒的危害和防范、网络管理技术与管理协议等	★★☆
第11章	介绍云计算基础及服务模型、部署模式和工作原理、关键技术及应用，物联网及组成、分类及关键技术、应用与发展趋势，大数据技术特性与关键技术，人工智能技术的原理、特征与基础、分支与应用等	★☆☆

本书的配套素材和教学课件可扫描下面的二维码获取。如果在下载过程中遇到问题，请联系袁老师，邮箱：yuanjm@tup.tsinghua.edu.cn。书中重要的知识点和关键操作均配备高清视频，读者可扫描书中二维码边看边学。

本书由黄敏编著。在编写过程中得到郑州轻工业大学教务处的大力支持，在此表示衷心的感谢。作者在编写过程中虽力求严谨细致，但由于时间与精力有限，书中疏漏之处在所难免。如果读者在阅读过程中有任何疑问，请扫描下面的"技术支持"二维码，联系相关技术人员解决。教师在教学过程中有任何疑问，请扫描下面的"教学支持"二维码，联系相关技术人员解决。

附赠资源

教学课件

技术支持

教学支持

① 为便于理解与区分IP协议与IP地址，本书使用TCP协议、IP协议等叫法。

专题学习视频课程

☑ **课程简介**：本专题视频课程详细介绍计算机网络技术及其应用，涵盖Windows和Linux操作系统中关于网络配置与网络设备的常见技术应用。通过实际操作演示，帮助学员理解和掌握网络技术在日常工作中的应用，并提供系统性的学习经验。

☑ **新手痛点分析**：对于初学者来说，网络技术的基础概念和实际应用往往较为抽象，难以直观理解并与实际操作建立联系，导致学习效率低下。此外，缺乏系统的学习路径与操作经验，使得新手在配置网络设备、解决系统问题时常常感到无从下手。

☑ **学习目的**：通过本专题视频课程，读者将深入理解计算机网络的基本原理和常见应用，提高实际操作技能，能够将所学的网络技术应用到日常工作中，解决常见的网络问题，逐步提升对网络技术的综合运用能力。

目 录

第1章 认识计算机网络

1.1 认识计算机网络 ……………………… 2
   1.1.1 网络的出现 ……………………… 2
   1.1.2 网络的发展 ……………………… 2
1.2 认识网络 …………………………………… 5
   1.2.1 网络的定义 ……………………… 5
   1.2.2 网络的组成 ……………………… 5
   1.2.3 网络的性能指标 ………………… 6
1.3 网络的主要功能 ………………………… 8
   1.3.1 数据传输 ………………………… 8
   1.3.2 资源共享 ………………………… 8
   1.3.3 提高系统的可靠性与访问质量 … 8
   1.3.4 分布式处理及存储 ……………… 10
   1.3.5 综合信息服务 …………………… 10
1.4 网络的分类和结构 ……………………… 10
   1.4.1 网络的分类 ……………………… 10
   1.4.2 网络的常见结构 ………………… 12
1.5 网络的主要应用 ………………………… 14
   1.5.1 信息共享与传播 ………………… 14
   1.5.2 资源共享 ………………………… 15
   1.5.3 远程访问 ………………………… 15
   1.5.4 电子商务 ………………………… 15
   1.5.5 网络游戏 ………………………… 16
   1.5.6 物联网 …………………………… 16
   1.5.7 云计算 …………………………… 17
   1.5.8 其他应用 ………………………… 17
知识延伸：网络计算模式及发展 ……… 18

第2章 网络体系结构与参考模型

2.1 网络体系结构与协议 …………………… 21
   2.1.1 认识网络体系结构 ……………… 21
   2.1.2 层次化结构设计 ………………… 21
   2.1.3 网络协议简介 …………………… 22
2.2 开放系统互联参考模型 ………………… 22
   2.2.1 OSI参考模型简介 ……………… 22
   2.2.2 OSI参考模型层次结构与功能 … 23
   2.2.3 OSI参考模型的局限性 ………… 25
2.3 TCP/IP参考模型 ………………………… 26
   2.3.1 认识TCP/IP参考模型 ………… 26
   2.3.2 TCP/IP参考模型的层次结构 … 27
   2.3.3 两种参考模型的比较 …………… 28
2.4 五层原理参考模型 ……………………… 29
   2.4.1 五层原理参考模型的出现 ……… 29
   2.4.2 五层原理参考模型的优势 ……… 29
知识延伸：网络拓扑图的绘制 ………… 30

第3章 数据通信技术

3.1 数据通信基础 …………………………… 33
   3.1.1 信息、数据与信号 ……………… 33
   3.1.2 数据信息系统模型 ……………… 35
   3.1.3 信道与信道的分类 ……………… 36
   3.1.4 数据通信的技术指标 …………… 37
3.2 数据通信方式 …………………………… 39
   3.2.1 并行通信与串行通信 …………… 39
   3.2.2 异步传输与同步传输 …………… 40
   3.2.3 基带传输、频带传输与宽带传输 … 42
   3.2.4 数据传输方向 …………………… 43
   3.2.5 多路复用技术 …………………… 45
3.3 数据交换技术 …………………………… 49
   3.3.1 电路交换 ………………………… 49
   3.3.2 报文交换 ………………………… 50
   3.3.3 分组交换 ………………………… 50
3.4 差错控制技术 …………………………… 52
   3.4.1 差错的产生原因 ………………… 52

3.4.2 差错的控制 … 52
3.4.3 常见的差错检测 … 53
知识延伸：编码与调制 … 54

第4章
TCP/IP基础

4.1 TCP/IP协议简介 … 58
　4.1.1 认识TCP/IP协议 … 58
　4.1.2 TCP/IP协议的工作流程 … 58
　4.1.3 TCP/IP协议的特点 … 58
　4.1.4 TCP/IP协议的应用 … 58
4.2 IP协议 … 59
　4.2.1 IP协议简介 … 59
　4.2.2 IP地址 … 59
　4.2.3 特殊的IP … 62
　4.2.4 子网与子网掩码 … 63
　4.2.5 IPv6协议简介 … 66
　4.2.6 IP数据报格式 … 68
　4.2.7 IP协议簇的其他常见协议 … 71
4.3 UDP协议 … 72
　4.3.1 进程与端口号 … 73
　4.3.2 UDP协议简介 … 74
　4.3.3 UDP协议的首部格式 … 75
　4.3.4 UDP协议的优缺点 … 76
4.4 TCP协议 … 76
　4.4.1 TCP协议简介 … 76
　4.4.2 TCP报文格式 … 77
　4.4.3 TCP协议的工作过程 … 79
　4.4.4 TCP协议可靠传输的实现 … 81
知识延伸：TCP协议拥塞控制 … 87

第5章
局域网组网技术

5.1 局域网的组成 … 90
　5.1.1 网络通信设备 … 90
　5.1.2 服务器 … 92
　5.1.3 网络介质 … 93
　5.1.4 软件系统 … 97
　5.1.5 网络终端设备 … 97
5.2 局域网的介质访问控制 … 97
　5.2.1 数据链路层的分层 … 98

5.2.2 MAC层的地址机制 … 99
5.2.3 介质访问控制的类型 … 100
5.2.4 认识CSMA/CD … 100
5.2.5 CSMA/CA … 102
5.2.6 令牌环访问控制 … 103
5.3 交换式以太网 … 104
　5.3.1 交换式以太网的出现 … 104
　5.3.2 交换机的工作过程 … 107
　5.3.3 交换机的工作原理 … 107
　5.3.4 交换机的转发技术 … 109
　5.3.5 交换式网络的分层结构 … 110
　5.3.6 交换式以太网的优点 … 111
　5.3.7 交换式以太网的应用 … 112
5.4 以太网交换机常用功能与配置 … 112
　5.4.1 VLAN … 112
　5.4.2 生成树协议 … 117
　5.4.3 链路聚合 … 119
　5.4.4 PoE技术 … 121
5.5 家庭和小型公司局域网的组建 … 122
　5.5.1 设备的选择 … 122
　5.5.2 核心设备的连接 … 122
　5.5.3 核心设备的配置 … 124
知识延伸：思科模拟器的使用 … 127

第6章
局域网互联技术

6.1 局域网互联概述 … 130
　6.1.1 认识局域网互联 … 130
　6.1.2 局域网互联的类型 … 130
　6.1.3 局域网互联的关键设备与技术 … 131
　6.1.4 局域网互联的挑战和应对 … 131
6.2 认识路由 … 132
　6.2.1 路由的基本概念 … 132
　6.2.2 路由器的工作过程 … 132
　6.2.3 两种数据传输模式 … 134
　6.2.4 路由的类型 … 135
　6.2.5 查看路由表 … 136
6.3 路由选择协议 … 137
　6.3.1 路由算法 … 137
　6.3.2 分层次的路由选择协议 … 139
　6.3.3 DV路由选择算法与RIP协议 … 140
　6.3.4 LS路由选择与OSPF协议 … 142
　6.3.5 部署和选择路由协议 … 144

6.4 路由协议的配置 ... 145
6.4.1 静态路由的配置 ... 145
6.4.2 默认路由的配置 ... 147
6.4.3 RIP协议的配置 ... 149
6.4.4 OSPF协议的配置 ... 151
知识延伸：EIGRP路由协议 ... 154

第7章 无线局域网技术

7.1 认识无线局域网 ... 158
7.1.1 无线局域网概述 ... 158
7.1.2 无线局域网的结构 ... 158
7.1.3 无线局域网的优缺点 ... 160
7.2 WLAN常见的标准与技术 ... 161
7.2.1 IEEE 802.11系列标准 ... 161
7.2.2 WLAN的主要频段及特点 ... 163
7.2.3 WLAN的主要技术 ... 164
7.3 WLAN常见的设备 ... 165
7.3.1 无线路由器 ... 165
7.3.2 无线AP ... 167
7.3.3 无线AC ... 169
7.3.4 无线网桥 ... 171
7.3.5 其他无线设备 ... 174
7.4 WLAN的配置 ... 174
7.4.1 无线对等网及其共享上网的配置 ... 174
7.4.2 Mesh路由器的配置 ... 177
7.4.3 随身Wi-Fi网络的配置和管理 ... 178
7.4.4 笔记本电脑无线热点共享上网 ... 180
知识延伸：无线局域网的安全技术 ... 181

第8章 广域网技术

8.1 认识广域网 ... 183
8.1.1 广域网的特性与分类 ... 183
8.1.2 广域网的连接技术 ... 184
8.1.3 广域网的传输技术 ... 184
8.1.4 广域网的性能优化技术 ... 185
8.1.5 广域网的安全技术 ... 186
8.1.6 广域网的常见协议 ... 186
8.1.7 广域网的未来发展趋势 ... 187

8.2 HDLC协议 ... 188
8.2.1 HDLC协议的特点 ... 188
8.2.2 HDLC协议的数据传输机制 ... 188
8.2.3 HDLC协议的数据帧 ... 188
8.2.4 HDLC协议的差错与流量控制 ... 189
8.3 PPP协议 ... 190
8.3.1 认识PPP协议 ... 190
8.3.2 PPP协议的主要功能 ... 191
8.3.3 PPP协议的组成 ... 192
8.3.4 PPP协议的工作过程 ... 192
8.3.5 PPP协议帧格式 ... 192
8.3.6 LCP与NCP的功能 ... 193
8.4 MPLS协议 ... 193
8.4.1 认识MPLS协议 ... 194
8.4.2 MPLS协议标签结构 ... 194
8.4.3 MPLS协议的工作机制 ... 194
8.4.4 MPLS协议的特性和优势 ... 195
8.5 其他常见协议 ... 195
8.5.1 X.25协议 ... 195
8.5.2 帧中继协议 ... 196
8.6 Internet接入 ... 197
8.6.1 DSL技术 ... 197
8.6.2 以太网接入技术 ... 198
8.6.3 光纤接入技术 ... 198
知识延伸：NAT技术 ... 200

第9章 网络应用

9.1 网络操作系统 ... 204
9.1.1 认识网络操作系统 ... 204
9.1.2 常见的网络操作系统 ... 205
9.1.3 网络服务简介 ... 206
9.2 认识WWW ... 208
9.2.1 万维网服务概述 ... 208
9.2.2 万维网服务的访问 ... 209
9.2.3 HTTP报文结构 ... 211
9.2.4 Web服务器的部署 ... 212
9.3 认识域名系统 ... 214
9.3.1 域名的出现与DNS ... 214
9.3.2 域名的结构 ... 214
9.3.3 域名的查询 ... 215
9.3.4 域名服务的部署 ... 217

9.4 认识FTP服务 ······ 218
9.4.1 FTP服务简介 ····· 218
9.4.2 FTP服务的部署 ····· 219
9.5 认识DHCP服务 ····· 220
9.5.1 DHCP服务简介 ····· 220
9.5.2 DHCP服务的部署 ····· 222
9.6 认识电子邮件服务 ····· 223
9.6.1 电子邮件服务概述 ····· 223
9.6.2 工作过程 ····· 224
9.6.3 常见协议解析 ····· 224
知识延伸：常见的局域网共享协议 ····· 226

第10章 网络安全

10.1 认识网络安全 ····· 228
10.1.1 认识网络安全 ····· 228
10.1.2 网络威胁及表现形式 ····· 228
10.1.3 网络安全的防范机制 ····· 231
10.1.4 网络安全体系建设 ····· 232
10.2 防火墙技术 ····· 234
10.2.1 认识防火墙 ····· 234
10.2.2 防火墙的种类 ····· 235
10.2.3 防火墙的部署模式 ····· 236
10.2.4 防火墙的策略 ····· 236
10.2.5 防火墙的发展趋势 ····· 236
10.3 加密技术 ····· 237
10.3.1 加密技术关键要素 ····· 237
10.3.2 加密算法的分类 ····· 237
10.3.3 数据完整性保护 ····· 238
10.4 数字签名与数字证书 ····· 239
10.4.1 数字签名 ····· 239
10.4.2 数字证书 ····· 241
10.5 入侵检测技术 ····· 241
10.5.1 入侵检测系统简介 ····· 242
10.5.2 入侵检测系统功能 ····· 242
10.5.3 入侵检测技术分类 ····· 242
10.5.4 入侵检测技术的发展趋势 ····· 243
10.6 网络病毒防范技术 ····· 244
10.6.1 认识计算机病毒 ····· 244
10.6.2 病毒的主要危害 ····· 244
10.6.3 病毒的防范技术 ····· 244
10.7 网络管理 ····· 246
10.7.1 认识网络管理 ····· 246
10.7.2 网络管理协议 ····· 247
10.7.3 安全管理 ····· 247
知识延伸：网络渗透测试技术 ····· 248

第11章 网络新技术及应用

扫码下载本章内容

第1章 认识计算机网络

计算机网络（以下简称网络）是人类最伟大的发明之一，影响着现代社会生活的各方面，并发展为一门专业的学科。网络的出现极大地改变了人们的社交方式，成为人们生产生活中不可或缺的组成部分。本章主要讲解网络相关基础知识。

要点难点

- 网络的产生与发展
- 网络的定义和组成
- 网络的分类和结构
- 网络的主要应用

1.1 网络的出现与发展

网络的出现与发展离不开计算机技术的发展与人们的需求。在计算机发展历史中，随着大量大型计算机在美国重要部门的普及和使用，通信和安全问题也随之出现。

1.1.1 网络的出现

具有现代意义的网络出现在20世纪60年代，为了防止在特殊时期，中心型网络的中央计算机一旦被摧毁，整个网络就会全部瘫痪的情况发生，美国国防部高级研究计划局（ARPA）急于寻找一种没有中央核心的计算机通信系统。在这套特殊的系统中节点设备之间互相独立，作用级别相同，并且彼此之间可以互相通信。

1969年，ARPA资助并建立的ARPA网络（ARPANET），如图1-1所示，将美国西南部的University of California Los Angeles（加利福尼亚大学洛杉矶分校）、Stanford Research Institute Research Lab（斯坦福大学研究学院，图中为SRI Research Lab）、University of California Santa Barbara（加利福尼亚大学圣巴巴拉分校）和University of Utah（犹他大学）的计算机主机连接起来。这就是网络的雏形，也是因特网（Internet）的雏形。此后ARPANET的规模不断扩大，到20世纪70年代节点超过60个，主机有100多台。连通了美国东西部的许多大学和科研机构，并通过卫星与夏威夷和欧洲地区的计算机网络互联互通。

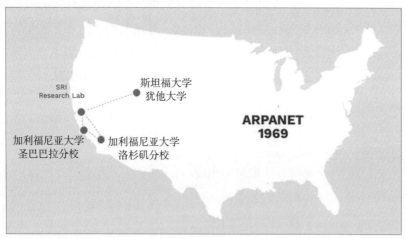

图 1-1

1.1.2 网络的发展

网络的发展大致经历了4个阶段，各阶段的代表性特点和优缺点如下。

1. 终端远程联机阶段

在20世纪50年代中后期，出现了由一台高性能的中央主机作为数据信息存储和处理的中心设备，然后通过通信线路将多个地点的终端连接起来，构成以单个计算机为中心的远程联机系统，也就是第一代计算机网络。它是以批处理和分时系统为基础所构成的一个最简单的网络体系。其中各终端分时访问中心计算机的资源，中心计算机再将处理结果返回对应终端，终端没有数据的存储和处理能力,该拓扑结构如图1-2所示。当时美国的航空售票系统就采用了该种模式的网络。

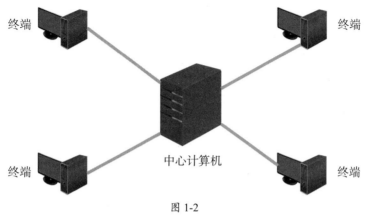

图 1-2

> **✓知识点拨 拓扑结构**
>
> 拓扑结构是指计算机网络中各节点和链路的物理布局或逻辑连接方式,它定义了网络中各设备如何相互连接,以及数据如何在网络中传输。

这种结构网络的缺点是对中心计算机的要求高,终端对中心计算机的依赖程度也高。如果中心计算机负载过重,会使整个网络的性能下降。如果中心计算机发生故障,整个网络系统就会瘫痪。而且该网络中只提供终端与中心计算机之间的通信,无法做到终端间的通信。但当初的设计目的——实现远程信息处理,达到资源共享,已经基本实现。

2. 计算机互联阶段

随着大型主机与程控交换技术的出现与发展,提出了对大型主机资源远程共享的要求。前面介绍的ARPANET就是在该阶段出现的。该阶段的网络逻辑拓扑结构如图1-3所示。该阶段的网络已经摆脱了中心计算机的束缚,多台独立的计算机通过通信线路互联,任意两台计算机间通过约定好的"协议"进行通信,此时的网络也称为分组交换网络。该时期的网络多以电话线路以及少量的专用线路为基础,目标是"以能够相互共享资源为目的、互联起来的具有独立功能的计算机的集合体"。

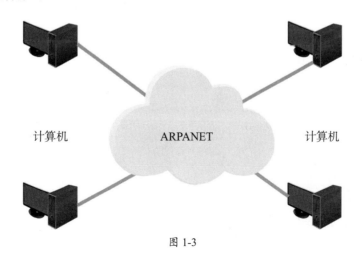

图 1-3

3. 网络标准化阶段

随着计算机技术的成熟，价格也在逐渐降低，越来越多的使用者加入到了网络中，网络规模变得越来越大，通信协议也越来越复杂。各个计算机厂商以及通信厂商各自为政，自有产品都使用自有协议，导致在网络互访方面给用户造成了很大的困扰。1984年，国际标准化组织（ISO）制定了一种统一的网络分层结构——OSI参考模型，将网络分为七层。在OSI七层模型中，规定了网络设备在对应层之间必须能够通信。网络的标准化大大简化了网络通信结构，让异构网络（图1-4）互联成为可能。

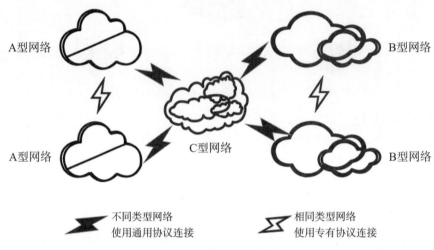

图 1-4

4. 信息高速公路阶段

随着TCP/IP协议的广泛应用，在ARPANET的基础上，形成了最早的Internet网骨干。而后被美国国家科学基金会规划建立的13个国家超级计算机中心及国家教育科技网所代替，后者变成了Internet的骨干网。20世纪80年代末开始，局域网技术发展成熟，并出现了光纤及高速网络技术。20世纪90年代中期开始，互联网进入高速发展阶段，以Internet为核心的第四代计算机网络出现。第四代网络也称为信息高速公路（高速、多业务、大数据量）。发展到现在，网络及网络应用已经深入人们生活的各方面：网上直播、网上购物、网上会议、订票、挂号、点餐、游戏、网上视频、网上银行等，都在彰显着网络的重大作用，如图1-5及图1-6所示。所以每个人都有必要学习一定的网络相关知识。

图 1-5

图 1-6

1.2 认识网络

网络的发展及应用层次也代表着社会生产力的发展程度。在讲解了网络的出现和发展后，下面重点讲解网络的相关定义及主要的性能指标。

1.2.1 网络的定义

"网络"指利用通信线缆、无线技术、网络设备等（链路），将不同位置的设备（节点）连接起来，如图1-7所示，通过共同遵守的协议、网络操作系统、管理系统等，实现硬件、软件、资源、数据信息的共享、传递的一整套功能完备的系统。

图 1-7

当然现在的网络连接的终端设备已经不仅仅局限于计算机，而是包括一切可以连接到网络上，并可以相互通信的网络终端设备，如常见的智能手机、智能电视、智能门禁系统、智能冰箱、网络打印机、网络摄像机、各种智能穿戴设备、各种嵌入式设备等，如图1-8所示。它们都可以通过有线或无线的方式接入网络，用户可以在任意位置获取设备状态信息并控制它们。

图 1-8

1.2.2 网络的组成

通常来说，由处于核心的网络通信设备（主要是路由器）、网络操作系统以及各种线缆组成的结构叫作通信子网，主要目的是传输及转发数据。而所有互联的设备，无论是提供共享资源的服务器，还是各种访问资源的计算机及其他网络终端设备，都叫作资源子网，负责提供及获取资源。网络的组成结构如图1-9所示。

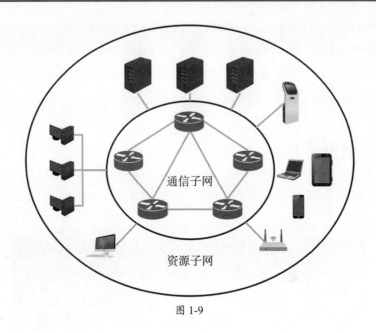

图 1-9

1. 通信子网

通信子网由转发节点和通信链路组成。通信设备、网络通信协议、通信控制软件等属于通信子网，是网络的内层，负责信息的传输。其主要功能是为用户提供数据的传输、转接、加工、变换等。简单来说，通信子网的任务是在端节点之间传送报文。

2. 资源子网

资源子网由计算机系统、终端、终端控制器、连网外设、各种软件资源与信息资源组成。资源子网主要负责全网的信息处理和数据处理业务，向网络用户提供各种网络资源和网络服务，为网络用户提供网络服务和资源共享功能等。

1.2.3 网络的性能指标

网络的性能指标代表网络的通信质量，通过网络性能指标可以评判网络的承载能力以及网络通信质量的高低，常见的性能指标有以及几种。

1. 带宽

网络的带宽是指单位时间内某网络可通过的最高数据量，常用的单位是b/s（bit per second，比特每秒）。如某网络的带宽是100Mb/s，代表每秒可以传输100Mb的数据。在实际使用中常把b/s省略，直接称该带宽为100M。

> **⚠注意事项** 网速与存储单位的换算
>
> 计算机使用字节（Byte）作为存储单位，位（bit）表示信息的最小单位，8位（8bit）组成1字节（Byte），简称B，此时1Byte=8bit。
> 在实际应用中，因为ISP提供的线路带宽的单位是比特每秒，而一般下载软件显示的是存储单位，也就是字节每秒，所以要通过换算（带宽/8）才能得实际值。如100Mb/s网络带宽的理论下载速度或者下载工具显示的速度在12.5MB/s左右。

带宽越大，单位时间内经过的数据越多，下载速度也就越快。在计算机的网卡属性中，可以看到当前网络速度为1.0Gb/s（1000Mb/s），如图1-10所示。

2. 时延

时延也就是常说的网络延迟，指一个数据包从用户的设备发送到测速点，然后再立即返回用户设备的来回时间，以毫秒（ms）计算。一般时延在0~100ms都是正常的速度，不会有较明显的卡顿。如使用ping命令，可以看到当前的时延为11ms，如图1-11所示。时延越小，网络应用就越顺畅，尤其是实时游戏，对时延非常敏感，关系到游戏流畅度。

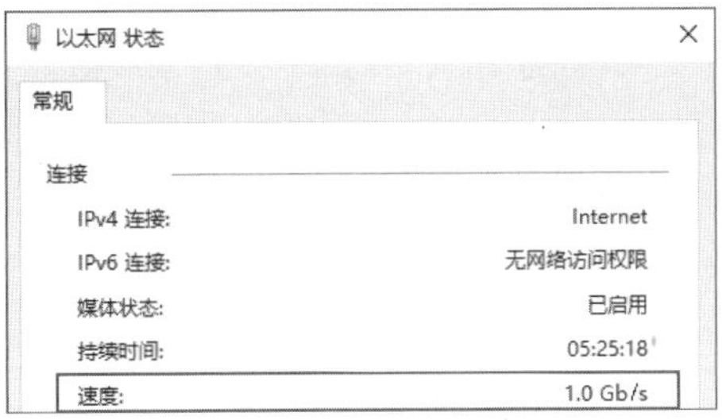

图 1-10 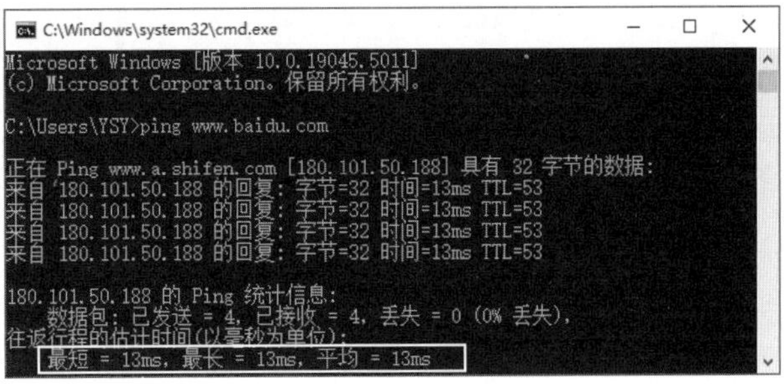　　　　　　　　　　　图 1-11

3. 抖动

抖动指最大时延与最小时延的时间差，如访问一个网站的最大时延是10ms，最小时延为5ms，那么网络抖动就是5ms，抖动可以用来评价网络的稳定性，抖动越小，网络越稳定。可以使用测速网站来查看抖动和其他网络参数指标，如图1-12所示。

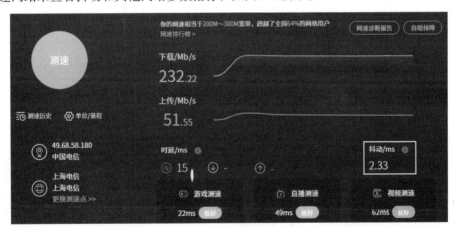

图 1-12

4. 丢包

简单来说，丢包就是指一个或多个数据包的数据无法通过网络到达目的地，接收端如果发现数据丢失，会根据队列序号向发送端发出请求，进行丢包重传。丢包的原因比较多，最常见的可能是网络发生拥塞，数据流量太大，网络设备处理不过来等情况。

丢包率是指测试中丢失数据包的数量占发送数据包的比率。如发送100个数据包，丢失一个数据包，那么丢包率就是1%。丢包率较高时，也可以通过ping命令查看，丢包率较高时，应用、游戏会发生明显的掉线、卡顿的情况。

1.3 网络的主要功能

网络的基本功能是网络设备之间可以相互通信并共享资源。资源可以是数据、文件或硬件等。此外，网络还为用户的各种网络应用程序，如社交、购物和娱乐等，提供计算和交互服务。下面介绍网络的一些主要功能。

1.3.1 数据传输

数据传输也叫数据通信或数据交换，是网络的基本功能。数据按照设备之间使用的通信协议和目标设备的地址，利用网络在多个设备之间进行数据的快速转发，最终交付给目标设备。能否将数据安全、准确、快速地传递给目标设备，也是衡量一个网络质量好坏的重要标准。现在使用的电子邮件、即时通信软件、各种App等网络应用，都必须通过数据的传输才能正常使用，如图1-13所示。

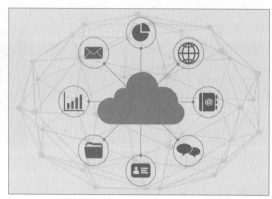

图 1-13

1.3.2 资源共享

网络建立的初衷是为了资源共享。在网络资源的共享中包括硬件的共享、软件的共享和数据的共享。硬件的共享如打印机、专业设备和超级计算机等，如图1-14所示；软件的共享包括各种大型、专业级别的处理、分析软件；数据的共享如各种数据库、文件、文档等，如图1-15所示。有些软硬件以及数据不可能为每个用户配备，需要专业的机构进行管理。资源的共享可以提高资源利用率、平摊成本、减少重复浪费、便于维护和开发等。尤其是现在的大数据时代，数据的共享和综合利用，可以让用户获取更加专业、及时、准确的信息，成为决策支持的重要技术手段。

图 1-14

图 1-15

1.3.3 提高系统的可靠性与访问质量

大型门户网站、数据中心，以及一些关键部门，如金融业、联网售票系统、电商平台等，所需要的不仅仅是传输速度，更需要网络的稳定性和安全性，所以必须有一个可靠的冗余备份系统。

1. 提高系统的可靠性

依靠强大的网络，企业可以在不同地理位置的数据中心部署多个冗余服务器。这些服务器在平时提供网络服务的基础上，还会通过高速网络，在服务器之间进行数据的同步工作，一旦主服务器出现故障，安全系统就会按照预案启动备用服务器，并立即接管主服务器的各项事务，继续进行正常的网络服务。此外一旦某区域的网络出现瘫痪，备份系统也会按照配置，利用其他区域数据中心的冗余服务器继续提供服务。

2. 提高访问质量

随着网络技术和网络设备的发展与更新换代，网络主干的承载能力也变得愈加强大。但是在一些特定区域的特定时间段内，某些服务器的访问量会非常高，而有些区域访问量则非常低，从而造成服务器负载不均。此时，可以将大量的访问按照某种策略进行引导分流，让某个区域的用户访问指向某个特定数据中心的服务器。这样就可以做到服务器的负载均衡，达到服务器和网络的最大利用率，从而保证整体的访问质量。

现在的服务器负载均衡和冗余备份可以同时使用，如图1-16所示。

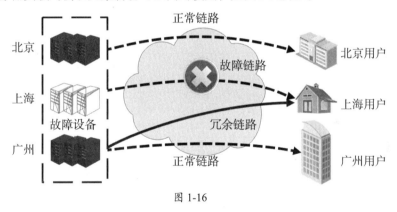

图 1-16

> **知识点拨 CDN**
>
> 其实在访问某些网站时，所访问的不全是主服务器，而是CDN（Content Delivery Network，内容分发网络）。CDN是构建在现有网络基础之上的智能虚拟网络，依靠部署在各地的边缘服务器，通过中心平台的负载均衡、内容分发、调度等功能模块，使用户就近获取所需内容，降低网络拥塞，提高用户的访问响应速度和命中率。CDN的关键技术主要有内容存储和分发技术。整个访问过程如图1-17所示，将用户的访问通过全局负载均衡服务器转移给区域的负载均衡服务器，最后到达CDN的缓存服务器，用户可以从CDN服务器快速获取网站的相应内容。现在大部分门户网站使用的都是这种技术。

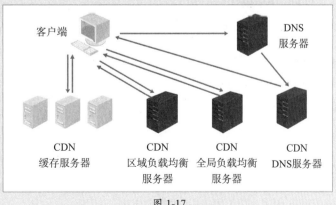

图 1-17

1.3.4 分布式处理及存储

有些大型或者超大型数据计算或处理任务，单独的服务器无法完成，而借助于网络，按照一定的算法将任务分拆，可通过网络中的多种计算资源共同完成。通过这种分布式的处理方式可以提高处理的效率并降低成本。而且通过网络存储，可以确保数据的防篡改以及安全性。最经典的案例就是区块链技术，如图1-18所示。

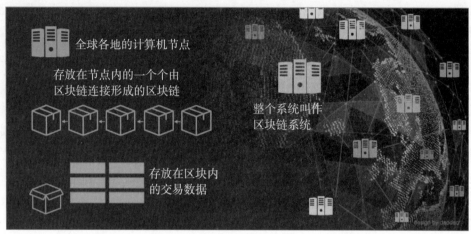

图 1-18

1.3.5 综合信息服务

在网络广泛应用的基础上，使得依托于网络的应用日趋多元化，包括提供多媒体的应用，以及新兴应用，如网上交易、远程监控、视频会议、网络直播、微信、各种小程序等。

1.4 网络的分类和结构

按照不同的标准，网络有很多种分类方式，下面主要介绍网络的常见分类以及常见的拓扑结构。

1.4.1 网络的分类

常见的网络分类按照网络覆盖范围和采用技术的不同划分为以下几种。

1. 个域网

个域网（Personal Area Network，PAN）通常是围绕个人而搭建的网络，范围在10m以内，通常包含计算机、智能手机、个人外设、其他终端设备等。可以通过线缆、无线等技术进行设备间的连接，用来传输各种音视频文件等。

2. 局域网

局域网（Local Area Network，LAN）是指将较小范围内（一般指10km以内）的计算机或数据终端设备连接在一起组成的通信网络。局域网通常应用于几百米到10km内的办公楼群，如常见的某栋办公楼、某居民楼、某公司、某店铺等,如图1-19所示,支持范围非常灵活。

局域网的特点是分布距离近、连接范围小、用户数量少、传输速度快、连接费用低、数据传输误码率低。目前大部分局域网的运行速度为100Mb/s,并正在向1000Mb/s过渡,而现在较新的计算机主板也配备了2.5Gb/s或10Gb/s的网卡。现在大部分无线局域网通过无线路由器支持无线连接,使局域网的接入更加灵活方便。

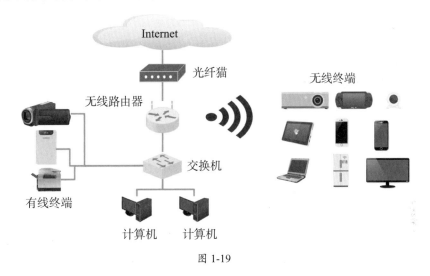

图 1-19

3. 城域网

城域网(Metropolitan Area Network,MAN)指的是覆盖城市级别范围的大型局域网。城域网既可以覆盖相距不远的几栋办公楼,也可以覆盖一个城市;既可以是私有网,也可以是公有网。城域网由于采用了具有有源交换元件的局域网技术,网中传输延时相对较小,传输媒介主要采用光纤以及无线技术。例如某高校在城市中有多个校区或者行政办公位置,通过网络将这些校园网连接起来就形成了城域网,如图1-20所示。城域网的连接距离可以为10~100km。与局域网相比,城域网扩展的距离更远,覆盖的范围更广,传输速率高,技术先进、安全,但实现费用相对较高。

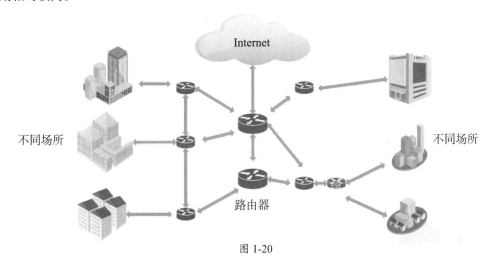

图 1-20

4. 广域网

广域网（Wide Area Network，WAN）也称远程网。通常跨越很大的物理范围，所覆盖的范围从几十千米到几千千米，能连接多个城市或国家，或横跨几个洲提供超远距离通信，形成国际性的远程网络。覆盖的范围比城域网更广。广域网的通信子网主要使用分组交换技术，可以利用公用分组交换网、卫星通信网和无线分组交换网。广域网可以将分布在不同地区的局域网或计算机互联起来，达到资源共享的目的。广域网的特点是覆盖范围最广、通信距离最远、技术最复杂、建设费用最高。日常使用的Internet就是广域网的一种，也是最大的广域网。

1.4.2 网络的常见结构

常见的网络结构根据实现原理和拓扑结构关系，通常分为以下四种结构。

1. 总线型拓扑

总线型拓扑使用单根传输导线作为传输介质，该导线也叫作总线。网络中的所有节点都直接连接到该总线上，如图1-21所示。总线型网络的数据传输采用广播的方式，某个节点设备开始传输数据时，会向总线上所有的设备发送数据包，其他设备接收后，校验包的目的地址是否和自己的地址一致，如果一致，则保留；如果不一致，则丢弃。总线型网络的组网成本低，仅需要铺设一条总线线路，不需要其他网络设备。但随着设备增多，每台设备的带宽逐渐降低（每台设备只能获取到1/N的带宽）。线路发生故障后，排查困难。向网络中添加新的设备也非常不便，会造成网络的中断。

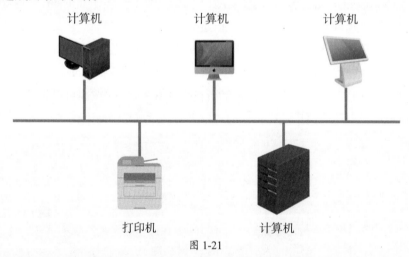

图 1-21

> **知识点拨** 总线型网络的应用
>
> 总线型网络现在应用较少，但也有其适用环境，如电力猫就是使用家庭中的强电电缆进行数据传输的设备，其使用的就是总线型，方便在没有铺设网线的家庭中使用。

2. 星形拓扑

星形拓扑结构网络由中心节点和其他从节点组成，中心节点可直接与从节点通信，而从节点间必须通过中心节点才能通信，中心节点执行集中式通信控制策略。在星形网络中，中心节点通常由集线器设备（如交换机）充当，如图1-22所示。

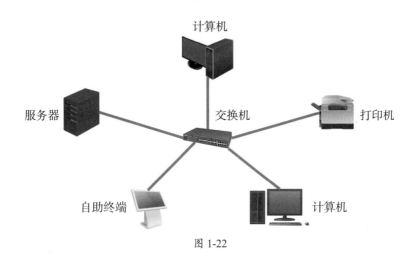

图 1-22

星形拓扑结构简单,可使用网线直接连接,添加删除节点方便,容易维护。一个节点发生故障,不影响其他节点的正常运行。升级时只要对中心设备或对应的线路进行更新即可。

但星形拓扑对中心设备的依赖度高,对中心设备的性能和稳定性要求较高,如果中心节点发生故障,整个网络将会瘫痪。

3. 环形拓扑

如果把总线型网络首尾相连,就是一种环形拓扑结构,如图1-23所示,其典型代表是令牌环局域网。在通信过程中,同一时间,只有拥有"令牌"的设备可以发送数据。该设备发送完毕后,将令牌交给下游的节点设备继续发送数据。该结构不需要特别的网络设备,实现简单,投资小。但是如果任意一个节点坏掉了,网络就无法通信,且排查起来非常困难。如果要扩充或者删除节点,网络必须中断。

图 1-23

4. 树形拓扑

树形拓扑属于分级集中控制结构,在大中型企业中比较常见。将星形拓扑按照一定的标准组合起来,就变成了树形拓扑结构,如图1-24所示。与星形网络拓扑相比,树形拓扑结构的通信线路总长度较短,成本较低,节点易于扩充。网络中任意两个节点之间不会产生环路,且支持双向通信，某个节点发生故障也不会影响其他节点正常工作，添加、删除节点方便。这种网络拓扑一般适用于于大中型企业，该网络也会采取一些冗余备份技术，安全性和稳定性相对较高。

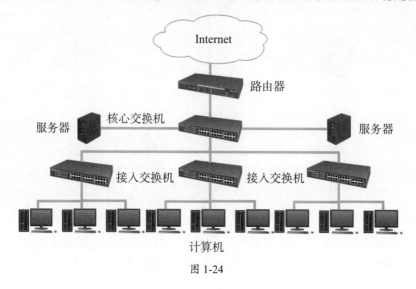

图 1-24

1.5 网络的主要应用

在网络时代，人们的工作和生活几乎处处离不开网络。下面介绍网络的主要应用。

1.5.1 信息共享与传播

Internet连接了世界上的数十亿台计算机和各种终端设备，使得信息能够在全球范围内快速传播。电子邮件可以实现远程通信，如图1-25所示；社交网络如Facebook、微信等，提供人与人之间交流、分享信息和建立联系的平台。此外，传统媒体也在向网络媒体转型，通过网络发布新闻、提供在线阅读服务等。

图 1-25

1.5.2 资源共享

共享是网络的基本功能,在实际使用中,可以通过网络共享文件,如图1-26所示,实现资源的集中管理和使用。可以多台计算机共用一台打印机,提高设备利用率;可以通过网络下载和安装软件,方便用户获取各种应用。

图 1-26

1.5.3 远程访问

距离对于网络已经不是问题。如通过网络,用户可以远程连接并控制公司的计算机进行办公,管理员可以通过网络远程管理服务器(图1-27),老师可以利用网络远程授课,学生可以通过网络在线观看课程并进行交流互动。

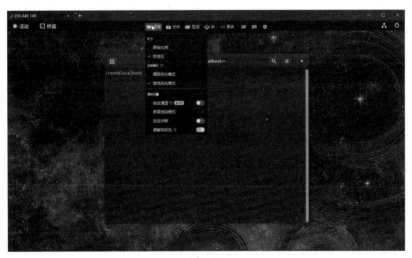

图 1-27

1.5.4 电子商务

很多互联网购物平台提供交易软件,交易双方可以使用互联网进行商品的买卖。而且平台会提供安全的在线支付方式,方便用户进行网上交易。对于金融领域,用户通过网络可随时进行银行业务的办理,如在线转账、查询余额等,如图1-28所示。

图 1-28

1.5.5 网络游戏

通过网络可以实现多人同时在线游戏。而且现在很多游戏平台（图1-29）必须连接网络，进入平台进行下载、安装和登录才能进行游戏。

1.5.6 物联网

通过网络连接各种智能设备，可实现家居自动化，通过智能终端即可远程控制联网设备的启动、关闭，设置运行参数等，如图1-30所示。还可以通过网络连接城市中的各种传感器和设备，实现城市管理的智能化。

图 1-29

图 1-30

1.5.7 云计算

云计算、云存储等都需要网络的支持。利用云计算平台对大数据进行分析，可获取有价值的信息。可将数据存储在云端，实现数据的集中管理和备份，更加安全。有些服务商提供基于云的软件服务，用户无须安装软件即可使用，如常见的基于服务器/浏览器工作架构的一些应用，如图1-31所示。

图 1-31

1.5.8 其他应用

例如通过网络进行实时视频会议，实现跨地域的协同办公。数字图书馆可以提供在线图书、期刊等资源，如图1-32所示。很多视频网站提供在线视频点播和直播服务，用户可以根据自己的需求观看。很多应用利用网络提供语音通话服务，降低了手机的资费。

图 1-32

> **注意事项** Internet与internet
> Internet即因特网，是一个专用名词，指当前全球最大的、开放的、由众多网络相互连接而成的特定计算机网络，采用TCP/IP协议簇作为通信的规则。
> internet即互联网或互连网，是一个通用的名词，泛指由多个计算机网络互连形成的网络。
> 两者的含义是不同的，请读者注意。

知识延伸：网络计算模式及发展

网络计算模式，简单来说，就是描述计算机网络中各个组件如何协同工作、处理信息的一种抽象模型。它就像一套规则，规定了网络中数据的传输、处理方式，以及不同设备之间的交互方式。

网络计算模式是随着计算机网络的发展而不断演进的。不同的网络计算模式具有不同的特点和适用场景，选择合适的网络计算模式，对于构建高效、可靠的网络应用具有重要意义。

网络计算模式，从最初的大型机集中式计算，逐步演变为如今多样化的分布式计算模式。下面简单介绍网络计算模式的种类和发展过程。

1. 以大型机为中心的计算模式

早期，大型机作为计算中心，所有用户共享一台大型计算机，大型机集中处理所有计算任务。终端设备仅作为输入输出工具，与大型机之间通过终端线路连接。应用场景包括早期的政府机构、科研机构、大型企业的数据处理等。这种模式虽然集中了计算资源，但扩展性差、可靠性低，一旦大型机发生故障，整个系统将瘫痪，用户体验不佳。而且由于成本较高，大部分时间大型机的处理能力处于闲置状态。但该模式为后来的计算机网络发展奠定了基础，是计算机应用的开端。

2. 以服务器为中心的计算模式

随着计算机技术和网络技术的飞速发展，以服务器为中心的计算模式逐渐取代了大型机模式。服务器承担了大部分的计算任务，多个用户可以共享服务器上的资源、可以通过增加服务器来提高系统性能、一台服务器发生故障，不会影响整个系统。这种模式提高了系统的性能和可靠性，但仍存在一些局限性，如服务器的维护成本较高。应用场景包括文件服务器、邮件服务器、Web服务器等。

3. C/S 计算模式

C/S（客户端/服务器）计算模式的出现，标志着网络计算模式进入了一个新的阶段。虽然服务器仍然负责数据处理和存储，但客户端功能更加丰富，分工更加明确，而且客户端也承担了部分计算任务。C/S模式将应用程序分为客户端和服务器两部分，客户端负责用户界面和用户的数据输入，服务器负责数据处理和存储。客户端向服务器发送请求，服务器处理请求后返回结果。这种模式分工明确，易于开发和维护，但客户端需要安装专门的软件，限制了其应用范围。在该模式下，出现了很多现在流行的应用软件，如Oracle、SQL Server、Microsoft Office以及各种游戏软件等。

4. B/S 计算模式

B/S（浏览器/服务器）计算模式的兴起，使得网络应用更加普及。随着Internet的普及，B/S模式逐渐成为主流。B/S模式通过浏览器与服务器进行交互，用户无须安装任何客户端软件，也无须考虑不同系统的差别，只需要一个浏览器即可访问各种网络应用。这种模式极大地降低了开发成本和用户的使用门槛，促进了互联网的快速发展。最常见的B/S计算模式是京东、淘宝等购物网站，以及小鹅通、慕课等在线学习平台。

5. P2P 计算模式

P2P（对等网络）计算模式是一种去中心化的网络计算模式，网络中的节点既是客户端，又是服务器。这种模式中每个节点都可以提供服务，可以提高系统的并发处理能力。而且一个节点发生故障不会影响整个网络，提高了系统的容错能力。但难以对网络进行集中管理，容易受到攻击。P2P模式主要应用于文件共享（如BT下载）和即时通信（如Skype）等领域。

6. 云计算模式

云计算的出现，将网络计算模式推向了新的高度。通过互联网，云计算以按需、自助服务的方式提供可配置的计算资源（如网络、服务器、存储、应用和服务等）。用户可以根据自己的需求，随时随地获取所需的计算资源，而无须购买和维护硬件，只为使用的资源付费。云计算的出现极大地降低了企业的IT成本，提高了IT系统的灵活性。常见的应用包括大数据分析工具（Hadoop、Spark等）、人工智能工具（TensorFlow、PyTorch等）。

> **✓知识点拨** 云计算的服务模式
> 云计算的服务模式包括IaaS（基础设施即服务）：提供虚拟化的计算资源，PaaS（平台即服务）：提供开发和运行应用程序的平台，SaaS（软件即服务）：通过互联网提供软件服务。

总地来说，网络计算模式经历了从集中式到分布式、从封闭到开放、从传统到云化的发展历程。不同的计算模式各有优缺点，适用于不同的应用场景。选择合适的计算模式，对于构建高效、可靠的网络应用具有重要意义。

随着物联网、人工智能等新技术的不断发展，网络计算模式也在不断演进。边缘计算、Serverless等新型计算模式正在逐渐兴起，并为我们带来更加智能、高效的网络计算体验。未来的网络计算模式将更加智能、高效、个性化。随着技术的不断进步，网络计算将会给人们生活和工作带来更多的便利和惊喜。

第 2 章 网络体系结构与参考模型

在网络发展的标准化阶段,遇到了厂商各自为政的情况,为了解决不同设备和协议下网络间的通信问题,1977年,ISO着手制定开放系统互连参考模型,为此后的计算机网络互联从底层进行规范。本章主要介绍网络的体系结构以及常见的参考模型。

要点难点

- 网络体系结构与协议
- 开放系统互连参考模型
- TCP/IP参考模型
- 五层原理参考模型

2.1 网络体系结构与协议

网络体系结构是人为规定的，符合网络特性的一种规范，通过这种标准化方式来使网络的设计、实现和维护变得更加模块化和可管理化。协议也是人为规定的，使计算机之间可以相互读懂、相互通信的一种规则。下面介绍这两方面的知识。

2.1.1 认识网络体系结构

网络体系结构是指网络层次结构模型，它是各层协议以及层次之间接口的集合，实现网络通信必须依靠网络协议，并且要符合网络体系结构的规定。在网络中广泛采用的是国际标准化组织（ISO）在1997年提出的开放系统互连参考模型。

网络体系结构是网络及其部件功能的精确定义。这些功能究竟由何种硬件或软件完成，是遵循该体系结构的。体系结构是抽象的，实现是具体的，是运行在计算机软件和硬件之上的。

网络体系结构的知识在网络工程、网络管理、网络安全等领域都有广泛应用。例如，网络工程师根据网络体系结构设计网络拓扑，网络管理员根据网络体系结构进行故障诊断和维护，网络安全工程师根据网络体系结构进行安全防护。

> **✅ 知识点拨** **第一个网络体系结构**
> 世界上第一个网络体系结构是美国IBM公司于1974年提出的，它取名为系统网络体系结构（System Network Architecture，SNA）。凡是遵循SNA的设备被称为SNA设备。这些SNA设备可以很方便地进行互连。此后，很多公司也纷纷建立自己的网络体系结构，这些体系结构大同小异，都采用了层次化设计。

2.1.2 层次化结构设计

网络是一个复杂的系统，直接创建整个网络通信体系结构非常困难。不仅要考虑同种设备（如交换机间）的通信，还要考虑异种设备间的通信，比如计算机和路由器之间。为降低设计和实现难度，OSI参考模型采用分层的设计思想，将整个庞大而复杂的问题划分为若干个容易处理的小问题，实际操作时只需考虑每层的功能以及层与层之间的沟通方法即可。常见的方法是将整体功能分为几个相对独立的子功能层次，各层次之间进行有机的连接，下层为上层提供必要的功能服务，这就是网络层次结构模型。虽然OSI参考模型并没有具体的实际应用，但在学习网络时，仍然需要了解OSI参考模型的内容和定义，以方便理解网络的原理。在OSI参考模型中，采用三级抽象，即体系结构、服务定义、协议规格说明。

> **✅ 知识点拨** **分层设计原则**
> 各层的功能及技术实现要有明显的区别，各层要互相独立；每层都应有定义明确的功能；应当选择服务描述最少、层间交互最少的地方作为分层点；层次数量要适当，同时还要根据数据传输的特点，使通信双方形成对等层的关系；对于每一层功能的选择应当有利于标准化。

2.1.3　网络协议简介

网络协议也叫作网络通信协议，可以理解为计算机等网络终端及网络设备之间的通用语言。而互联网可以通信，本质就是使用了一系列的网络协议。例如我国有很多种方言，而彼此为了能听懂对方的表述，使用普通话是最好的选择。而为了和世界上其他国家进行交流，则需要使用英语。这里的普通话、英语就是范围较小和范围较大的通信协议。所以在网络中就有了一系列统一的标准，这一系列标准被称为互联网协议。协议的主要作用如下。

- **规定数据格式：** 规定数据在网络中传输时应该采用什么样的格式，如数据包的结构、字段的含义等。
- **定义通信过程：** 规定通信的步骤和顺序，如建立连接、传输数据、断开连接等。
- **保证数据传输的可靠性：** 通过校验和重传等机制，确保数据传输的正确性。

不同设备之间只有遵循相同的协议，才能进行有效通信。协议设计的好坏直接影响网络的性能，而且协议中的安全机制可以保护数据不被窃取或篡改。通过学习网络协议，可以更好地理解计算机网络的工作原理，解决网络故障，并设计出更加高效、可靠的网络应用。

2.2　开放系统互联参考模型

开放系统互连参考模型（Open System Interconnection Reference Model）简写为OSI或OSI/RM，以下简称OSI参考模型，就是最经典的网络体系结构之一，也是必须掌握的计算机网络知识。下面重点介绍OSI参考模型的相关知识。

2.2.1　OSI参考模型简介

OSI参考模型是国际标准化组织（ISO）和国际电报电话咨询委员会（CCITT）联合制定的开放系统互连参考模型，为开放式互连信息系统提供一种功能结构的框架。其目的是为异型计算机互联提供一个共同的基础和标准框架，并为保持相关标准的一致性和兼容性提供共同的参考。这里所说的开放系统，实质上指的是遵循OSI参考模型和相关协议，能够实现互连的具有各种应用目的的系统。从低到高分别是物理层、数据链路层、网络层、传输层、会话层、表示层和应用层，也就是常说的OSI七层模型，如图2-1所示。

数据在进行网络传输时，按照从上到下的顺序，将数据按照标准拆分，并加上对应层的标识，也就是图中各层的AH、PH、SH、TH、NH、DH头部信息（DT是数据链路层加入的尾部信息）。最后变成比特流在网络上传递，到达对应端后，再将数据中每层的标识拆除并重新组装，一直传递到应用层。根据标识，按照协议的解释，每一个对应层都能读懂对方的要求及含义，而不会去管其他层的细节，每层只对上一层负责，保证数据的正确交付即可。这就是层次化结构设计的用法和优势。

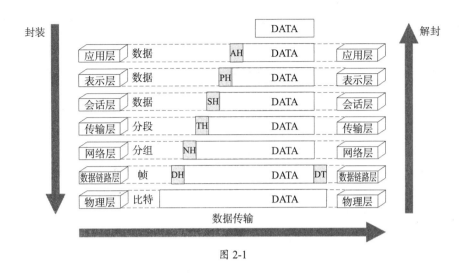

图 2-1

2.2.2 OSI参考模型层次结构与功能

OSI参考模型明确地划分为七层结构，每一层都有明确、详尽的功能划分和作用的解释。按照由下到上的顺序，对OSI参考模型的层次结构及功能进行介绍。

1. 物理层

按照由下向上的顺序，物理层是OSI的第一层，属于最下层，是整个开放系统的基础。物理层为设备之间的数据通信提供传输媒体及互连设备，为数据传输提供可靠的环境。

物理层的任务就是为上层（数据链路层）提供物理连接，实现比特流的透明传输。物理层定义了通信设备与传输线路接口的电气特性、机械特性、应具备的功能等。如产生"1""0"的电压大小、变化间隔、电缆如何与网卡连接、如何传输数据等。物理层负责在数据终端设备、数据通信和交换设备之间完成数据链路的建立、保持和拆除操作。这一层关注的问题大多是机械接口、电气接口、过程接口以及物理层以下的物理传输介质等。

2. 数据链路层

数据链路层是OSI参考模型中的第二层，介乎于物理层和网络层之间。数据链路层向网络层提供服务，该层将来自网络层的数据按照一定格式分割成数据帧，然后将帧按顺序送出，等待由接收端送回的应答帧。该层的主要功能如下。

- 数据链路连接的建立、拆除、分离。
- **帧定界和帧同步**：链路层的数据传输单元是帧。每一帧包括数据和一些必要的控制信息。协议不同，帧的长短和界面也有差别，但无论如何必须对帧进行定界，并调节发送速率以使与接收方相匹配。
- 顺序控制、指对帧的收发顺序的控制。
- **差错检测、恢复、链路标识、流量控制等**：因为传输线路上有大量的噪声，所以传输的数据帧有可能被破坏。差错检测多用方阵码校验和循环码校验来检测信道上数据的误码，而帧丢失等用序号检测。各种错误的恢复则常靠反馈重发技术来完成。

数据链路层的目标就是把一条可能出错的链路转变成让网络层看起来是一条不出差错的理想链路。数据链路层可以使用的协议有SLIP、PPP、X.25和帧中继等。日常中使用的Modem等设备都工作在该层。而工作在该层的交换机称为"二层交换机",是按照MAC地址进行数据传输的。

3. 网络层

网络层负责管理网络地址、定位设备、决定路由。如常说的IP协议和路由器就工作在这一层。上层的数据段在这一层被分隔、封装后叫作包（Packet）,包有两种,一种叫作用户数据包（Data Packets）,是上层传下来的用户数据;另一种叫路由更新包（Route Update Packets）,是由路由器发出来的,用来和其他路由器进行路由信息的交换。网络层负责对子网间的数据包进行路由选择。网络层的作用主要有以下几种。

- 数据包封装与解封。
- **异构网络互连**: 用于连接不同类型的网络,使终端能够通信。
- **路由与转发**: 按照复杂的分布式算法,根据从各相邻路由器得到的关于整个网络拓扑的变化情况,动态地改变所选择的路由,并根据转发表将用户的IP数据报从合适的端口转发出去。
- **拥塞控制**: 获取网络中发生拥塞的信息,从而利用这些信息进行控制,以避免由于拥塞而出现分组的丢失,以及严重拥塞而产生网络死锁的现象。

4. 传输层

传输层是一个端到端,即主机到主机的层次。传输层负责将上层数据分段,并提供端到端的、可靠的（TCP）或不可靠的（UDP）传输。此外,传输层还要处理端到端的差错控制和流量控制问题。传输层的任务是提供建立、维护和取消传输连接的功能,负责端到端的可靠数据传输。在这一层,信息传送的协议数据单元称为段或报文。通常说的TCP三次握手、四次断开就是在这一层完成。

网络层只是根据网络地址将源节点发出的数据包传送到目的节点,而传输层则负责将数据可靠地传送到相应的端口。常说的QoS就是这一层的主要服务。

传输层是计算机网络体系中最重要的一层,传输层协议也是最复杂的,其复杂程度取决于网络层所提供的服务类型及上层对传输层的要求。

5. 会话层

会话层管理主机之间的会话进程,即负责建立、管理、终止进程之间的会话。会话层还利用在数据中插入校验点来实现数据的同步。

会话层不参与具体的数据传输,利用传输层提供的服务,在本层提供会话服务（如访问、验证）、会话管理和会话同步等功能在内的、建立和维护应用程序间通信的机制。最常见的服务器验证用户登录便是由会话层完成的。另外本层还提供单工（Simplex）、半双工（Half Duplex）、全双工（Full Duplex）三种通信模式的服务。

会话层的服务包括会话连接管理服务、会话数据交换服务、会话交互管理服务、会话连接同步服务和异常报告服务等。会话服务过程可分为会话连接建立、报文传送和会话连接释放三个阶段。

6. 表示层

表示层主要处理流经端口的数据代码的表示方式问题。表示层的作用之一是为异型机通信提供一种公共语言，以便能进行互操作。这种类型的服务之所以重要，是因为不同的计算机体系结构使用的数据表示方法不同。例如，IBM主机使用EBCDIC编码，而大部分PC机使用ASCII码，需要本层完成这种转换。表示层的主要功能如下。

- **数据表示**：解决数据语法表示问题，如文本、声音、图形图像的表示，确定数据传输时的数据结构。
- **语法转换**：为使各个系统间交换的数据具有相同的语义，应用层采用的是对数据进行一般结构描述的抽象语法。表示层为抽象语法指定一种编码规则，构成一种传输语法。
- **语法选择**：传输语法与抽象语法之间是多对多的关系，一种传输语法可对应多种抽象语法，而一种抽象语法也可对应多种传输语法。所以传输层应能根据应用层的要求，选择合适的传输语法传送数据。对传送信息加密、解密也是表示层的任务之一。
- **连接管理**：利用会话层提供的服务建立表示连接，并管理在这个连接之上的数据传输和同步控制，以及正常或异常地释放这个连接。

7. 应用层

应用层是OSI参考模型的最高层，是用户与网络的接口，其作用是在实现多个系统应用进程相互通信的同时，完成一系列业务处理所需的服务。应用层用于确定通信对象，并确保有足够的资源用于通信。应用层为操作系统或网络应用程序提供访问网络服务的接口，同时应用层向应用程序提供服务。这些服务按其向应用程序提供的特性分成组，并称为服务元素。有些可被多种应用程序共同使用，有些则被较少的应用程序使用。应用层通过支持不同应用协议的程序来解决用户的应用需求，如文件传输（FTP）、远程操作（Telnet）、电子邮件服务（SMTP）、网页服务（HTTP）等。

2.2.3 OSI参考模型的局限性

OSI参考模型虽然是一个经典的网络分层模型，但也存在一些局限性，这些局限性在实际应用中会带来一些问题。

1. 过于理想化

OSI模型是一个理论模型，旨在提供一个统一的网络通信框架。然而，实际的网络环境复杂多样，协议栈的实现往往比模型描述的更为复杂。严格意义上各层之间应该是独立的，但实际应用中层与层之间存在一定的耦合，例如传输层和网络层的交互。

2. 复杂性高

七层模型将网络通信分得过细，导致实现起来比较复杂，增加了系统开销。对于初学者，理解和掌握七层模型的各层概念和协议比较困难。

3. 缺乏灵活性

提出OSI参考模型时，很多技术还未出现，因此在面对新技术时，模型的适应性较差。由于模型过于复杂，实现完全符合OSI模型的协议栈难度较大，导致协议标准化进程缓慢。

OSI参考模型没有考虑任何一组特定的协议，所以更具有通用性。而TCP/IP参考模型与TCP/IP协议簇吻合得非常好，使其不适用于其他任何协议栈。正因为如此，在实际应用中，没有考虑协议的OSI模型应用范围较窄，而人们更愿意使用TCP/IP参考模型来分析并解决实际问题，这就是理论与实际的差别。下面着重介绍TCP/IP参考模型。

2.3 TCP/IP参考模型

OSI参考模型虽然比较全面和详细，但是现在几乎没有实际使用的地方，使用最多的就是TCP/IP参考模型。

2.3.1 认识TCP/IP参考模型

提到TCP/IP参考模型，首先要提到TCP/IP协议[①]。TCP/IP协议（Transmission Control Protocol/Internet Protocol，传输控制协议/因特网互联协议）是由ARPA于1969年开发的，是Internet最基本和基础的协议。TCP/IP协议由网络层的IP协议和传输层的TCP协议组成。TCP/IP参考模型完全撇开了网络的物理特性，它把任何一个能传输数据分组的通信系统都看作网络。这种网络的对等性大大简化了网络互连技术的实现。它是最常用的一种协议，也可以算是网络通信协议的一种通信标准协议，同时也是最复杂、最庞大的一种协议。TCP/IP协议具有极高的灵活性，支持任意规模的网络。

TCP/IP参考模型是在TCP/IP协议的基础上总结、归纳而来，可以说TCP/IP参考模型是OSI参考模型的应用实例。OSI参考模型虽然非常全面，但没有实际的协议和具体的操作手段，所以更像是一本指导意见。而TCP/IP参考模型则不同，它是在TCP/IP协议成功后，不断调整、完善后进行的归纳和总结，具有现实参考意义。但TCP/IP参考模型不适用于非TCP/IP网络。

TCP/IP四层参考模型与OSI参考模型的关系如图2-2所示。

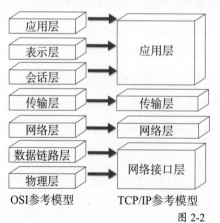

图 2-2

---

① 为便于读者理解，本书使用TCP/IP协议指代TCP/IP。

TCP/IP模型中的通信协议具有灵活性,支持任意规模的网络,几乎可连接所有的服务器和工作站。但灵活性也带来了复杂性,TCP/IP模型需要针对不同网络进行不同设置。

2.3.2 TCP/IP参考模型的层次结构

从模型的对比中可以看到,TCP/IP参考模型的网络接口层对应OSI参考模型的物理层与数据链路层,而应用层对应OSI参考模型的会话层、表示层与应用层。这种对应并不是简单的合并关系,而是一种映射关系,通过这种映射简化了OSI模型分层过细的问题,突出了TCP/IP模型的功能要点。

1. 网络接口层

网络接口层对应OSI参考模型中的物理层和数据链路层,是TCP/IP参考模型的最底层。TCP/IP参考模型的网络接口层实际上并没有真正的定义,只是一些概念性的描述。而OSI参考模型不仅分了两层,而且每一层的功能都很详尽,甚至在数据链路层又分出一个介质访问子层,专门解决局域网的共享介质问题。但实际上TCP/IP并未定义该层的协议,所以可以理解为支持所有标准和专用的协议,其中的网络可以是局域网、城域网或广域网。所以从这个角度来说,TCP/IP参考模型实际上只有三个层。

2. 网络层

TCP/IP参考模型的网络层和OSI参考模型的网络层在功能上非常相似,其功能主要包含三个方面:

- 处理来自传输层的分组发送请求,收到请求后,将分组装入IP数据报,填充报头,选择去往目的地的路径,然后将数据报发往适当的网络接口。
- **处理输入数据报**:首先检查其合法性,然后进行寻径,假如该数据报已到达目的主机,则去掉报头,将剩余部分交给相关的传输协议;假如该数据报尚未到达目的主机,则转发该数据报。
- 处理路径、流控、拥塞等问题。

> **知识点拨** 服务
> 服务就是网络中各层向其相邻上层提供的一组功能集合,是相邻两层之间的界面。因为在网络的各个分层结构中的单方面依靠关系,使得网络中邻近层之间的相关界面也是单向性的:下层作为服务的提供者,上层作为服务的接受者。上层实体必须通过下层的相关服务访问点(Service Access Point,SAP)才能获得下层的服务。SAP作为上层与下层进行访问的服务场所,每一个SAP都有自己的一个标识,并且每个层间接口可以有多个SAP。

3. 传输层

OSI参考模型与TCP/IP参考模型的传输层功能基本相似,都是负责为用户提供真正的端对端的通信服务,也对高层屏蔽了底层网络的实现细节。所不同的是TCP/IP参考模型的传输层是建立在网络层基础之上的,而网络层只提供无连接的网络服务,所以面向连接的功能完全在TCP协议中实现,当然TCP/IP参考模型的传输层还提供无连接的服务,如UDP。OSI参考模型的传输层是建立在网络层基础之上的,网络层既提供面向连接的服务,又提供无连接的服务,但传输层只提供面向连接的服务。

传输层功能：格式化信息流，建立端到端的通信，并提供可靠的传输。为实现可靠传输，传输层协议规定接收端必须发回确认。假如分组丢失，必须重新发送。

> **知识点拨 数据单元**
> 在网络中信息传送的单位称为数据单元。数据单元可分为协议数据单元（PDU）、接口数据单元（IDU）和服务数据单元（SDU）。

4. 应用层

TCP/IP参考模型的应用层对应OSI七层模型的应用层、表示层、会话层，因为在实际应用中，所涉及的表示层和会话层功能较弱，所以将其归入新的应用层。在实际中，用户使用的都是应用程序，均工作于应用层。互联网是开放的，用户可以开发自己的应用程序，数据多种多样。所以必须规定好数据的组织形式，而应用层的功能就是规定应用程序的数据格式。TCP协议可以为各种各样的程序传递数据，如E-mail、WWW、FTP，所以必须有相应协议规定电子邮件、网页、FTP数据的格式，这些规则和特点就构成了"应用层"。

2.3.3 两种参考模型的比较

TCP/IP参考模型与OSI参考模型有很多共同点，但在某些方面也有区别，在上面的内容中已经介绍一些两者的区别。

1. 共同点

两者的共同点如下。
- 两者都以协议栈概念为基础，并且协议栈中的协议彼此相互独立。
- 两个模型中各层的功能大致相似。
- 在这两个模型中，传输层之上的各层都是传输服务的用户，并且是面向应用的。

2. 不同点

两者的不同点如下。

OSI参考模型的最大贡献在于明确区分了三个概念：服务、接口和协议。而TCP/IP参考模型并没有明确区分服务、接口和协议。因此OSI参考模型中的协议比TCP/IP参考模型中的协议具有更好的隐蔽性，当技术发生变化时，OSI参考模型中的协议更容易被新协议所代替。

OSI参考模型在协议发明之前就已经产生。这意味着OSI参考模型不会偏向于任何一组特定的协议，使得OSI参考模型更具有通用性。

TCP/IP协议先于模型出现，TCP/IP参考模型只是已有协议的一个描述，所以协议与模型高度吻合，而且结合得非常完美。但TCP/IP参考模型并不适合其他网络协议栈。因此，要想描述其他非TCP/IP模型的网络，该模型并不很有用。

TCP/IP协议一开始就考虑到多种异构网的互连问题，将网际协议（IP）作为TCP/IP协议的重要组成部分，并且作为从Internet上发展起来的协议，已经成了网络互联的事实标准。但是，目前还没有实际网络是建立在OSI七层模型基础上的，OSI仅作为理论的参考模型被广泛使用。

2.4 五层原理参考模型

五层原理参考模型并不是新的模型，而是在TCP/IP参考模型的基础上增加了一层。五层原理参考模型更具学习价值。

2.4.1 五层原理参考模型的出现

相比于OSI七层参考模型，五层原理参考模型将网络划分为更易于理解和实现的五层：应用层、传输层、网络层、数据链路层和物理层。

OSI参考模型有七层结构，而TCP/IP参考模型有四层结构。为了学习完整体系，一般采用一种折中的方法：综合OSI参考模型与TCP/IP参考模型的优点，采用一种原理参考模型，也就是TCP/IP五层原理参考模型。五层原理参考模型与其他参考模型的对应关系如图2-3所示。在以后的讲解中，都以TCP/IP五层原理参考模型为例。

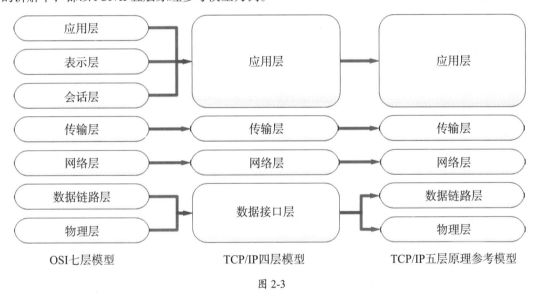

图 2-3

2.4.2 五层原理参考模型的优势

五层原理参考模型将TCP/IP参考模型的数据接口层重新划分为物理层与数据链路层，与OSI的对应层作用一致，其余各层的作用与TCP/IP各层作用一致，主要方便学习研究之用。OSI参考模型更注重理论上的完整性，而TCP/IP参考模型更注重实际应用。五层原理参考模型的优点如下：

- **简洁易懂**：层数较少，概念清晰，易于理解。
- **实用性强**：符合互联网的实际情况，广泛应用于各种网络设备和协议。
- **灵活扩展**：可以根据需要在各层增加新的协议和功能。

通过了解五层原理参考模型，可以更好地理解网络的工作原理，解决网络故障，并设计出更加高效、可靠的网络应用。

知识延伸：网络拓扑图的绘制

网络拓扑图是一种网络图形化的表示方法，用于展示网络中各个设备（如计算机、路由器、交换机等）之间的连接关系和物理布局，如图2-4所示。它直观地呈现了网络的结构，方便用户了解网络的组成、功能以及潜在的问题。

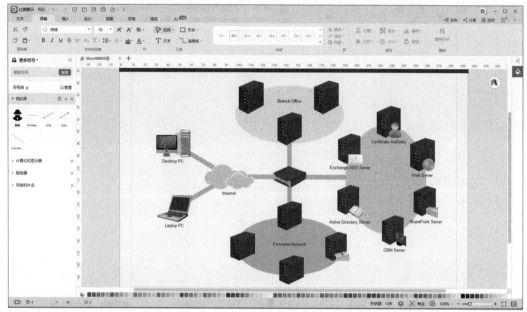

图 2-4

网络拓扑图的主要功能如下。
- **规划网络**：在搭建新网络或对现有网络进行扩容时，绘制拓扑图有助于规划网络结构，合理分配资源。
- **故障诊断**：当网络出现故障时，通过查看拓扑图可以快速定位故障点，缩小故障范围。
- **网络管理**：拓扑图有助于网络管理员了解网络的整体状况，方便进行日常维护和管理。
- **文档记录**：将网络拓扑图作为文档保存，方便日后查阅和更新。

绘制网络拓扑图的主要步骤如下。

（1）收集信息

首先获取设备清单，包括确定网络中所有设备的类型、型号、IP地址等信息。然后了解网络的连接方式，包括了解设备之间的连接方式，是通过网线、光纤还是无线连接。最后是网络的结构，确定网络的拓扑结构，是星形、环形、总线型还是树形。

（2）选择绘图工具

绘图工具包括专业的拓扑图绘图软件，如Visio、OmniGraffle、Dia、EdrawMax（亿图图示）等。这些软件提供丰富的图形元素和模板，可以绘制专业的拓扑图。此外还有一些在线工具可以绘制拓扑图，如Lucidchart、Draw.io、ProcessON等，如图2-5所示。这些工具无须安装，可以直接在浏览器中使用，方便快捷。

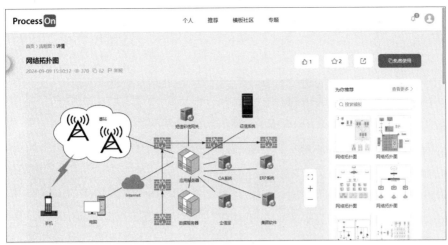

图 2-5

（3）绘制拓扑图

根据收集到的信息，首先在绘图工具中确定拓扑图的布局，选择设备的符号，添加代表设备的符号，如图2-6所示；然后根据实际的连接状况，使用线条连接设备，如图2-7所示；接着为设备添加IP地址、主机名等信息；检查无误后，为拓扑图添加注释，最后输出为图片或者直接截图。

图 2-6

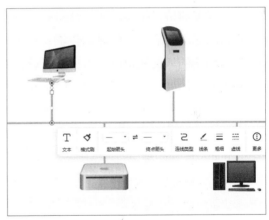

图 2-7

绘制拓扑图的技巧包括以下几种。

- **保持简洁**：拓扑图应该清晰明了，避免过多的细节。
- **使用标准符号**：统一使用标准符号，提高可读性。
- **标注清晰**：为设备添加必要的标注，如IP地址、主机名等。
- **定期更新**：网络拓扑图不是一成不变的，随着网络的变化，需要定期更新。

第3章
数据通信技术

数据通信是指通过通信线路将数据从一个设备传输到另一个设备的过程。它涉及信息的传输、复用、交换等一系列技术。在学习网络的相关知识时,有必要了解一定的数据通信技术相关的知识。

 要点难点
- 数据通信基础
- 数据通信方式
- 数据交换技术
- 差错控制技术

3.1 数据通信基础

数据通信是指在两个或多个设备之间传输数据的过程。数据通信基础涉及多个方面,包括数据的表示、通信模式、交换技术等。下面是对数据通信的一些基础性知识进行详细介绍。

3.1.1 信息、数据与信号

信息、数据与信号是通信和计算领域中的三个核心概念,它们在许多系统中互相关联,但又有各自不同的定义和应用。详细了解这三个概念有助于理解通信系统的工作原理。

1. 信息

信息是指通过某种方式表示或传递的有意义的内容,能够减少不确定性或提供知识、事实。信息通常是从数据中提取的,具有一定的语义或意义,也是对客观事物的反映。可以是对物质的形态、大小、结构、性能等的描述,也可以是物质与外部世界的联系的描述,泛指人类社会传播的一切内容。信息的载体包括语音、文字、图形、图像、数字等。如天气预报、股票行情、电子邮件、书籍中的知识、数字图片和视频等都包含了不同形式的信息。

信息的特点如下。

- **语义性**:信息是有意义的,它能为接收者提供某种有用的内容或知识。如一段文字、一张图片或者一句话,都能传递具体的含义。
- **价值性**:信息的价值在于能够为接收方带来某种增益,减少接收者的未知或不确定性。
- **相对性**:同一段信息对于不同的接收者可能具有不同的价值或含义。例如,一段新闻报道对专业人士和普通读者的影响和理解会不同。

2. 数据

数据指对客观事物的一种符号表示,是对现实世界中的现象、事件或对象的数字化表示,通常没有语义或含义,只是一种原始符号的组合。数据可以是数字、字母、符号、图像等各种形式。在计算机领域中,数据指所有能输入到计算机中进行存储,并能被计算机程序处理的内容的总称,数据是运送信息的实体。如数字(42、3.14)、字符(A、B、C)、二进制数(010011)、文件(文本文档、图像文件、音频文件)等。

数据的特点包括以下几点。

- **符号化**:数据是符号或数字的集合,如二进制的0和1、字母、或数值表示等。
- **无语义性**:单独的数据本身没有直接的意义,它必须经过处理、分析或上下文理解后才能成为信息。
- **可操作性**:数据是可以被计算机系统存储、处理、操作和传输的基本单位。

> ✔ **知识点拨** 数据的分类
> - **结构化数据**:有固定的格式,便于数据库存储和检索,如关系数据库中的表格数据。
> - **非结构化数据**:没有固定的格式,如文本、音频、视频、图片等。
> - **半结构化数据**:既有一些结构化信息,也包含非结构化内容,如XML文件或JSON文件。

3. 信号

信号是指在通信系统中用来表示和传输数据的物理形式，如电信号、光信号、电磁信号等，主要用于在设备之间传递信息。只有将数据转换成信号，才能在传输介质中传输。按照数据在介质上传输时信号表示形式的不同，将信号分为模拟信号和数字信号两类。

- **模拟信号**：在时间或幅度上，物理量连续变化的信号，如图3-1所示。模拟信号可以表示无限多的值，因为它是连续的。例如，声波的强度可以以连续的电压变化来表示。常见的模拟信号如声音信号、视频信号、电流、电压波形等。
- **数字信号**：数字信号用于离散取值的数据传输，连续取值经量化后转换为离散取值，以数字信号的形式经数字线路进行传输。数字信号在通信线路中一般以电信号（高电平/低电平）表示其数据的"0"和"1"，如图3-2所示，数字信号的变化是跳跃式的，它只能表示有限数量的状态。常见的数字信号如计算机内部的二进制数据传输、数字音频信号、数字图像信号等。

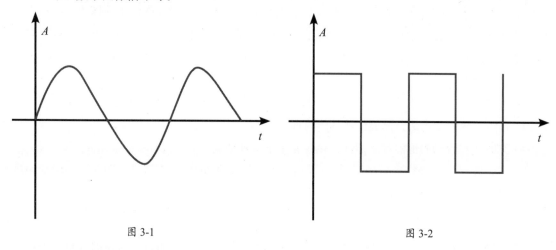

图 3-1　　　　　　　　　　　　　　图 3-2

（1）信号的特点

- **载体作用**：信号是数据的物理表示形式，通过信号的传递，数据能够在物理介质中传播。
- **多样性**：信号可以是电磁波、光波、声波等多种形式。
- **受干扰性**：信号在传输过程中可能受到噪声、干扰等影响，从而导致信号失真或数据丢失。为了确保数据的完整性，通常会进行信号调制和纠错处理。

（2）信号的功能

- **传输功能**：信号用于将数据从一个设备传输到另一个设备，例如通过有线或无线信道进行传输。
- **编码功能**：信号将数据编码为合适的形式，使其能够在物理介质中传播。例如，将数据编码为电压的变化、光的脉冲或无线电波的频率变化。

4. 三者的关系

在信息系统中，这三个概念的关系可以总结为：发送方将信息转换为数据，并将数据通过某种信号传输到接收方。接收方接收到信号后，提取出其中的数据，并解码得到所需的信息。具体的含义为：

- **信息是意义的核心**：信息是通过数据来表达的，而数据又通过信号来传输。
- **数据是信息的载体**：数据是信息的数字化表示，但它本身没有意义，需要结合背景和上下文来解读其意义，进而成为有用的信息。
- **信号是数据的传输媒介**：信号是用于传输数据的物理形式。通信过程中，设备间传递的是信号，而信号中包含了编码的数据信息。

假设一个人通过电话传递一段话，其中的"信息"就是他说的这段话包含的意义。例如"今天天气很好"，这句话被转换成声音的波形（可以被模拟成电信号），这就是"数据"。声音波形被电话线转换为模拟信号，通过电流的变化在电话线上传输。接收方通过信号恢复出数据，然后还原成可理解的信息。

所以信息是有意义的内容，数据是信息的形式化表示，而信号则是数据在物理世界中的表现形式，它们共同构成了数据通信的基本要素。

3.1.2 数据信息系统模型

数据信息系统模型是用于描述信息系统中数据的流动、处理和管理的基本框架。它为信息系统的设计、开发和维护提供一个结构化的视角。通过这个模型，可以理解数据从输入到输出的整个生命周期，以及它如何支持业务目标和决策。一个典型的数据信息系统模型通常包括以下几个核心组成部分：源系统、传输系统和目的系统，如图3-3所示。

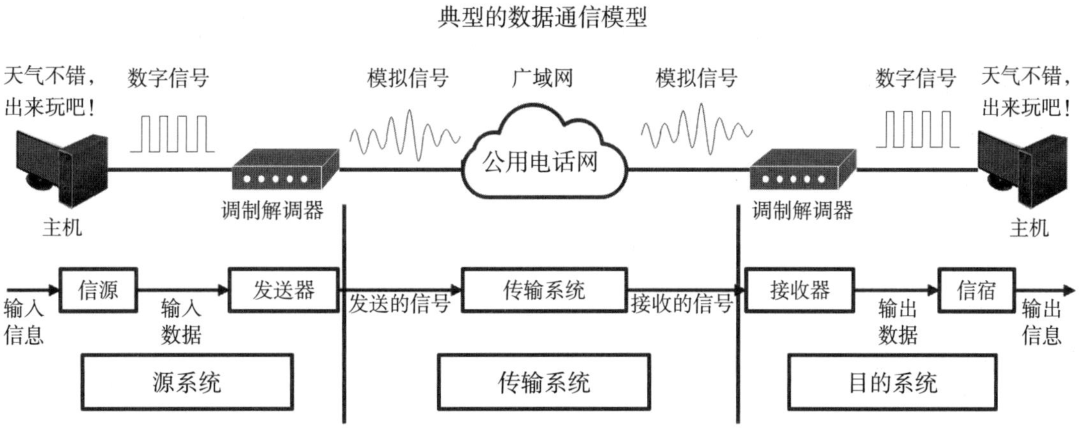

典型的数据通信模型

图 3-3

1. 源系统

源系统是数据通信的起点，也是发送信号的一端。信源一般为计算机或服务器等产生要传输数据的设备。它负责输入信息、编码并准备发送。

（1）信源

信源指信息的来源，如用户输入的文本、声音、图像等。图3-3中信源就是用户在计算机上输入的"天气不错，出来玩吧！"这段文字信息。

（2）输入数据

信源生成的原始数据会被转换成数字信号。这些数据可以是文本的二进制编码（如ASCII码），或者是其他形式的编码数据（如音频的采样数据）。

（3）发送器

发送器负责将数字信号进行处理，并准备传输。图3-3中的发送器将输入的数字信号（0和1的比特流）通过调制技术转换为适合传输的信号，具体来说是转换为模拟信号。

常见的发送器就是调制解调器，是用于信号转换的设备。在图3-3中，计算机通过调制解调器将数字信号转换成模拟信号，以便通过电话线等模拟通信介质进行传输。调制过程是通过调节载波的幅度、频率或相位来表示数字信号。

2. 传输系统

传输系统是数据通信的核心，属于网络通信的信号通道，以及负责转发数据的路由器及交换机等。它负责将信号从源系统传输到目的系统。图3-3中的传输系统包含以下部分。

（1）公共电话网（广域网）

这是模拟信号传输的介质。在现实中，公共电话网（PSTN）或其他广域网会通过电话线、电缆、光纤或无线信道等物理介质传输模拟信号。由于早期电话网络只能传输模拟信号，因此在数据传输中需要使用调制解调器将数字信号转换为模拟信号。

（2）传输的信号

在传输系统中，信号是以模拟信号的形式通过电话网或其他传输介质进行传播。这个信号会受到噪声、干扰等因素的影响，因此需要保证信号的可靠性。

3. 目的系统

目的系统是接收并处理数据的另一端，它与源系统相对应。它的功能是将接收到的信号还原为原始数据并输出给用户。

（1）接收器

在目的系统中，接收器负责从传输介质中接收信号。在图3-3中，接收器接收到的是通过电话线传输的模拟信号。

（2）调制解调器

接收的模拟信号需要经过解调，转回到数字信号。这一步与源系统中的调制过程相反。解调后，模拟信号会还原为一串二进制的数字信号（0和1），这些数字信号是原始输入数据的数字表示。

（3）信宿

信宿是目的系统中接收并解释信息的部分。在图3-3中，信宿接收到的是解调后的数字信号，将其还原为原始的文字信息"天气不错，出来玩吧！"并显示在终端设备上。

（4）输出信息

经过解调和处理后，目的系统将信息还原并输出给用户。这里的输出信息和源系统的输入信息是一致的。

3.1.3 信道与信道的分类

信道是指在通信系统中用于传输信号的媒介或路径。信道可以是物理介质（如铜线、光纤、无线电波等），也可以是逻辑通道（如数字通信中的频率分段或时隙）。信道的作用是确保数据能够可靠地到达目标位置。

1. 信道的主要功能

信道在通信系统中至关重要，它会影响数据传输的质量、速率以及可靠性。因此，信道的设计和选择对通信性能有着直接的影响。信道的主要功能如下。

- **传输信息**：信道负责将发送方的信息或数据传输到接收方。
- **抗干扰能力**：信道会受到各种外部噪声的干扰，信道的选择和设计决定了系统的抗干扰能力。
- **带宽和容量**：信道的带宽决定了其可传输的最大数据速率，容量则表示信道可以有效传输的数据量。
- **信号衰减**：信号在传输过程中可能会因信道特性而衰减，信道的特性直接影响信号质量。

2. 信道的分类

信道的分类方法很多，通常根据传输介质、信号的传输方式、传输内容以及信道的逻辑功能等多个方面进行分类。

- **按传输介质**：分为有线信道（双绞线、同轴电缆、光纤）以及无线信道（微波、射频、红外）。
- **按信号的传输方式**：分为模拟信道和数字信道。
- **按数据流方向**：分为单工信道、半双工信道、全双工信道。
- **按逻辑功能**：分为主信道、控制信道、逻辑信道。

3.1.4 数据通信的技术指标

在数据通信中，有一系列的技术指标用于衡量通信系统的性能和质量，这些技术指标涵盖数据传输的速度、准确性、可靠性等方面。理解这些技术指标有助于评估和优化通信系统的效率。

1. 码元、波特率和比特率

码元、波特率和比特率是数据通信中三个重要概念，它们用于描述信号的传输和数据的处理方式。下面详细介绍这些概念以及它们之间的关系。

（1）码元

码元是时间轴上的一个信号编码单位，在数据通信中常用时间间隔相同的符号来表示一个二进制数字，这样的时间间隔内的信号称为（二进制）码元。而这个间隔被称为码元长度。码元是数据通信中最基本的传输单位。对于数据通信，一个数字脉冲就是一个码元；对于模拟通信，载波的某个参数或者几个参数的变化就是一个码元。码元通常对应于一个调制信号的变化，可以是幅度、频率、相位等属性的变化。无论在数字通信还是模拟通信中，一个码元所携带的信息量是由码元所取的有效离散值的个数（状态值）所决定的。

（2）波特率

波特率也称为码元速率，是指每秒传输的码元数。波特率的单位是波特（Baud），通常用于描述物理信道的传输速率。

（3）比特率

比特率是数据通信中每秒传输的比特数，通常以b/s（bits per second，比特每秒）为单位。比特率在通信领域经常用作连接速度、传输速度、信道容量、最大吞吐量和数字带宽容量的同义词，直接反映数据的传输效率。

2. 信道带宽

信道带宽是指信道能够传输的频率范围，通常以赫兹（Hz）为单位。具体来说，信道带宽是信号中频率最高分量与最低分量的差值。带宽越大，信道可以传输的信息量就越多。根据通信方式的不同，信道带宽可以分为模拟带宽和数字带宽，它们分别应用于模拟通信和数字通信领域。

（1）影响信道带宽的主要因素

- **物理介质的特性**：不同的传输介质（如铜线、光纤、无线电波）具有不同的固有带宽。例如，光纤具有极高的带宽，而电话铜线的带宽相对较低。
- **调制方式**：不同的调制方式会影响带宽需求。例如，调制技术越复杂，传输更多比特信息的能力越强，但也要求更大的带宽。
- **噪声和干扰**：信道中的噪声和干扰会减小有效带宽，因为需要更多的频谱资源来纠正错误或重传数据。
- **滤波器和设备性能**：实际的通信系统中，带宽通常受限于设备的处理能力和滤波器的设计。滤波器会限制信号的频率范围，从而减少实际可用的带宽。

（2）提高带宽利用率的措施

- **采用高级调制方式**：使用高级调制方式可以在有限的带宽内传输更多的比特数。
- **降低噪声和提高信噪比**：通过提高信号强度或降低噪声，信道容量可以提高，进而提升带宽利用效率。
- **压缩技术**：在数据传输前对数据进行压缩，可以减少传输所需的带宽。

3. 信道容量

信道容量是指在给定的带宽和信噪比条件下，信道能够无误传输信息的最大数据速率。换句话说，信道容量是系统在噪声环境中可达到的理论上的最高数据传输速率。信道容量是设计和优化通信系统时的重要指标，直接决定通信系统的性能。理解信道容量有助于用户评估不同技术在数据传输中的效率，并选择合适的技术方案来最大化数据速率。

4. 信噪比

信噪比是衡量信号质量的一个重要指标，表示有用信号的功率与噪声功率之间的比值，通常以分贝（dB）为单位。信噪比是数据通信、无线电通信、音频处理、图像处理等多个领域中的关键参数，直接影响信号的传输效果和传输效率。信噪比越高，意味着信号比噪声更强，系统能够更可靠地恢复和处理信号。

> **✅知识点拨** **提高信噪比**
> 为了提高信噪比，通信系统可以采用以下多种技术手段。
> - **功率控制**：通过提高信号发射功率来增强信号强度，进而提升信噪比。
> - **滤波技术**：使用滤波器可以减少系统中不必要的噪声，降低噪声功率，从而提高信噪比。
> - **调制优化**：采用适合信道条件的调制方式可以有效提升信号在恶劣环境中的抗噪声能力。例如，低信噪比情况下可以使用简单的调制方式，高信噪比情况下可以使用更复杂的调制方式。
> - **天线技术**：在无线通信中，采用MIMO技术可以通过多路并行传输提高信号的有效强度，进而提升信噪比。

5. 误码率

误码率表示在数据传输过程中，错误的比特数与总传输比特数的比率，通常用百分数或十进制数表示。误码率越低，意味着通信系统的传输质量越高。误码率和信噪比之间有着密切的关系。通常在给定的调制方式和传输介质下，信噪比越高，误码率越低。为了降低误码率，可以采用高级编码技术、增大发送功率、采用低度复杂的调制方式以及频谱扩展。

3.2 数据通信方式

数据通信方式是指在两个或多个设备之间传输数据的方法和技术。根据数据传输的不同特性，数据通信方式可以从多个角度进行分类，如传输方式、方向、同步方式、复用技术等。

3.2.1 并行通信与串行通信

并行通信与串行通信是在计算机内部各部件之间、计算机与各种外部设备之间及计算机与计算机之间传递交换数据信息的两种基本传输形式。

1. 并行通信

并行通信是指在同一时间通过多条并行线路同时传输数据。由于通过不同的线路传输，数据传输速度快，但传输距离通常较短。并行通信适合于对传输速度要求高的场景。如计算机内部总线、并行接口（如旧式打印机端口）、DDR内存数据传输等。

在并行数据传输中有多个数据位，如常见的通过8个数据位，同时在两个设备之间传输。发送设备将8个数据位通过8条数据线传送给接收设备，还可附加1位数据校验位。接收设备可同时收到这些数据，不需做任何变换就可直接使用。并行的数据传送线也叫总线，如并行传送8位数据就叫8位总线，并行传送16位数据就叫16位总线。并行数据总线的物理形式多样，但功能都是一样的。这种传输方式的优点是传输速度快，处理简单；但进行远距离数据传输时，这种方法的线路费用会比较高。

> **✅知识点拨** **并行传输的缺点**
> 由于各条数据线并行工作，电磁干扰较大，容易出现"串扰"问题，特别是在线路长或数据速率高的情况下，信号完整性可能受损。一般只能在较短的距离内使用。并行通信需要多条物理线路，因此电缆和连接器的成本较高，布线也更复杂。多条线路需要保持严格的同步，线路之间的时钟偏移会导致信号不一致，需要额外的同步机制来保证数据的正确性。

2. 串行通信

串行数据传输时，数据是按位顺序，一个接一个地在通信线上传输，所有数据均通过同一条线路进行传输。与并行传输相比，串行数据传输的速度要慢得多，但因为占用的传输线路少、成本低、传输距离远、抗干扰能力强，对于计算机网络来说具有更大的现实意义。USB通信、串行接口（RS-232、RS-485）、远程通信等都是使用的串行通信。

串行数据传输时，先由具有8位总线的计算机内的发送设备，将8位并行数据转换成串行方式，再按照一定的时钟频率，按位经传输线路到达接收端的设备中，并在接收端按照相同的频率依次接收数据，再将数据从串行方式重新转换成并行方式，以便使用。并行通信与串行通信的示意如图3-4所示。

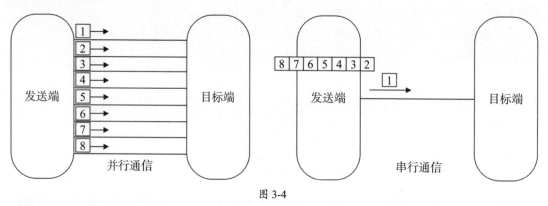

图 3-4

知识点拨 串行传输的缺点
因为串行通信每次只能传输一位数据，所以与并行通信相比，传输速度相对较慢，尤其是在需要高实时性的数据传输应用场景中，可能无法满足要求。

3.2.2 异步传输与同步传输

在网络通信过程中，通信双方要交换数据，需要高度一致的协同工作。为了正确地解释信号，接收方必须确切地知道信号应当何时接收和处理，因此定时是至关重要的。在计算机网络中，确保数据按正确的时间间隔传输的过程叫时钟同步。同步是要接收方按照发送方发送的每个位的起止时刻和速率来接收数据，否则会产生误差。所以通常会采取异步或同步的传输方式对位进行同步。

1. 异步传输

异步传输是一种无须共享时钟信号的传输方式。数据以独立的字节（或字符）为单位进行传输，数据之间可以不连续。每个字节前后都有相应的控制信息，用来标记数据的开始和结束。最常见的异步通信方式是使用"起始位"和"停止位"来标识每个字符的数据边界。异步传输的关键点在于，接收方依赖起始位来同步接收数据，因此无须额外的时钟信号同步。

异步传输一般以字符为单位，起始位先发出一个逻辑"0"信号（逻辑低电平），表示传输字符的开始。空闲位（停止位）处于逻辑"1"状态（逻辑高电平），表示当前线路上没有资料传送。

异步传输将数据分成小组进行传送，发送方可以在任何时刻发送这些数据组。异步传输存在一个潜在的问题，即接收方并不知道数据会在什么时候到达。在接收方检测到数据并做出响应之前，第一个比特已经过去了。因此，每次异步传输的信息都以一个起始位开头，它通知接收方数据已经到达了，这就给了接收方响应、接收和缓存数据的时间；在传输结束时，一个停止位表示该次传输信息的终止。

异步传输的实现比较容易，由于每个信息都加上了"同步"信息，因此计时的漂移不会产生大的积累，但却产生了较多的开销。每8位数据要多传送2位数据，总的传输负载增加了25%。对于数据传输量很小的低速设备来说问题不大，但对于那些数据传输量很大的高速设备来说，25%的负载增值就相当严重了。因此，异步传输常用于低速设备。

> **✓ 知识点拨** 异步传输的优缺点
> 异步传输的优点就是无须同步时钟、成本低、易于实现且灵活性强，数据可以以任意速率和不规则间隔发送，传输间隔不会影响数据的正确接收。而缺点也很明显，每个数据字符需要附加起始位和停止位，这增加了开销，降低了实际数据传输的效率。适合低速率应用，不适合高速、大批量数据的传输需求。通常用于短距离、低速应用，长距离传输时会因时钟不同步导致数据失真。

2. 同步传输

同步传输是一种通过共享统一时钟信号来传输数据的方式。在同步传输中，数据是以帧（Frame）为单位连续发送的，每一帧包含多个字节。发送方和接收方使用相同的时钟信号来确保双方的步调一致，接收方可以在规定的时间间隔内接收数据，无须每次发送数据时附加起始位和停止位。同步传输的数据分组要大得多，它不是独立地发送每个字符，而是把它们组合起来一起发送。

数据帧的第一部分一般包含一组同步字符，它是一个独特的比特组合，类似于前面提到的起始位，用于通知接收方一个帧已经到达，但它同时还能确保接收方的采样速度和比特的到达速度保持一致，使收发双方同步。中间部分就是正常的数据字段，而且是大块的连续数据，不再是单个字节。

帧的最后一部分是一个帧结束标记。与同步字符一样，它也是一个独特的比特串，类似于前面提到的停止位，用于表示在下一帧开始之前没有别的即将到达的数据了。有些还带有校验位，用于检测数据传输过程中的错误。

同步传输通常比异步传输快得多。接收方不必对每个字符进行开始和停止的操作。一旦检测到帧同步字符，接收方就在接下来的数据到达时接收它们。另外，同步传输的开销也比较少。例如，一个典型的帧可能有500B（4000b）的数据，其中可能只包含100b的开销。这时，增加的比特位使传输的比特总数增加了2.5%，这与异步传输中25%的增量相比要小得多。

随着数据帧中实际数据比特位的增加，开销比特所占的百分比将相应地减少。但是，数据比特位越长，缓存数据所需要的缓冲区也越大，这就限制了一个帧的大小。另外，帧越大，它占据传输媒体的连续时间也越长。在极端情况下，这将导致其他用户等得太久。

> **✓ 知识点拨** 同步传输的优缺点
> 同步传输的优点主要有传输效率高、稳定性高。缺点有复杂度高，需要使用特殊的时钟恢复电路来保证时钟同步。实时性要求高，接收方必须实时接收数据，不能错过时钟周期，否则会导致数据丢失。

常见的以太网、光纤通信等高速网络都采用同步传输方式，用于局域网和广域网的数据交换。数据存储设备（如硬盘和内存）之间的数据传输使用同步通信来提高数据吞吐量，远程通信系统（如无线通信、卫星通信）均使用同步传输来确保数据的准确性和高速传输。

3.2.3　基带传输、频带传输与宽带传输

基带传输、频带传输与宽带传输是数据通信中三种常见的传输方式，它们在信号的频率范围、传输介质以及应用场景上存在显著差异。

1. 基带传输

基带传输是指将信号直接以原始的低频形式传输，不对其进行调制处理，信号的频率范围从0Hz开始。这种传输方式通常在局域网或数字信号传输中使用。

基带传输直接将数字信号（0和1的电平信号）在传输介质（如电缆、光纤）上发送。这些信号通常没有经过调制，也没有叠加到高频载波上。基带信号可以在规定的频带范围内进行传输，在传输过程中信号的波形保持原始状态。常用于早期的以太网、计算机内部通信和短距离数字通信等。

（1）基带传输的常用编码方式

- **曼彻斯特编码**：通过电平的上升或下降表示0和1，适合于局域网通信。
- **NRZ（非归零编码）**：用高电平表示1，低电平表示0，是最简单的数字编码方式之一。

（2）优点

- **实现简单**：不需要复杂的调制和解调设备，数据可以直接以数字信号的形式传输。
- **适合短距离传输**：由于信号未调制，通常适用于短距离的通信，例如局域网和计算机内部的通信。
- **低成本**：由于不涉及调制过程，设备的实现成本相对较低。

（3）缺点

- **传输距离有限**：基带传输在长距离传输时会遇到信号衰减和失真问题，容易导致数据丢失或错误。
- **带宽受限**：基带传输需要占据整个信道的带宽，因此在多用户通信或远距离通信中效率较低。
- **抗干扰能力较差**：基带信号在传输过程中容易受到外部干扰和噪声的影响。

2. 频带传输

频带传输是一种将信号调制到某个特定的频率范围内进行传输的方式。它通过调制技术将基带信号转换为频带信号，在通信系统中占据某一频率范围进行传输。常用于无线通信（移动通信2G～5G、Wi-Fi、卫星通信）、广播电视等领域。

在频带传输中，基带信号被调制到高频载波上，这使得信号可以通过射频或微波介质传输。通过调制过程，原本低频的基带信号可以在一个较高的频率范围内传输，这样多个信号可以在同一传输介质上共存，但占据不同的频率范围。

（1）调制技术
- **幅度调制（AM）**：通过改变载波信号的幅度来表示数据。
- **频率调制（FM）**：通过改变载波的频率来传输信号。
- **相位调制（PM）**：通过改变载波的相位来表示信息。

（2）优点
- **适合远距离传输**：通过调制，可以有效地在较长的距离上传输信号，如无线通信中的无线电波传输。
- **频谱资源利用率高**：通过将信号调制到不同频段，可以在一个信道中同时传输多个信号，避免信道冲突。
- **抗干扰能力强**：高频信号比低频信号更能抵抗环境噪声和干扰，适合复杂环境下的数据传输。

（3）缺点
- **实现复杂**：频带传输需要复杂的调制和解调设备，因此成本较高。
- **硬件要求高**：频带信号的处理需要更高精度的硬件设备，特别是在无线通信中。

3. 宽带传输

宽带传输能够在同一信道上通过不同的频率载波同时传输多个信号。这种方式通过划分多个频率信道，使得多个用户或多个信号能够同时共享同一个传输介质，常用于宽带网络（DSL、光纤宽带）等互联网接入技术、有线电视等场景。

宽带传输采用频分多路复用（FDM）或时分多路复用（TDM）等技术，将传输介质的带宽划分成若干个较小的子频带，每个子频带分别承载不同的信号。因此，在同一物理介质上，可以实现多用户的同时通信。关于多路复用技术将在3.2.5节进行重点介绍。

（1）优点
- **高效的信道利用率**：宽带传输可以同时传输多个信号，使得带宽资源的利用率大大提高。
- **支持多用户通信**：通过分割频率或时间，可以让多个用户同时在同一介质上进行通信，且互不干扰。
- **适合大规模数据传输**：宽带技术能够支持高速、大流量的数据传输，如视频流、互联网访问等。

（2）缺点
- **实现复杂**：宽带传输涉及复杂的频谱管理和信道分配，系统设计和设备实现都较复杂。
- **成本较高**：由于需要较大的带宽资源，且硬件实现较复杂，宽带传输的成本较高。

3.2.4　数据传输方向

数据传输方向是指数据在通信双方（发送方和接收方）之间传输的方式，主要涉及数据的传输方向和通信的互动模式。根据数据的传输方向，数据传输可以分为单工通信、半双工通信和全双工通信。每种传输方向都有其特定的应用场景和优缺点，下面详细介绍这三种数据传输方向的概念、工作原理以及差异。

1. 单工

单工数据传输如图3-5所示,只支持数据在一个方向上传输,发送端A仅能向接收端B发送数据,接收端B也只能接收发送端A的数据,且接收端B无法向发送端A反馈数据。换句话说,通信的双方并不具备双向数据交换的能力。例如传统的广播、电视,用户只能收听和观看,但无法向电台进行反馈。其他的设备包括传感器系统以及显示器等。

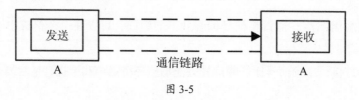

图 3-5

由于通信方向是固定的,单工通信的系统设计相对简单,设备要求较低。因为不需要考虑双向传输机制,单工通信的硬件设计和维护成本较低。但因为无法交互,所以不适合需要双向通信的应用场景。

2. 半双工

半双工的通信中通信双方共享同一个信道,并允许数据在两个方向上传输,但是在同一时刻,只允许数据在一个方向上传输。当一方在发送数据时,另一方只能单纯接收,且必须等待发送方发送完毕后,才能开始传输数据,双方可轮流进行数据的收发。它实际上是一种可以切换方向的单工通信。通信双方都具备发送和接收装置,例如对讲机通信就是半双工模式,只有在按下发送键时另一方才能接收,双方不能同时说话。半双工示意图如图3-6及图3-7所示。

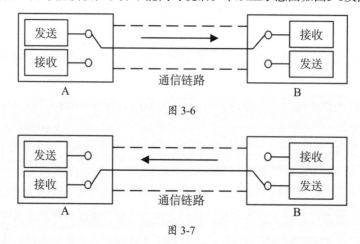

图 3-6

图 3-7

半双工通信可以双向传输数据,虽然不能同时进行,但仍然比单工通信有更强的交互性。并且可以在较少的资源(如频率或带宽)下实现双向通信,适合带宽有限的场景。缺点是通信的实时性较差,尤其在需要频繁进行交互的场景中效率较低。而且通信双方必须轮流发送和接收,通信速度受到一定限制,可能会造成数据传输时延。

3. 全双工

全双工通信是一种双向同时通信的方式，发送方和接收方可以同时发送和接收数据，双方无须等待对方完成传输。这种通信方式允许数据在两个方向上同时传输，效率更高，如图3-8所示。

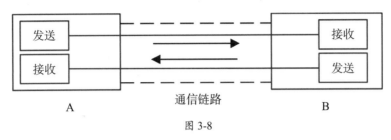

图 3-8

在全双工通信中，发送方和接收方各自有独立的发送和接收信道，或者通过其他技术（如频分复用）将同一信道分成多个独立的通道，用于同时发送和接收数据。因此，数据可以双向同时传输，且不会相互干扰。例如现在的电话通信系统就是全双工通信，通话双方可以同时说话和听对方的声音。

全双工通信的效率远高于单工和半双工通信，特别是在频繁交互的场景中表现尤为出色。通信双方可以同时进行数据传输，减少了等待时间，实时性更好。全双工通信能够更好地利用带宽，实现高效的数据传输，适合大数据量或高频率通信。但由于需要同时处理信号的发送和接收，全双工通信的系统设计相对复杂，需要双工设备支持并解决信号干扰等问题。为了实现同时双向传输，全双工通信对带宽的要求较高，需要更多的资源来支持。

3.2.5 多路复用技术

多路复用技术（Multiplexing）是一种将多个信号或数据流通过同一个信道进行传输的技术。通过多路复用，通信系统可以高效地利用信道带宽，从而提高传输效率，减少资源浪费。多路复用在现代通信系统（如电话网、计算机网络、无线通信等）中非常常见，广泛应用于有线和无线的各种数据传输。

1. 认识多路复用技术

在多路复用系统中，多个信号或数据流通过同一个物理信道进行传输，这个过程称为复用。接收端通过一定的技术手段从复用的信号中将原来的各个信号分离出来，这个过程称为解复用。复用的目的是更有效地利用信道资源，提高通信效率。

举个简单的例子：两地之间有多条传送带，如果每条传送带只传送一件货物，就非常浪费传送带资源，性价比也较低，如图3-9所示。

那么在保证货物不会丢失或者损坏的情况下，让多件货物同时从一条传送带通过，无论是摞在一起，套在一起，并排在一起都允许。这样就能充分利用传送带的带宽，如图3-10所示。只是在到达目的地时，需要对货物进行拆分与重新组合，发送给不同单位后才能使用。

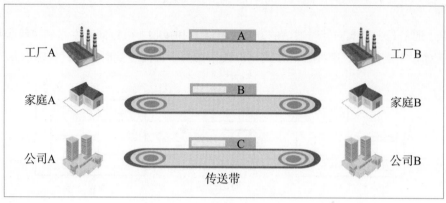

图 3-9

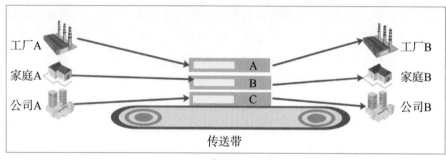

图 3-10

多路复用技术的优点如下。

- **提高信道利用率**：通过将多个信号在同一信道中传输，可以最大化利用信道带宽，避免资源浪费。
- **降低通信成本**：减少了物理信道的数量需求，从而降低通信基础设施的建设和维护成本。
- **提高传输效率**：能够在有限的信道上同时传输多路数据，提高了系统的传输效率。
- **灵活性高**：适用于各种类型的信号传输，支持不同的应用场景和数据格式。

信道复用技术可以分为频分复用、时分复用、波分复用、码分复用、空分复用、统计复用、极化波复用。下面介绍一些常用的信道复用技术。

2. 频分复用技术

频分复用（Frequency Division Multiplexing，FDM）是将用于传输信道的总带宽划分成若干个互不重叠的子频带（又称为子信道），每一个子信道固定并始终传输一路信号，如图3-11所示，从而实现在同一信道中同时传输多路不同信号的技术。

频分复用要求总频率宽度大于各个子信道频率之和，同时为了保证各子信道中所传输的信号互不干扰，应在各子信道之间设立隔离带，这样就保证了各路信号互不干扰。频分复用技术的特点是所有子信道传输的信号以并行的方式工作，每一路信号传输时可不考虑传输时延，因而频分复用技术取得了非常广泛的应用。频分复用技术除传统意义上的频分复用外，还有一种是正交频分复用。

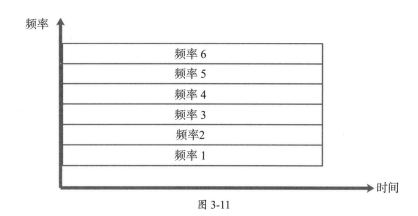

图 3-11

早期电话线上网的时代使用的就是这种原理。频分复用的具体工作流程就是每个要传输的信号先调制到一个特定的载波频率上。这些载波的频率各不相同，确保每个信号占据一个独立的频段。所有调制后的信号被划分到不同的频段，通过同一个信道进行传输。复用后的信号通过物理信道（如电缆、无线电波或光纤）进行传输。在接收端，通过带通滤波器将每个频段的信号分离出来，并通过解调还原成原始的信号。

> ☑ **知识点拨** 频分复用技术的优缺点
> 频分复用技术的优点包括可以同时传输多个信号、实时性强，适合模拟信号的传输。缺点是带宽需求较大，且需要复杂的滤波器来分离不同的频段信号。另外由于频段分配的固定性，即使某个频段没有数据传输，该频段也无法被其他信号使用，有可能造成带宽浪费。

3. 波分复用技术

波分复用是一种专门用于光纤通信的多路复用技术，通过将多个光信号分配到不同的波长（光频率）进行传输，从而在同一根光纤中同时传输多个信号。波分复用技术大大提高了光纤通信系统的带宽利用率，使得光纤能够传输更大容量的数据。

光纤传输中使用的波分复用技术其实就是光的频分复用技术。因为波速=波长×频率，在波速一定的情况下，波长和频率是互相关联制约的。利用光纤的特性，将不同波长的光信号复用到同一根光纤中进行传输。每个信号都调制在不同的波长，即不同的光频率上，并且这些波长之间互不干扰，可以同时传输。再使用光猫进行信号的调制，在上传和下载时，会使用不同的波长，从而在一条光纤线路中传输多种不同波长和频率的光，也就是不同的信号。准确地说，光猫在上传时使用的是波分复用，而下行时则采用广播的方式。在电信骨干网、城域网、数据中心以及海底光缆中都会用到波分复用技术。

> ☑ **知识点拨** 波分复用技术的优缺点
> 波分复用技术的优点是可以大幅提升带宽，可扩展性强，可高效利用光纤且支持长距离传输。缺点是设备成本较高，温度会影响波长且信号处理较为复杂。

4. 时分复用技术

时分复用是将时间划分为多个时间片，每个时间片只传输一个信号的数据，这样多个信号在不同时刻轮流占用信道。每个时间片中的数据叫作时分复用帧（TDM帧）。每一个时分复用的用户在每一个TDM帧中占用固定序号的时隙。每一个用户占用的时隙周期性出现（其周期就是TDM帧的长度）。TDM信号也称为等时信号。时分复用的所有用户是在不同的时间占用同样的频带宽度。

简单来说，就是多人先排好队，每个人说句话，组合起来作为一个包发出，以此类推。所以每个人在说话时就占有全部的带宽，但是不能一直占用，占有一个单位时间后，下个人继续占用，直到最后一个人，循环往复。

> ✓ **知识点拨** 时分复用技术的优缺点
>
> 时分复用技术可以有效地利用时间，在传输时无干扰，适合多种通信方式且扩展性强。但相对于其他复用技术，带宽利用率低，需要精确的时钟同步技术支持，如果数据流较大，可能会导致传输延迟的产生。

5. 码分多路复用技术

码分多路复用（Code Division Multiplexing，CDM）又称码分多址（Code Division Multiple Access，CDMA），与频分多路复用和时分多路复用不同，它既共享信道的频率，也共享时间，是一种真正的动态复用技术。码分多路复用的核心思想是为每个信号分配一个唯一的"伪随机码"（也叫扩频码），这个码具有良好的正交性，确保不同信号之间不会互相干扰。信号在传输前通过与扩频码进行"扩频"操作，使得信号的频谱宽度大大增加。当信号到达接收端时，接收器使用与发送端相同的伪随机码对信号进行"解扩"，恢复原始信号。扩频和解扩的步骤如下。

- **在发送端**：信号首先与伪随机码相乘，即进行扩频，扩频后的信号频谱宽度大大增加。扩频后的信号通过信道传输，多个信号共用相同的信道。
- **在接收端**：接收端使用与发送端相同的伪随机码对接收到的信号进行解扩，恢复原始的数据信号。由于每个信号使用的伪随机码不同，接收端只会对与自己相匹配的扩频码解扩，其他信号的干扰会被当作噪声处理。

> ✓ **知识点拨** 扩频
>
> 扩频（Spread Spectrum）是码分复用技术的基础，它通过在频域上分散信号能量来提高信号的抗干扰能力。扩频的核心是将窄带信号通过与伪随机码相乘变为宽带信号，使其分布在更宽的频率范围内。

码分多路复用的特点如下。

- **频谱共享**：码分多路复用允许多个用户在同一时间、同一频带上同时传输数据。每个用户的数据通过独特的伪随机码加以区分，因此即使所有用户占用同一频带，它们的信号也不会互相干扰。
- **抗干扰能力强**：由于信号的频谱被分散到更宽的带宽中，码分多路复用对窄带干扰具有很强的抵抗力。即使存在噪声或干扰，接收端仍然可以通过正确的伪随机码进行信号恢复。
- **扩展性好**：码分多路复用系统可以很容易地增加新的用户，只需为新用户分配一个独特的伪随机码即可，不需要改变系统的整体结构。
- **功率控制**：在无线通信中，码分多路复用系统要求发送端对发射功率进行严格控制，以确保所有用户的信号在接收端有相近的功率水平，避免较强的信号干扰较弱的信号。

> ✓ **知识点拨** 码分复用的优缺点
>
> 码分复用的优点包括频谱利用率高、支持多个用户同时通信、抗干扰能力强、系统容量大等。但对功率控制要求高，如果解码负担较重，且系统容量有限，一旦用户数过多，伪随机码之间的干扰可能会增加，导致系统性能下降。

码分多路复用技术主要用于无线通信系统，特别是移动通信系统，它不仅可以提高通信的语音质量和数据传输的可靠性，还能减少干扰对通信的影响、增大通信系统的容量。常见的无线通信，如2G、3G的CDMA 2000、WCDMA、4G、5G、卫星通信技术、GPS技术以及军事通信都广泛采用了该技术。

3.3 数据交换技术

数据交换技术是网络通信系统用于设备之间传递信息的技术。数据交换技术决定了如何通过通信介质传输数据，特别是在多个设备或节点共享相同的传输资源时。根据传输方式、路径选择和数据流管理方式，数据交换技术可以分为三类：电路交换、报文交换和分组交换。这些技术广泛应用于电话、通信、互联网及各种网络环境中。

3.3.1 电路交换

电路交换（Circuit Switching）是一种传统的交换技术，就是在两个站点之间通过通信子网的节点建立一条专用的通信线路，这些节点通常是一台采用机电与电子技术的交换设备（例如程控交换机）。在两个通信站点之间需要建立专用的实际物理连接，并在通信期间全程保留这条通路。典型的应用是两台电话之间通过公共电话网络的互联实现通话。

1. 实现步骤

电路交换实现数据通信需经过以下三个步骤。

首先是建立连接，即建立端到端（站点到站点）的一条物理路径。

其次是数据通信，所传输数据可以是数字数据（如远程终端到计算机），也可以是模拟数据（如声音）。这条电路在通信期间会专门供通信双方使用，不允许其他用户占用。

最后是拆除连接，通常在数据传送完毕后由两个站点之一终止连接。拆除后释放这条电路供其他通信使用。

2. 优缺点

电路交换的优点是实时性好，通信时时延较低，且资源独享，避免其他用户的干扰。但将电话采用的电路交换技术用于传送数据时，会出现下列问题。

- 用于建立连接的呼叫时间大大长于数据传送时间。在建立连接的过程中，会涉及一系列硬件开关动作，时间延迟高，如某段线路被其他站点占用或物理断路，将导致连接失败，需重新呼叫。
- 通信带宽不能充分利用，效率低。因为两个站点之间一旦建立连接，就独自占用实际连通的通信线路，而计算机通信时真正用来传送数据的时间一般不到10%，甚至可能低至1%。
- 不同计算机与远程终端的传输速率不同，因此必须采取一些措施才能实现通信。

3.3.2 报文交换

报文交换（Message Switching）是通过通信子网上的节点采用存储转发的方式来传输数据，它不需要在两个站点之间建立一条专用的通信线路。报文交换中传输数据的逻辑单元称为报文，其长度一般不受限制，可随数据不同而改变。一般将接收报文站点的地址附加于报文一起发出，它将整条报文（完整的消息）作为交换单位进行传输。每个中间节点接收完整报文并暂存报文，然后根据其中的地址选择线路再把它传到下一个节点，直至到达目的站点。

实现报文交换的节点通常是一台计算机，它具有足够的存储容量来缓存所接收的报文。一个报文在每个节点的延迟时间等于接收报文的全部位所需时间、等待时间及传到下一个节点的排队延迟时间之和。

1. 工作原理

报文交换的工作原理如下。

- **完整消息传输**：每次传输的是完整的消息（报文），而不是数据流的一部分。
- **存储和转发**：每个中间节点接收到报文后，先存储下来，再根据路由信息转发到下一个节点。这个过程会在多个中间节点重复，直到报文到达目标节点。
- **无固定路径**：报文的传输路径可能不固定，中间节点可以根据网络的负载情况动态选择最优路径。

2. 特点

- **无须专用线路**：报文交换技术不需要建立固定的物理连接，数据传输路径可以灵活选择。
- **动态路由选择**：根据网络拥塞情况，可以选择不同的传输路径。
- **适合非实时通信**：由于每个中间节点都需要存储报文，可能会引入较大的时延，因此报文交换更适合文件传输、电子邮件等非实时数据传输。

3. 优缺点

报文交换的主要优点是线路利用率较高，灵活性较强，多个报文可以分时共享节点间的同一条通道。此外，该系统很容易把一个报文送到多个目的站点。

报文交换的主要缺点是报文传输延迟较高（特别是在发生传输错误后），而且随报文长度变化，因而不能满足实时或交互式通信的要求。每个节点都需要有足够的存储空间来存储完整的报文，对于设备的硬件配置要求较高。不能用于声音连接，也不适于远程终端与计算机之间的交互通信。

3.3.3 分组交换

分组交换是目前互联网和现代数据网络中最常用的数据交换技术。它将数据分割成若干个小的固定长度的数据块，称为分组（Packet）。每个分组在传输过程中可以通过不同的路径独立传输，最终在目的地重新组合成完整的消息。

1. 工作原理

分组交换（Packet Switching）的基本思想包括数据分组、路由选择与存储转发。它类似于报文交换，但它限制每次所传输数据单位的长度，对于超过规定长度的数据必须分成若干个等长的小单位，称为分组。从通信站点的角度来看，每次只能发送其中一个分组。

各站点将要传送的大块数据信号分成若干等长且较小的数据分组，然后顺序发送。通信子网中的各个节点按照一定的算法建立路由表，同时负责将收到的分组存储于缓存区中，再根据路由表确定各分组下一步应发向哪个节点，在线路空闲时再转发。以此类推，直到各分组传到目标站点。由于分组交换在各个通信路段上传送的分组不大，故只需很短的传输时间（通常仅为毫秒数量级），传输延迟低，故非常适合远程终端与计算机之间的交互通信，也有利于多对时分复用通信线路。此外由于采取了错误检测措施，故可保证非常高的可靠性；而在线路误码率一定的情况下，小的分组还可减少重新传输出错分组的开销。

与电路交换相比，分组交换带给用户的优点则是费用低。根据通信子网的不同内部机制，分组交换子网又可分为面向连接与无连接两类。前者要求建立称为虚电路的连接，一对主机之间一旦建立虚电路，分组即可按虚电路号传输，而不必给出每个分组的显式目标站点地址，在传输过程中也无须为之单独寻址，虚电路在关闭连接时撤销。

2. 特点

分组交换的特点如下。

- **灵活的路由选择**：分组交换允许不同的分组选择不同的路径进行传输，这使得网络能够有效应对拥塞和故障。
- **支持数据共享**：多个用户可以共享同一信道，分组交替传输，极大地提高了带宽利用率。
- **适合不稳定的网络环境**：分组交换具有较好的容错能力，如果某一路径中断，分组可以通过其他路径传输。

3. 优缺点

分组交换是互联网基础，在局域网和广域网中数据都通过分区进行传输。网络电话（VoIP）也使用分组交换，将语音信号分成数据包传输。分组交换的优点：①带宽利用率较高，由于分组是按需传输的，多个用户可以动态共享带宽，避免了资源浪费。②容错性强，分组交换可以动态调整传输路径，某个路径发生故障时，分组可以通过其他路径传输。分组交换特别适合不连续的数据流或突发的数据传输，例如网页浏览、数据包传输等。

但分组交换需要复杂的协议来管理分组的传输、重组和纠错。而且由于分组独立传输，不同分组可能通过不同路径到达目的地，造成时延和抖动，不利于实时应用。

> **✅知识点拨** **混合交换技术**
>
> 随着通信技术的发展，出现了一些结合了多种交换技术优点的混合交换方式。
> - **异步传输模式（ATM）**：结合了电路交换的低延迟和分组交换的高效率，使用固定长度的"信元"作为数据单位，适用于语音、视频和数据的传输。
> - **多协议标签交换（MPLS）**：一种高效的数据传输技术，结合了分组交换和电路交换的特点，适用于高性能的广域网通信。

3.4 差错控制技术

在数据通信中,差错控制是保障数据在传输过程中不出错或者能及时纠正错误的重要机制。差错通常由于噪声、干扰、信号衰减等原因产生。下面将从差错产生原因及控制方法两方面介绍差错控制技术。

3.4.1 差错的产生原因

信号在物理信道中传输时,会因为多种因素而产生数据的错误,这种错误也叫作差错,常见的产生差错的原因如下。

1. 传输介质的物理特性

无论是有线通信(如光纤、电缆)还是无线通信(如电磁波),传输介质都不可能是完全理想的,物理特性如信号幅度的衰减、频率和相位的畸变、反射、散射、相邻线路间的串扰和干扰都会导致传输信号的失真,也就会出现错误。

2. 噪声干扰

线路本身电器特性造成的电磁噪声、随机噪声、热噪声、射频干扰等都可能影响数据传输,导致位翻转(0变1或1变0)。这些干扰在无线通信中尤其明显。

3. 信号衰减和失真

随着信号传输距离的增加,信号强度逐渐衰减,容易导致信号解码错误。另外,不同频率成分的衰减不一致,也会导致信号失真。

4. 网络拥塞和故障

在一些复杂的网络结构中,拥塞、节点故障、路由问题等都会影响数据的正确传输。

3.4.2 差错的控制

通常为了减少传输差错,一般采用两种策略:改善线路质量和差错检测与纠正。为了减少和纠正传输中的差错,常用的控制方法有以下几种。

1. 差错检测

通过增加冗余信息,检测数据在传输过程中是否发生了错误。常见的差错检测技术包括奇偶校验和循环冗余校验(CRC)。

2. 差错的纠正

差错纠正技术在检测到错误后,利用冗余信息纠正这些错误,而无须重传数据。前向纠错(FEC)是一种常见的差错纠正技术。

3. 自动重传请求

当检测到错误时,接收端请求发送端重传数据。这种方式常用于纠正那些不能被前向纠错技术处理的错误。

3.4.3 常见的差错检测

在差错控制中,差错的检测是非常关键的技术,只有检测出差错,才能使用包括冗余纠错或者重传机制来修复错误。

1. 差错检测的基本思路

差错控制最常用的技术是在发送端,通过对数据单元进行计算,得到一个校验码作为发送数据的冗余码,然后将由数据单元和冗余码组成的发送数据进行传输。接收端收到数据后,采用相同的校验码计算方法求得标准的冗余码,与数据帧携带的冗余码进行比较,如果不正确就表明数据出错了。

这种技术之所以被称为"冗余校验技术",是因为一旦传输被确认无误,那些附加的冗余数位便被自动丢弃。一般在被传送的K位信息后附加r位的冗余位,接收方对收到的信息应用同一算法,将结果与发送方的结果进行比较,若不相等则表示数据出现了差错。

差错控制编码可以分为检错码以及纠错码。在数据链路层进行差错控制的两大目标是尽量降低误码率以及尽量提高编码效率。

> **✓ 知识点拨** 检错与纠错
>
> 如果接收方只知道有差错发生,但不知道是怎样的差错,然后向发送方请求重传,这种策略称为检错;如果接收方知道有差错,而且知道是怎样的差错,这种策略称为纠错。

2. 奇偶校验码

奇偶校验码是最简单的一种差错检测技术,通过在传输的数据块中添加一个奇偶校验位来检测是否发生单比特错误。

发送端根据数据中1的数量来确定一个校验位。这个校验位的作用是使整个数据块中的1的个数成为奇数或偶数。

(1)奇校验

如果数据中的1的个数是偶数,校验位设置为1;如果是奇数,校验位设置为0。这样最终整个数据块中的1的个数总是奇数。

(2)偶校验

如果数据中的1的个数是奇数,校验位设置为1;如果是偶数,校验位设置为0。最终整个数据块中的1的个数总是偶数。

假设发送的数据为1101011(共7位),并采用偶校验。数据中有5个1,为奇数。为了确保总数为偶数,发送端在末尾添加一个校验位1,即最终发送的数据为11010111。

如果接收端接收到的1的总数不是偶数,则说明在传输过程中发生了单比特错误。

> **✓ 知识点拨** 奇偶校验的优缺点
>
> 奇偶校验实现简单,计算开销小,适合简单的低误码率通信场景。缺点是只能检测到单比特错误,无法检测到偶数个比特同时发生错误(例如两个比特翻转)。且无法纠正错误,只能用于检测。

奇偶校验广泛应用于简单的数据传输场景,如早期的串行通信、磁盘存储器、存储器中的数据保护等。

3. 循环冗余校验码

循环冗余校验码（Cyclic Redundancy Check，CRC）是一种广泛应用的高效差错检测技术，它能检测出较大概率的传输错误，特别是多比特错误。

CRC的核心思想是利用二进制多项式除法。发送端通过对数据执行二进制多项式除法，产生一个余数（CRC校验码），并将该校验码附加到数据后一起发送。接收端则对收到的包含校验码的数据再次进行多项式除法，如果余数为0，则认为数据没有出错；如果余数不为0，则说明发生了错误。

CRC具有极高的错误检测能力，能够检测到大部分的传输错误，包括单比特错误、多比特错误和突发错误。实现相对简单，可以通过硬件和软件轻松实现，常用于高速网络通信和存储系统。但CRC同样只能用于错误检测，无法纠正错误。如果数据帧非常长，突发错误（多个比特同时出错）可能会降低CRC的检测效率。CRC广泛用于各种通信和存储设备中，包括以太网帧、无线通信、文件传输协议。

> **知识点拨 自动重传请求机制**
>
> 当接收端检测出数据帧中的错误后，就将有错误的帧丢弃，然后采用自动重传请求技术，其核心是通过收发双方的确认和重传方式实现。常见的确认技术如下。
> - **正确认超时重传**：接收方在成功接收无差错的数据帧后，返回给发送方一个正确认消息ACK。若发送方在超过一定时间间隔后没有收到ACK，则重新发送该数据帧。
> - **负确认重传**：接收方检测到数据帧有差错，返回一个负确认NAK，发送方重发数据帧。

知识延伸：编码与调制

编码与调制是计算机中常见的数据转换技术，将信号编码或调制后，可以在数字信道或模拟信道中传输。编码的核心是频谱的整形，调制的核心是频带的迁移。

1. 编码与调制简介

编码就是用数字信号承载数字或模拟数据；调制就是用模拟信号承载数字或模拟数据。计算机直接输出的数字信号往往并不适合在信道上传输，需要将其编码或调制成适合在信道上传输的信号。由信源发出的原始信号称为基带信号，如计算机输出的文字、图像、音视频文件的数字信号都叫基带信号。基带信号往往包含很多低频的成分，甚至直流成分（多个连续的0或1造成的）。而很多信道往往不能传输这种低频分量或直流分量。因此要对基带信号进行调制后才能在信道上传输。编码与调制示意如图3-12所示。

虽然数字化已成为当今的趋势，但并不是使用数字数据和数字信号就一定是"先进的"，使用模拟数据和模拟信号就一定是"落后的"。数据究竟应当是数字的还是模拟的，是由所产生的数据的性质决定的。一般来说，模拟数据和数字数据都可以转换为模拟信号或数字信号。

2. 常见的编码方式

下面介绍常见的四种编码方式，其编码方法如图3-13所示。

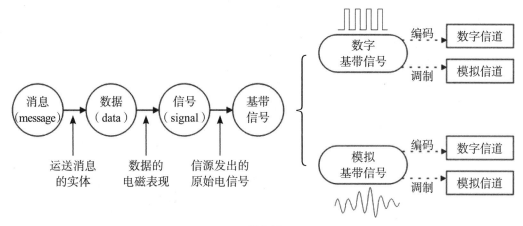

图 3-12

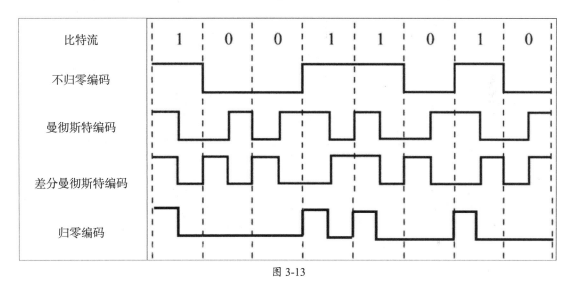

图 3-13

（1）不归零编码

不归零编码是效率最高的编码。光接口1000Base-SX、1000Base-LX采用此编码方式。不归零编码是一种很简单的编码方式，用0电位和1电位分别对应二进制的0和1，编码后速率不变，有很明显的直流成分，不适合电接口传输。不归零编码的缺点是存在直流分量，传输中不能使用变压器，不具备自动同步机制，传输时必须使用外同步。

（2）归零编码

归零编码以高电平和零电平分别表示二进制的1和0，在发送码1时高电平在整个码元期间只持续一段时间，其余时间返回零电平。归零编码的主要优点是可以直接提取同步信号，因此归零编码常用作其他编码提取同步信号时的过渡编码。也就是说其他适合信道传输但不能直接提取同步信号的编码方式，可先变换为归零编码，然后再提取同步信号。

（3）曼彻斯特编码

在曼彻斯特编码中，每一位的中间有一跳变，位中间的跳变既作时钟信号，又作数据信号；从高到低跳变表示1，从低到高跳变表示0。这给接收器提供了可以与之保持同步的定时信号，因此也叫作自同步编码。

（4）差分曼彻斯特编码

差分曼彻斯特码是曼彻斯特编码的一种修改格式。其不同之处在于：每位的中间跳变只用于同步时钟信号；而0或1的取值判断是用位的起始处有无跳变来表示（若有跳变则为0，若无跳变则为1）。这种编码的特点是每一位均用不同电平的两个半位来表示，因而始终能保持直流的平衡。这种编码也是一种自同步编码。

3. 模拟信号转换为数字信号

计算机内部处理的是二进制数据，处理的都是数字信号，所以需要将模拟信号通过采样、量化转换成有限个数字表示的离散序列，即实现数字化。

最典型的例子就是对音频信号进行编码的脉码调制，在计算机应用中，能够达到最高保真水平的就是PCM编码，被广泛用于素材保存及音乐欣赏，CD、DVD以及常见的WAV文件中均有应用。它主要包括三步：抽样、量化、编码。

- **抽样：** 对模拟信号进行周期性扫描，把时间上连续的信号变成时间上离散的信号。为了使所得的离散信号能无失真地代表被抽样的模拟数据，要使用采样定理进行采样：

  $f_{采样频率} \geqslant 2f_{信号最高频率}$。

- **量化：** 把抽样取得的电平幅值按照一定的分级标度转换为对应的数字值，并取整数，这样就把连续的电平幅值转换为离散的数字量。

- **编码：** 把量化的结果转换为与之对应的二进制编码。

4. 常见的调制方法

数字信号的调制技术在发送端将数字信号转换为模拟信号，而在接收端将模拟信号还原为数字信号，分别应用于调制解调器的调制和解调过程。常见的二元调制方法有以下三种，如图3-14所示。

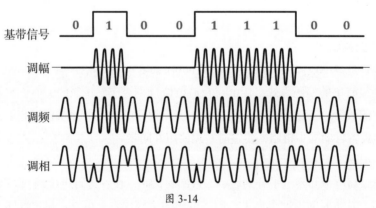

图3-14

（1）调幅（Amplitude Modulation，AM）

载波的振幅随基带数字信号而变化。有载波输出表示1，无载波输出表示0。

（2）调频（Frequency Modulation，FM）

载波的频率随基带数字信号而变化。用两种不同的频率分别表示1或0。

（3）调相（Phase Modulation，PM）

载波的初始相位随基带数字信号而变化。0°相位表示0，180°相位表示1。

第4章 TCP/IP 基础

TCP/IP协议是互联网中最重要的通信协议,它定义了数据如何在计算机网络上进行传输和通信。TCP/IP是两个核心协议的组合,但TCP/IP协议不仅仅是这两个协议的简单结合,它实际上是一个分层协议模型,包括多种协议。作用就是确保从一台设备向另一台设备传输数据的可靠性和效率。本章主要介绍TCP/IP协议的核心知识。

要点难点

- TCP/IP协议简介
- IP协议
- TCP协议
- UDP协议

4.1 TCP/IP协议简介

TCP/IP（Transmission Control Protocol/Internet Protocol）协议是互联网的核心协议套件，用于设备间的网络通信。它最初由美国国防部为ARPANET开发，现已成为全球网络的标准通信模型。TCP/IP协议以其灵活性、可扩展性和跨平台的支持性，广泛应用于局域网和广域网。前面介绍TCP/IP模型时，阐述了TCP/IP协议和模型的关系。在学习TCP/IP时，需要重点了解TCP/IP中的一些主要的原理和作用。

> **✓ 知识点拨** **TCP/IP协议簇与TCP/IP协议栈之间的关系**
> TCP/IP协议簇是网络通信中使用的所有TCP/IP协议的集合，包括TCP、IP、HTTP、FTP、UDP等，是一个完整的协议体系。TCP/IP协议栈是实现TCP/IP协议簇的分层模型，按功能将协议簇中的协议分为不同层级，管理和组织这些协议的执行。

4.1.1 认识TCP/IP协议

TCP/IP由多个协议组成，这些协议协同工作，实现数据的可靠传输。TCP/IP协议模型是分层的，每一层都执行特定的功能，并与相邻层通信。这种分层结构类似于OSI参考模型，但更加简化。

4.1.2 TCP/IP协议的工作流程

当数据从一个应用程序发送到网络时，它会依次经过TCP/IP协议栈的每一层。
- 应用层生成数据并使用相应的应用层协议传输。
- 传输层根据应用层的要求，使用TCP或UDP对数据进行分段、编号，并为每段附加传输层头部。
- 网络层为每个段添加IP地址信息，进行数据包封装，并将其路由到目标地址。
- 网络接口层将数据包转换为物理信号，通过实际的网络媒介（如电缆或无线电波）传输。

4.1.3 TCP/IP协议的特点

TCP/IP协议作为互联网协议的基础，本身就具有很多其他协议所不具有的特点。
- **跨平台兼容性**：可以在各种硬件和操作系统上运行。
- **分层结构**：协议栈的分层设计使得每一层可以独立发展，增加了灵活性。
- **可扩展性**：能够支持各种网络规模和不同类型的通信。
- **可靠性**：TCP协议通过确认机制和错误恢复提供高可靠的通信。

4.1.4 TCP/IP协议的应用

TCP/IP协议已经成为现代互联网和计算机网络的基础协议，被广泛应用于以下场景。
- **互联网通信**：全球范围内的网络设备都可以通过TCP/IP协议进行互联互通。
- **企业局域网**：公司内的计算机网络使用TCP/IP协议进行数据传输。
- **远程访问**：使用VPN、SSH等服务通过TCP/IP协议进行远程数据访问和控制。

4.2 IP协议

TCP/IP协议中最核心的就是TCP协议和IP协议，按照模型的层次，首先介绍IP协议的相关知识。

4.2.1 IP协议简介

IP是Internet Protocol（网际互连协议）的缩写，是TCP/IP体系中的网络层协议。是为终端在网络中相互连接进行通信而设计的协议，也就是定义了如何在互联网上传输数据包。IP协议为每一个连接到网络的设备分配一个唯一的地址，并将数据从源设备路由到目标设备。

IP协议的作用：一是解决网络的互联问题，实现大规模、异构网络的互联互通；二是分割顶层网络应用和底层网络技术之间的耦合关系，以利于两者的独立发展。

IP协议是面向无连接的、尽力而为的传输协议。现在的网络设备，只要包括网络层、数据链路层、物理层，也遵循每一层相应的协议，就可以认为它们之间能够互相通信，而实际上也是如此。不管其他上层协议如何，只需要这三层，数据包就可以在互联网中畅通无阻，这就是TCP/IP协议的魅力所在。当然，IP协议仅是尽最大努力保证包能够到达，至于包的排序、纠错、流量控制等，在不同的体系中都有其对应的解决方案。

正是因为IP协议的优势，因特网才得以迅速发展成为世界上最大的、开放的计算机通信网络。因此IP协议也可以叫作"因特网协议"。

4.2.2 IP地址

IP地址（Internet Protocol Address）是IP协议的一个重要的组成部分，也叫作互联网协议地址，又译为网际协议地址。IP地址是IP协议提供的一种统一的地址格式，是用于标识网络设备的唯一标识符，也是互联网通信的基础。它为互联网上的每一个网络和每一台设备分配一个逻辑地址，以此来屏蔽物理地址的差异。每台用来连接到网络的设备都必须有一个IP地址，以确保数据包能够在复杂的网络环境中正确地传输到目标设备。

通过不同的IP地址，标识不同的目标位置，这样数据才能有目的地传输过去。就像每家的门牌号，只有知道对方的门牌号，信件才能发出去，邮局才能去送信，而对方才能拿到这封信。而且地址必须是唯一的，不然有可能送错。

1. IP 地址格式

最常见的IP地址叫作IPv4协议地址，IPv4协议地址通常用32位的二进制数进行表示，被分隔成4个8位的二进制数（也就是4字节）。IP地址通常使用点分十进制的形式进行表示（a.b.c.d），每位的范围是0～255。如常见的192.168.0.1，用二进制点分十进制表示如表4-1所示。以下主要以IPv4协议地址为例介绍IP地址的相关知识，如无特别的说明，都是指IPv4协议。

表4-1

192	168	0	1
11000000	10101000	00000000	00000001

2. 网络位和主机位

32位的IP地址通过分段,划分为网络位和主机位。根据不同的划分,网络位与主机位的长度并不是固定的。

- 网络位也叫网络号码,用来标明该IP地址所在的网络,在同一个网络位或者说网络号中的主机是可以直接通信的,不同网络号的主机只有通过路由器转发才能通信。
- 主机位也叫主机号码,用来标识终端的主机地址号码。

网络号可以相同,但同一个网络中的主机号不允许重复。网络位和主机位的关系就像以前的座机号码,010-12345678。其中010是区号,后面是本区的电话号码。

如标准的IP地址,192.168.0.1,该IP地址的前三段为网络位,最后一段为主机位。网络位与主机位的划分跟IP地址的分类及子网的划分均有关。下面进行详细介绍。

3. IP地址的分类

Internet委员会定义了5种IP地址类型以适应不同容量、不同功能的网络,即A~E类,如图4-7所示。

表4-2

类别					网络号码	主机号码
A类地址 1~126	0				网络号码（共8位,包括前面的0）	主机号码（24位）
B类地址 128~191	1	0			网络号码（共16位,包括前面的10）	主机号码（16位）
C类地址 192~223	1	1	0		网络号码（共24位,包括前面的110）	主机号码（8位）
D类地址 224~239	1	1	1	0	组播地址	
E类地址 240~255	1	1	1	1	0	保留用于实验和将来使用

（1）A类地址

在IP地址的四段号码中,第一段号码为网络号码,剩下的三段号码为主机号码的组合叫作A类地址。A类网络地址数量较少,有$2^7-2=126$个网络,但每个网络可以容纳的主机数高达$2^{24}-2=16777214$台。

A类网络地址的最高位必须是0,但网络地址不能全为0,另外A类地址中127网段无法使用,所以A类地址的网络位需要减去2个,实际可用的网络地址范围为1~126之间。另外主机地址也不能全为0和1,所以也要减去2台主机。

> **✓ 知识点拨** 特殊的127网段
>
> 因为该网段被保留用作回路及诊断地址,任何发送给127.X.X.X的数据都会被网卡传回该主机用于检测使用。如常用的代表本地主机的127.0.0.1。

（2）B类地址

在IP地址的四段号码中,前两段号码为网络号码,后两段号码为主机号码,就叫作B类地址。网络地址的最高位必须是10。B类IP地址中网络的标识长度为16位,主机的标识长度为16位。B类网络地址第一字节的取值为128～191。B类网络地址适用于中等规模的网络,有2^{14}=16384个网络,每个网络所能容纳的计算机数为$2^{16}-2$=65534台。

> **✓ 知识点拨** 特殊的169.254网段
>
> 在B类地址中,169.254.0.0也是作为保留网段使用的,该网段是在DHCP发生故障或响应时间太长超出系统规定的时间,系统会自动分配这样一个地址。如果主机的IP地址是这个地址,该主机是无法正常连接网络的。

（3）C类地址

在IP地址的四段号码中,前三段号码（24位）为网络号码,剩下的一段（8位）为本地主机的号码的组合就是C类地址。C类地址的网络地址最高位必须是110,网络地址取值为192～223。C类网络地址数量较多,有2^{21}=2097152个网络。适用于小规模的局域网络,每个网络最多只能包含2^8-2=254台计算机。

（4）D类地址

D类地址不分网络号和主机号,也叫作多播地址或组播地址。在以太网中,多播地址命名了一组站点,在该网络中可以接收到目标为该组站点的数据包。多播地址的最高位必须是1110,范围为224～239。

（5）E类地址

E类地址为保留地址,也可以用于实验使用,但不能分给主机,E类地址以11110开头,范围为240～255。

> **✓ 知识点拨** IP地址的特性
>
> 在IP协议中,IP地址具有以下重要特性。
> （1）分级结构
> 分级结构方便了IP地址的管理,并可以使路由表中的项目数大幅度减少,从而减小路由表所占的存储空间。
> （2）IP标识
> IP地址标志一个终端和一条链路的接口。当一个主机同时连接到两个网络上时,该主机就必须同时具有两个不同网络的IP地址,其网络号必须是不同的。
> （3）网桥不分割网络
> 用转发器或网桥连接起来的若干个局域网仍为一个网络,因此这些局域网具有同样的网络号。
> （4）网络平等
> 所有分配到网络号的网络,无论是范围很小的局域网,还是可能覆盖很大地理范围的广域网,都是平等的。

4.2.3 特殊的IP

前面介绍IP地址的分类中，有些网段的IP地址是无法使用的，包括127网段、169.254网段，这种也叫作保留IP。除了保留IP外，还有一些有其他特殊用途的IP地址。

1. 外网IP与内网IP

在互联网上进行通信，每个联网的设备都需要从A、B、C类地址中，获取一个正常的、可以通信的IP地址，这个地址就叫作外网地址或公网地址。但是由于网络的飞速发展，需要联网并需要使用IP地址的设备已经不是IPv4地址池所能满足的。为了满足如家庭、企业、校园等需要大量IP地址的局域网的要求，Internet地址授权机构IANA在A、B、C类地址中各挑选一部分作为内部网络地址使用，也叫作私有地址或者专用地址，也就是常说的内网IP地址。它们不能在广域网中使用，只具有本地意义。这些内网IP地址如表4-3所示。

表4-3

内网IP地址类别	地址范围
A类	10.0.0.0～10.255.255.255
B类	172.16.0.0～172.31.255.255
C类	192.168.0.0～192.168.255.255

知识点拨　内网IP地址如何使用

内网IP地址一般只能在局域网中使用，如果使用内网IP地址的设备要连接Internet，则需要通过网关设备的网络地址转换（NAT）技术，将内网IP地址转换为公网IP地址的形式，才能进行数据的传输。转换示意如图4-1所示。

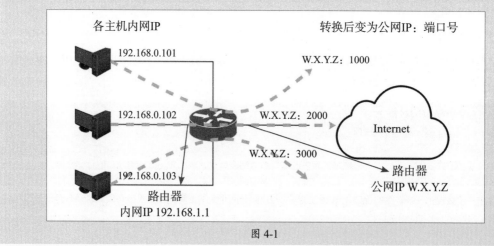

图 4-1

2. 网络地址与广播地址

前面在介绍IP地址的分类时，主机地址不能全部为0，也不能全部为1，因为这两个地址有其特殊的作用。网络号也叫作网络地址，当某网络中的主机，其主机地址全为0（二进制表示），就代表该主机所在的网络。如C类地址192.168.1.10/24，该主机所在的就是192.168.1.0这个网络。其中的主机地址为192.168.1.1～192.168.1.254。"/24"代表该IP地址的子网掩码，关于子网掩码将在4.2.4节重点介绍。

广播地址通常称为直接广播地址,广播地址与网络地址的主机号正好相反,广播地址中主机号全为1(二进制表示)。如192.168.1.255/24代表192.168.1.0这个网络中的所有主机。使用该网络的广播地址发送消息时,该网络内的所有主机都能收到该广播消息。

由于网络号以及该网络号中广播地址的存在,当路由器某一接口的网络有广播时,只有该网段的所有主机能够听到。所以称这个网络的所有主机都在一个广播域中。其他网络并不需要,也不可能接收到该广播信号,所以说路由器隔绝了广播域,如图4-2所示。

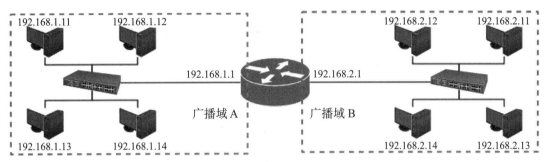

图 4-2

4.2.4 子网与子网掩码

子网(Subnet)是将一个大的网络分隔成多个较小的、互相独立的网络的技术。通过划分子网,可以更好地管理网络,减少广播流量并提高网络的性能和安全性。而子网掩码(Subnet Mask)是用于划分IP地址中的网络部分和主机部分所必需的工具。

1. 认识子网

在网络通信中,每个网络设备都需要有一个唯一的网络地址,以便进行网络通信。当一个网络中的设备数量较多时,将其划分为多个子网可以使网络管理更加灵活方便。子网的主要作用如下。

- **提高网络的管理效率**:将大网络划分为多个小网络,使管理更加方便。
- **减少广播域的范围**:划分子网可以减少广播的传播范围,降低网络的负载。
- **增强网络的安全性**:通过子网划分,可以将不同功能的部门、区域分隔开,减少安全隐患。
- **合理使用IP地址资源**:子网划分可以提高IP地址的利用率,避免浪费。

2. 认识子网掩码

联网的两台设备在获取了IP地址后,并不是直接通信。而是首先判断两者是否在同一个网络或者网段中。如果是,就可以直接通信。如果不是,就需要路由设备根据两者所在的网络,按照路由表中的转发规则,计算并判断最优路径,然后转发出去。这里判断目标设备地址所在的网络就需要子网掩码了。子网掩码的作用之一就是标识出网络和主机的界线。

另外随着互联网应用的不断扩大,原先的IPv4协议的弊端也逐渐暴露出来。目前除了使用路由NAT功能,还可以通过对一个高类别的IP地址进行再划分,以形成多个子网,提供给不同规模的用户群使用。这就是子网掩码的另一个作用,可以决定子网的大小,也就是下面介绍的无类域间路由。但是这样做会使每个子网上的可用主机地址数目比原先减少。

3. 子网掩码的格式

子网掩码是表示子网络特征的一个参数。它在形式上等同于IP地址，也是一个32位二进制数字，它的网络位部分全部为1，主机位部分全部为0。例如，IP地址192.168.100.1，如果已知网络部分是前24位，主机部分是后8位，那么子网络掩码就是11111111.11111111.11111111.00000000，写成十进制就是255.255.255.0，如表4-4所示。

表4-4

项目	地址	网络位			主机位
IP地址	192.168.100.1	11000000	10101000	01100100	00000001
子网掩码	255.255.255.0	11111111	11111111	11111111	00000000

4. 无类域间路由

无类域间路由（Classless Inter-Domain Routing，CIDR）是一种IP地址分配和路由选择机制，旨在提高IP地址的利用效率，并简化路由表的管理。CIDR于1993年由互联网工程任务组（IETF）引入，目的是解决传统的IP地址分类系统（A、B、C类地址）造成的地址浪费和路由表膨胀问题。

在CIDR出现之前，互联网使用的是基于类的IP地址分配方法，也就是常见的A类、B类、C类网络。这种分配方式存在以下问题。

- **地址空间浪费**：根据固定的类划分，A类网络有超过1600万个可用地址，但很多时候实际只需要很少的IP地址，导致大量IP地址的浪费。C类网络只能提供254个地址，若实际需求超过这一数量，则需要申请多个网络。
- **路由表膨胀**：由于各网络的划分是固定的，每个网络都需要在路由器的路由表中有一个单独的条目，随着网络规模的扩大，路由表变得非常庞大，增加了路由器的负担。

为了更灵活地分配IP地址，并减少路由表的条目数量，CIDR应运而生。

CIDR是一种去除了IP地址分类限制的分配机制，它允许更灵活的网络划分，不再局限于固定的A、B、C类地址。这种方法可以根据实际需求分配适当数量的IP地址，避免传统IP地址分类导致的浪费问题。

CIDR的表示方式是通过在IP地址后加上一个斜杠（/），再加上网络部分的位数。例如，192.168.1.0/24：表示网络部分占24位，主机部分占8位。192.168.1.0/28：表示网络部分占28位，主机部分占4位。

> ✅ **知识点拨** 无类域间路由的优点
> 灵活的IP地址分配能减少不必要的浪费，减少路由表的规模，并提高路由效率；简化路由表的管理，降低路由复杂性；并且可以提高地址利用率。

5. 网络号的计算

计算网络号的步骤是将IP地址与其子网掩码分别进行AND（与）运算（两个数都为1，运算结果为1，否则为0），然后比较结果是否相同，如果相同，就表明它们在同一个网络中，否则就不在。

例如，已知B类地址为190.190.35.22，那么它的网络号就可以进行计算了。因为B类地址的子网掩码为255.255.0.0，转换成二进制并进行AND运算，如表4-5所示。通过计算可以得到190.190.35.22所对应的网络号为190.190.0.0。如果有必要，也可以使用190.190.35.22/16来更加准确地表示该IP地址，使用190.190.0.0/16来表示该网络号。

表4-5

对比项目	地址	网络位			主机位
IP地址	190.190.35.22	10111110	10111110	00100011	00010110
子网掩码	255.255.0.0	11111111	11111111	00000000	00000000
AND运算	190.190.0.0	10111110	10111110	00000000	00000000

按同样方法可以计算出其他IP的网络号，对比后就可以判断出两者是否处于同一个网络中。

6. 按要求划分子网

以上介绍的是默认的情况，通过IP地址的分类就知道其子网掩码了。其实对于一些主机数量较多的网络，还可以继续划分来满足实际需要，这就是子网划分，其中重要的参数就是子网掩码。

在企业中，有时会需要网络管理员进行网络地址的分配。如果获得的网络地址段需要按照部门进行划分，或者为了提高IP地址的使用率，可以通过人工设置子网掩码的方法将一个网络划分成多个子网。

例如，公司提供C类地址192.168.100.0/24，需要分给5个不同的部门使用，每个部门大概有30台计算机。那么该如何划定这5个网络呢？

这里涉及一个概念就是"借位"。因为该地址为24位网络位，有8位主机位。如果要分给5个部门使用，那么需要在8位中借出可供5个部门使用的网络号。因为2^2=4，2^3=8，就需要从8位主机位中借出3位作为网络位。剩下的5位，每个子网可以存在2^5-2=30台主机。满足要求。该网络的网络号就变成27位，子网掩码就是11111111. 11111111 11111111. 111 00000，即255.255.255.224。划分的这8个范围的信息如表4-6所示，表示为192.168.100.X/27。

表4-6

子网				子网网络号	主机地址	广播地址
11000000	10101000	00001010	00000000	192.168.100.0	1～30	31
11000000	10101000	00001010	00100000	192.168.100.32	33～62	63
11000000	10101000	00001010	01000000	192.168.100.64	65～94	95
11000000	10101000	00001010	01100000	192.168.100.96	97～126	127
11000000	10101000	00001010	10000000	192.168.100.128	129～158	159

（续表）

子网				子网网络号	主机地址	广播地址
11000000	10101000	00001010	10100000	192.168.100.160	161～190	191
11000000	10101000	00001010	11000000	192.168.100.192	193～222	223
11000000	10101000	00001010	11100000	192.168.100.224	225～254	255

按照该种方法划分出8个子网，其中5个使用，3个备用。因为划分为不同的子网后网络号是不同的。按照之前的讲解，就属于子网之间的通信，需要使用路由器了，否则是无法通信的。

4.2.5 IPv6协议简介

IPv4协议已经运行了很长时间了，随着互联网的迅速发展，IPv4协议定义的有限地址空间已经被耗尽。为了解决IP地址问题，拟通过IPv6协议重新定义地址空间。

1. 认识IPv6协议

IPv6（Internet Protocol Version 6）是第六版互联网协议，被设计用于代替目前广泛使用的IPv4协议，以解决IPv4协议地址耗尽的问题，同时提供更好的网络性能和安全特性。IPv6协议的最大优势之一是它提供了极大数量的IP地址，能够满足未来互联网设备的快速增长。

IPv4协议使用32位地址空间，理论上可以提供约43亿个唯一的IP地址，然而由于分配不均等问题，实际上可用的IPv4协议地址早已不足。为应对这一问题，IPv6协议于1998年由IETF（互联网工程任务组）正式提出，其目标是解决IPv4协议的缺陷。

2. IPv6协议的地址格式

IPv6协议地址由128位组成，以冒号十六进制表示法表示。每个IPv6协议地址可以分成8组，每组由4个十六进制数字表示，用冒号":"分隔。例如：

2001:0db8:85a3:0000:0000:8a2e:0370:7334

可以将连续的多个0省略为"::"，但只能省略一次。例如，上面的地址可以简化为：
2001:db8:85a3::8a2e:370:7334。

3. IPv6协议的地址类型

IPv6协议的地址类型主要有以下三种。

（1）单播地址（Unicast）

单播地址表示一个单一接口的地址，通常用于点对点通信。设备之间通信时，单播地址用来唯一标识接收方。单播地址又分为以下两种。

全局单播地址：类似于IPv4协议中的公共IP地址，适用于整个互联网，前缀一般为 2000::/3。

链路本地地址（Link-Local Address）：用于同一链路内的设备通信，类似于IPv4协议中的私有地址，前缀一般为 FE80::/10。

（2）组播地址（Multicast）

组播地址用于将数据同时发送到多个接口，IPv6协议不支持广播，因此使用组播代替广播。前缀为FF00::/8。

（3）任播地址（Anycast）

任播地址可以分配给多个接口，数据包将发送到离发送方最近的那个接口，主要用于负载均衡和高可用性。

4. IPv6协议与IPv4协议的区别

在IPv6协议的设计过程中除解决了地址短缺问题以外，还考虑了性能的优化：端到端IP连接、服务质量（QoS）、安全性、多播、移动性、即插即用等。只要网络设备支持，IPv4协议或IPv6协议客户端之间可以直接通信。IPv6协议与IPv4协议相比，主要的改变体现在以下几个方面。

（1）地址长度

IPv6协议的地址长度为128位，而IPv4协议的地址长度为32位，因此IPv6协议的地址空间极大，可以提供2^{128}个地址。

（2）地址分配方式

IPv4协议主要使用手动配置或通过DHCP服务器动态分配。IPv6协议支持自动配置，包括无状态地址的自动配置（SLAAC）和有状态的DHCPv6。设备接入网络时，通过自动配置可自动获取IP地址和必要的参数，实现即插即用，简化了网络管理，易于支持移动节点。

（3）报头简化

由于IPv6协议的数据包可以远远超过64KB，应用程序可以利用最大传输单元（MTU），获得更快、更可靠的数据传输，同时在设计上改进了选路结构，采用简化的报头定长结构（去掉了IPv4协议中的头部校验和、片段字段等）和更合理的分段方法，使路由器加快数据包处理速度，提高了转发效率，从而提高网络的整体吞吐量。

（4）没有广播

IPv6协议不再支持广播，而使用组播来代替广播通信。在IPv6协议中增加了"范围"和"标志"，限定了路由范围，并可以区分永久性与临时性地址，有利于组播功能的实现。

（5）内置IPSec支持

在IPv6协议中IPsec是强制支持的，提供更强的数据安全性，而在IPv4协议中，IPsec是可选的。

（6）改进的路由聚合

IPv6协议通过更层次化的地址分配结构，支持大规模路由聚合，减小了全球路由表的长度。

（7）扩展能力

IPv6协议支持新特性的扩展，例如流标识符（Flow Label），用于对不同的服务流进行区分和优先级处理。报头中业务级别和流标记，通过路由器的配置可以实现优先级控制和QoS保障。

5. IPv6协议的部署与过渡

IPv6协议和IPv4协议是两种不同的协议，但它们需要在同一网络中共存。因此，IETF提出了几种过渡机制，帮助网络从IPv4协议环境平滑迁移到IPv6协议环境。

（1）双栈（Dual Stack）

双栈是目前最常用的过渡技术，允许设备同时支持IPv4协议和IPv6协议。设备可以根据不同的网络环境，选择使用IPv4协议或IPv6协议进行通信。

（2）隧道技术（Tunneling）

隧道技术允许在现有的IPv4协议网络中封装IPv6协议数据包，帮助IPv6协议通信穿越仅支持IPv4协议的网络基础设施。常见的隧道技术包括6to4和Teredo。

（3）NAT64和DNS64

NAT64是一种网络地址转换技术，它允许IPv6协议设备与IPv4协议设备之间进行通信，如图4-3所示。DNS64用于在IPv6协议网络中解析IPv4协议地址，帮助IPv6协议设备与IPv4协议服务器进行交互。

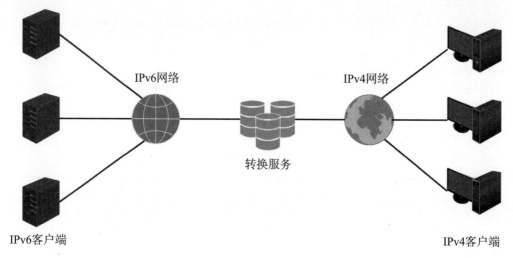

图 4-3

4.2.6　IP数据报格式

数据报是在网络层进行传输的独立数据单元，通常与IP协议（无连接的网络协议）相关。每个数据报可以单独传输并独立到达目的地。它包含所有必要的信息（如源地址、目的地址、数据等）以供路由和传输使用。

> **注意事项** 数据段、数据报和数据包的关系
>
> 在传输层中，数据被封装成数据段（TCP）或用户数据报（UDP）进行传输。数据段包含端口号、序列号、确认号等信息，用于实现可靠的数据传输（TCP）或不可靠的数据传输（UDP）。TCP的数据段是有序的，并进行流量控制和拥塞控制。UDP的数据报是无序的，不保证可靠传输。
>
> 在网络层中，数据被封装成数据报进行传输。数据报包含源IP地址、目的IP地址、协议类型等信息，用于在网络中路由。数据报是无连接的，每个数据报独立寻路，可能走不同的路径到达目的地。
>
> 而数据包是一个比较通用的概念，可以指代不同层级的数据单元。在传输层，数据包可以指数据段或用户数据报。在网络层，数据包可以指数据报。在链路层数据包可以指帧。

1. IP 数据报的位置

IP数据报在参考模型中的位置和结构如图4-4所示。从图中可以看到，应用层到达传输层

后，封装了TCP/UDP首部，然后变成TCP/UDP报文，再传到网络层，封装了IP地址后变成IP数据报，传入数据链路层，封装了MAC地址和FCS后进入物理层，开始传输。

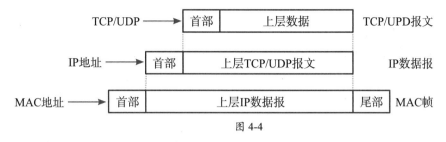

图 4-4

2. IP 数据报结构

常见的IP数据报结构如图4-5所示。

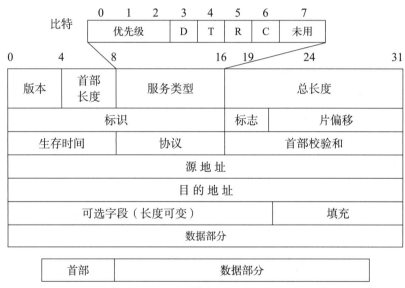

图 4-5

一个IP数据报由首部和数据两部分组成。首部的前一部分是固定长度，共20B，是所有IP数据报必须具有的。在首部固定部分的后面是一些可选字段，其长度可变。其中包括：

- **版本**：占4位，指IP协议的版本，目前的IP协议版本号为4，即IPv4协议。
- **首部长度**：占4位，可表示的最大数值是15个单位（一个单位为4B）。因此IP的首部长度的最大值是60B。
- **服务类型**：占8位，用来获得更好的服务。在旧标准中叫服务类型，但实际上一直未被使用过。1998年这个字段改名为区分服务。只有使用区分服务时，这个字段才起作用。在一般的情况下不使用这个字段。
- **总长度**：占16位，指首部和数据之和的长度，单位为字节，因此数据报的最大长度为65535B。总长度不能超过最大传送单元MTU。
- **标识**：占16位，它是一个计数器，用来产生数据报的标识。
- **标志**：占3位，目前只有前两位有意义。标志字段的最低位是MF（More Fragment）。MF1表示后面"还有分片"。MF0表示最后一个分片。标志字段中间的一位是DF（Don't

Fragment）。只有当DF=0时才允许分片。
- **片偏移**：占12位，指出较长的分组分片后某片在原分组中的相对位置。片偏移以8B为偏移单位。
- **生存时间**：Time To Live，简称TTL，占8位，表示数据报可经过的最大路由器数。每经过一个路由器，TTL值减1，当TTL值为0时，数据报将被丢弃。
- **协议**：占8位，指出此数据报携带的数据使用何种协议，以便目的主机的IP层将数据部分交给相应的协议进行处理。如网络层的ICMP、IGMP、OSPF等本层的协议，或者传输层的TCP与UDP协议。
- **首部检验和**：占16位，只检验数据报的首部，不检验数据部分。这里不采用CRC检验码，只采用简单的计算方法。
- **源地址和目的地址**：各占4字节，记录发送源的IP地址以及到达目标的IP地址。
- **可选字段**：IP首部的可选字段就是一个选项字段，用来支持排错、测量以及安全等措施，内容很丰富。可选字段的长度可变，为1～40B不等，取决于所选择的项目。增加首部的可选字段是为了增加IP数据报的功能，但同时也使得IP数据报的首部长度成为可变的。这就增加了每一个路由器处理数据报的开销。实际上这些选项很少被使用。
- **填充**：用于确保数据报的某些字段或整体数据包达到特定的长度要求的附加位。通常在IP头部使用填充来满足特定的对齐要求。

3. 数据的分片

IP协议在传输数据报时会将数据报文分成若干片进行传输，并在目标系统中进行重组。这个过程就称为分片。如果IP数据报加上数据帧头部后大于MTU，数据报文就会分成若干片进行传输。那么什么是MTU呢？每一种物理网络都会规定链路层数据帧的最大长度，就称为链路层MTU。在以太网的环境中默认可传输的最大IP报文为1500B（帧的长度）。如果要传输的数据帧的大小超过1500B，即IP数据报中的数据部分的长度大于1472B（1500-20-8=1472，其中20为IP数据报的首部最小长度，8为以太网帧的首部和尾部），需要分片之后进行传输。分片如图4-6所示。

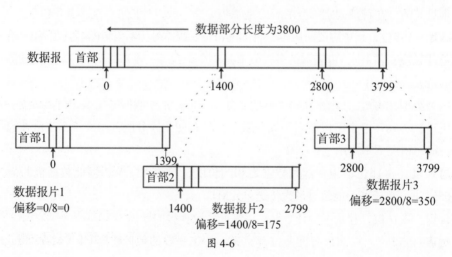

图 4-6

4.2.7 IP协议簇的其他常见协议

IP协议簇是指围绕IP协议形成的完整网络通信协议集合，从网络层到应用层都有涉及。这些协议协同工作，确保数据在网络中正确传输。除了核心的IP协议（IPv4协议、IPv6协议），IP协议簇还包含一系列用于不同功能的协议。以下是IP协议簇中的一些常见协议及作用。

1. ICMP 协议

ICMP协议定义了各种网络错误报告和操作信息，用于诊断网络连接性问题；根据这些错误信息，源设备可以判断数据传输失败的原因。ICMP报文的常见结构如图4-7所示。

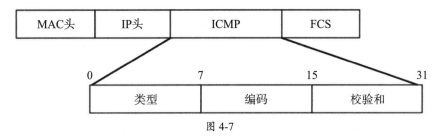

图 4-7

ICMP消息的格式取决于类型和编码字段，其中类型字段为消息的类型，编码字段包含该消息类型的具体参数。后面的校验和字段用于检查消息是否完整。类型、编码以及对应的描述信息如表4-7所示。

表4-7

类型	编码	描述	类型	编码	描述
0	0	Echo Reply	3	3	端口不可达
3	0	网络不可达	5	0	重定向
3	1	主机不可达	8	0	Echo Request
3	2	协议不可达			

> **✅ 知识点拨** ICMP协议的应用
> Ping命令用来检测网络的逻辑连通性，包括目标是否在线、时延大不大、可不可以到达，同时也能够收集其他相关信息，使用的就是ICMP协议。

2. ARP/RARP 协议

- **ARP（Address Resolution Protocol）**：将IP地址解析为物理地址（如MAC地址），用于局域网内通信。它解决了IP地址和物理网络地址之间的映射问题。
- **RARP（Reverse Address Resolution Protocol）**：与ARP相反，它通过物理地址获取对应的 IP 地址。通常在无盘工作站或新设备初始化时使用。

3. IGMP 协议

- **IGMP（Internet Group Management Protocol）**：用于多播组管理，帮助主机加入或离开一个多播组，从而实现组播通信。

4. 路由协议

包括常见的RIP、OSPF、BGP等协议。

- RIP（Routing Information Protocol）：一种距离向量路由协议，使用跳数作为路由选择标准，适用于较小的网络。
- OSPF（Open Shortest Path First）：一种链路状态路由协议，基于Dijkstra算法计算最短路径，适用于大型网络。OSPF协议能快速适应网络拓扑的变化。
- BGP（Border Gateway Protocol）：边界网关协议，用于自治系统（AS）之间的路由选择，通常用于互联网骨干路由。

5. 应用层协议

- DNS（Domain Name System）：将域名解析为IP地址，方便用户通过域名访问网络资源，而无须记住复杂的IP地址。
- DHCP（Dynamic Host Configuration Protocol）：动态分配IP地址给设备，自动为设备配置网络参数，如网关、子网掩码、DNS服务器等。
- HTTP/HTTPS（Hypertext Transfer Protocol/Secure）：用于Web服务的数据传输协议，提供浏览器和服务器之间的通信。HTTPS是加密版的HTTP，确保数据传输的安全性。

6. 安全隧道协议

- IPSec（Internet Protocol Security）：用于加密和认证网络层的数据报，提供安全的IP数据通信。通常用于VPN（虚拟专用网络）中，确保数据在公共网络上的传输安全。
- GRE（Generic Routing Encapsulation）：用于封装不同协议的数据报，通过隧道进行传输，支持将多种网络层协议封装到IP数据报中。

7. 其他协议

- NAT（Network Address Translation）：用于将私有网络地址转换为公网地址，使多个设备可以通过一个公共IP地址访问互联网。NAT还可以隐藏内部网络结构，提供一定的安全性。
- SNMP（Simple Network Management Protocol）：用于网络设备的监控和管理，管理员可以通过SNMP收集和修改设备的状态信息，适用于路由器、交换机等设备的管理。

4.3 UDP协议

前面介绍了IP协议的相关知识，在TCP/IP协议中，另一个非常重要的协议就是TCP协议簇。该协议簇工作在传输层，包括两种重要协议，TCP协议和UDP协议。本着先易后难的原则，首先介绍较简单的UDP协议。因为涉及传输层的工作原理，所以有必要先讲解进程、端口等相关知识。

4.3.1 进程与端口号

在计算机网络的传输层，数据的传输不再是简单的点对点，而是从一台主机的一个进程传递到另一台主机的某个特定进程。为了实现这一点，传输层引入了进程、端口号和套接字等概念，以确保数据在网络上的正确传递。下面介绍这些相关概念。

1. 进程

进程是操作系统中正在执行的程序实例。每个进程都有一个唯一的标识符，称为进程ID（PID）或进程号，用于区分不同的进程。每个进程都有自己独立的内存空间，并执行特定的任务。在网络通信中，传输层负责管理主机上进程之间的通信。

- 传输层协议（如TCP和UDP）负责管理从一个进程到另一个进程的数据传输。因此，网络通信可以看作是两个进程之间的信息交换，而不仅仅是两个计算机之间的传输。
- 在不同计算机上运行的进程，通过传输层协议相互通信，进程之间的通信需要被精确定位，而端口号和套接字则帮助实现了这一精确定位。

2. 端口与端口号

因为计算机的操作系统种类很多，而不同的操作系统又使用不同形式的进程标识符。为了解决这一问题，就需要用统一的方法对TCP/IP体系的应用进程进行标识。这种标识必须是计算机可以识别的，并可以独立运作，从逻辑上可以代表对应的程序。

这种方法就是使用传输层的协议端口，也叫协议端口号。双方的通信虽然是应用程序，但实际上使用的就是协议端口。从逻辑上可以把端口作为传输层的发送地址和接收地址，而不需要考虑其他因素。传输层所要做的，就是将一个端口的数据发送给逻辑接收端的对应接口即可。

3. 端口号的分类

端口号是传输层为每个进程分配的标识符，用于区分主机上不同的进程。每个传输层协议（TCP或UDP）都有16位的端口号，取值范围是0～65535。常见的端口号分为以下三类。

（1）知名端口（0～1023）

这些端口号通常分配给一些常见的网络服务和应用。例如，HTTP使用端口80，HTTPS使用端口443，FTP使用端口21。

（2）注册端口（1024～49151）

这些端口号分配给特定的用户进程或应用程序，一些服务器应用可能使用这些端口号。

（3）动态/私有端口（49152～65535）

这些端口号通常由客户端进程动态分配，用于临时通信。

4. 常见的端口号

UDP协议和TCP协议都有其常用的端口号对应的服务。具体参见表4-8及表4-9所示。

表4-8

端口号	服务进程	说明
53	Domain	域名服务

（续表）

端口号	服务进程	说明
67/68	DHCP	动态主机配置协议
69	TFTP	简单文件传输协议
111	RPC	远程过程调用
123	NTP	网络时间协议
161/162	SNMP	简单网络管理协议
520	RIP	路由信息协议

表4-9

端口号	服务进程	说明
20	FTP	文件传输协议（数据连接）
21	FTP	文件传输协议（控制连接）
23	TELNET	网络虚拟终端协议
25	SMTP	简单邮件传输协议
80	HTTP	超文本传输协议
119	NNTP	网络新闻传输协议
179	BGP	边界路由协议
443	HTTPS	安全的超文本传输协议

5. 套接字

套接字（Socket）是通信的基石，是支持TCP/IP协议的基本操作单元，是对网络中不同主机上的应用进程之间进行双向通信的端点的抽象。套接字通过"IP地址+端口号"的组合来唯一标识某台主机上的某个进程（IP标识设备的网络地址、端口号标识特定的服务进程）。要通过互联网进行通信，至少需要一对套接字，其中一个运行于客户端，称为Client Socket，另一个运行于服务器端，称为Server Socket。

4.3.2　UDP协议简介

UDP协议是一种简单的、无连接的传输层协议，适用于对传输速度要求较高，但不需要严格可靠性的应用。UDP协议是TCP/IP协议簇中的重要部分，和TCP协议不同，UDP协议提供的服务不保证数据传输的可靠性、顺序或完整性，但它传输效率高，延迟低。UDP协议所做的工作也非常简单，在上层数据报上增加端口功能和差错检测功能后，就将数据报交给网络层进行封装和发送，如图4-8所示。UDP协议的特点如下。

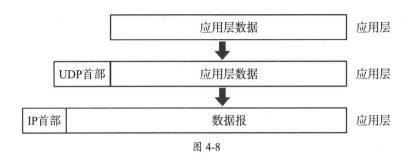

图 4-8

- **无连接**：UDP不需要建立连接（如三次握手）就能发送数据。发送方可以直接把数据报发送给接收方，接收方无须事先准备好接收。
- **不可靠传输**：UDP不提供像TCP那样的可靠性保证，不会重传丢失的数据报，也不保证数据报按顺序到达。数据可能会丢失、重复或乱序。
- **面向报文**：UDP以独立的消息（数据报）形式发送数据，每个数据报有其完整的边界。发送方将数据报一次性发送出去，接收方也一次性接收整个数据报，保持了应用层的报文边界。
- **头部开销小**：UDP头部只有8B，相比于TCP（20B），UDP具有更少的开销，因此数据传输效率高。
- **无流量控制和拥塞控制**：UDP不负责管理流量控制，也没有拥塞控制机制，这意味着发送方可以以任意速率发送数据报，而不会考虑网络的负载情况。

4.3.3 UDP协议的首部格式

UDP中有两个字段：数据字段和首部字段。首部字段有8B，分为4个字段，每个字段为2B。格式如图4-9所示。

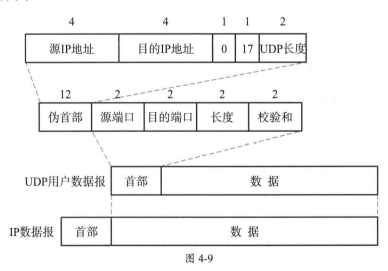

图 4-9

UDP的首部内容，其中主要字段的含义如下。

（1）源端口：源端口号。在需要对方回信时选用。不需要时可用全0。

（2）目的端口：目的端口号。在终点交付报文时使用。

（3）长度：UDP用户数据报的长度，用户数据报的长度最大为65535B，最小是8B。如果长度字段是8B，那么说明该用户数据报只有报头，而没有数据。

（4）校验和：可选项，检测UDP用户数据报在传输中是否有错。有错就丢弃。

> **注意事项** 伪首部
> 计算校验和时，临时把"伪首部"和UDP用户数据报连接在一起，伪首部的主要作用是计算校验和。

4.3.4 UDP协议的优缺点

UDP协议的主要优点如下。

- **高效传输**：由于不需要建立连接，没有确认机制和重传机制，UDP协议能够快速传输数据，延迟非常低。
- **适合实时应用**：UDP协议常用于需要低延迟的应用场景，如DNS查询、视频流、音频流、VoIP（网络电话）、在线游戏等，因为这些应用对少量数据丢失并不敏感。
- **头部开销低**：UDP协议头部仅8B，简化了报文处理过程，适合网络带宽有限或对效率要求高的应用。

UDP协议的主要缺点如下。

- **不可靠传输**：UDP协议不保证数据的到达，不提供数据重传机制，数据可能丢失、重复或乱序到达。
- **无流量控制**：UDP协议不负责控制传输速率，发送方可能会以过快的速度发送数据，导致网络拥塞。

4.4 TCP协议

和UDP协议相比，TCP协议主要面向可靠的连接。所谓可靠，就是保证数据没有问题地传输。下面详细介绍TCP协议的相关知识。

4.4.1 TCP协议简介

TCP（Transmission Control Protocol，传输控制协议）是一种面向连接的、可靠的、基于字节流的传输层通信协议。是为了在不可靠的互联网络上提供可靠的端到端传输而专门设计的一个传输协议。

TCP协议允许通信双方的应用程序在任何时候都可以发送数据，应用程序在使用TCP协议传送数据之前，必须在源进程端口与目的进程端口之间建立一条传输连接。每个TCP连接用双方端口号来唯一标识，每个TCP连接为通信双方的一次进程通信提供服务。

TCP协议不提供广播或多播服务。由于TCP要提供可靠的、面向连接的传输服务，因此不可避免地增加了许多的开销。这不仅使协议数据单元的首部增大很多，还要占用许多的资源。TCP报文段是在传输层抽象的端到端逻辑信道中传送，这种信道是可靠的全双工信道。但这样的信道却不知道究竟经过了哪些路由器，而这些路由器也根本不知道上面的传输层是否建立了

TCP连接。两者各做各的，将任务完成即可。

> ✅**知识点拨** 客户端与服务端的多连接
> 根据应用程序的需要，TCP协议支持一个服务器与多个客户端同时建立多个TCP连接，也支持一个客户端与多个服务器同时建立多个TCP连接。TCP软件分别管理多个TCP连接。

TCP协议的主要特点如下。

- **面向连接**：TCP协议需要在通信双方建立连接之后才能进行数据传输。这种连接是通过三次握手建立的，确保双方都准备好进行数据传输。
- **可靠传输**：TCP协议提供数据包的可靠传输，会使用丢包检测、重传机制、超时机制、确认机制等多种可靠传输机制。它能确保数据在传输过程中不会丢失或损坏，即使出现问题也能通过重传纠正。
- **流量控制**：TCP协议使用滑动窗口机制和流量控制，确保发送方不会发送超过接收方处理能力的数据。
- **拥塞控制**：TCP协议通过拥塞控制算法（如慢启动、拥塞避免等），防止网络过载或拥塞，确保网络资源被合理利用。
- **数据有序传输**：TCP协议将数据按照字节流的方式进行传输，确保接收方按发送顺序接收数据，避免乱序问题。
- **全双工通信**：TCP协议支持全双工通信，双方可以同时发送和接收数据。

4.4.2 TCP报文格式

与UDP报文的首部相比，TCP报文的首部信息更多，如图4-10所示。

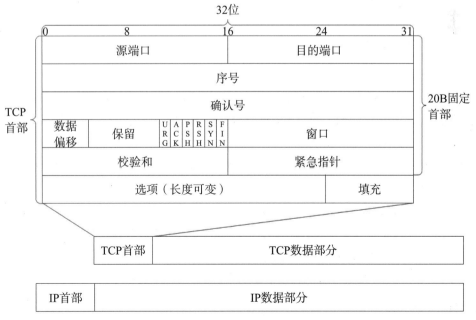

图 4-10

下面简单介绍TCP报文首部信息各字段的含义。

- **源端口和目的端口:** 各占2B。标识通信端口,以便快速识别进程。
- **序号:** 占4B。TCP连接中传送的数据流中的每一个字节都编上一个序号。序号字段的值则指的是本报文段所发送的数据的第一个字节的序号。序号字段长度为32位(4B),序号范围为$0 \sim (2^{32}-1)$。
- **确认号:** 占4B,确认号表示一个进程已经正确接收序号为N的字节,要求发送方下一个应该发送序号为$N+1$的字节的报文段。
- **数据偏移:** 占4位,它指出TCP报文段的数据起始处距离TCP报文段的起始处有多远。"数据偏移"的单位是32位(以4B为计算单位)。实际数据偏移为20~60位,因此这个字段的值为5~15。
- **保留:** 占6位,保留为今后使用,但目前应置为0。
- **紧急URG:** 当URG=1时,表明紧急指针字段有效。它告诉系统此报文段中有紧急数据,应尽快传送(相当于高优先级数据)。
- **确认ACK:** 只有ACK=1时确认号字段才有效。当ACK=0时,确认号无效。
- **推送PSH:** 接收端TCP收到PSH=1的报文段,就尽快地交付接收应用进程,而不再等到整个缓存都填满后再向上交付。
- **复位RST:** 当RST=1时,表明TCP连接中出现严重差错(如主机崩溃或其他原因),必须释放连接,然后再重新建立传输连接。
- **同步SYN:** 同步SYN=1表示这是一个连接请求或连接接收报文。
- **终止FIN:** 用来释放一个连接。FIN=1表明此报文段的发送端的数据已发送完毕,并要求释放传输连接。
- **窗口:** 占2B,长度值为0~65535,用来让发送方设置发送窗口的依据,单位为字节,窗口字段的值是动态变化的。

> **✓知识点拨** **窗口字段的作用**
> 窗口字段值指示发送方在下一个报文中最多发送的字节数,作为发送方确定发送窗口的依据。

- **校验和:** 占2B。校验和字段检验的范围包括首部和数据两部分。在计算校验和时,要在TCP报文段的前面加上12B的伪首部。计算TCP校验和与UDP校验和的方法相同,UDP校验和是可选的,TCP协议是必需的。
- **紧急指针字段:** 占16位,指出在本报文段中紧急数据共有多少字节(紧急数据放在本报文段数据的最前面)。
- **选项字段:** TCP报头可以有多达40B的选项字段,选项包括:单字节选项和多字节选项。单字节选项:选项结束和无操作;多字节选项:最大报文段长度(Maximum Segment Size, MSS)、窗口扩大因子以及时间戳。
- **填充字段:** 这是为了使整个首部长度是4B的整数倍。

> **✓知识点拨** **MSS的作用**
> MSS告诉对方TCP:"我的缓存所能接收的报文段的数据字段的最大长度是MSS字节。"数据字段加上TCP首部才等于整个TCP报文段。

4.4.3 TCP协议的工作过程

TCP协议的工作过程，也就是其连接、传输数据、释放的过程。TCP协议要保证这三个过程能够正常进行。常说的三次握手（连接）、四次断开（释放），指的就是TCP协议的传输管理过程。下面重点介绍TCP协议传输的连接与释放过程。

1. TCP协议建立连接过程

TCP的连接过程就是常说的三次握手。当客户进程与服务器进程之间的TCP传输连接建立之后，客户端的应用进程与服务器端的应用进程就可以使用这个连接，进行全双工的字节流传输。连接的过程主要解决三个问题：

- 要使每一方能够确知对方的存在。
- 要允许双方协商一些参数，如最大报文段长度、最大窗口大小、服务质量等。
- 能够对传输实体资源（如缓存大小、连接表中的项目等）进行分配。

TCP连接采用的是C/S模式，也就是客户端/服务器模式。主动发起连接的是客户端（Client），被动等待连接的应用进程叫服务器（Server）。整个连接的握手过程如图4-11所示。

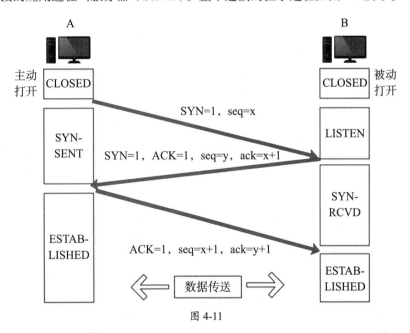

图 4-11

步骤01 首先A向B发出连接请求报文段，这时首部中的同步位SYN=1，同时选择一个初始序号seq=x。TCP协议规定，SYN报文段不能携带数据，但要消耗掉一个序号。这时，A进入SYN-SENT状态。

> **知识点拨** 序号
> 序号指的是TCP报文段首部20B里的序号，TCP连接传送的字节流中的每一个字节都按顺序编号。

步骤02 B收到请求后，向A发送确认。在确认报文段中把SYN和ACK位都置为1，确认号ack=x+1，同时也为自己选择一个初始序号seq=y。请注意，这个报文段也不能携带数据，但同样要消耗掉一个序号。这时B进入SYN-RCVD状态。

步骤03 A收到B的确认后，还要向B给出确认。确认报文段的ACK置为1，确认号ack=y+1，而自己的序号seq=x+1。这时TCP连接已经建立，A进入ESTABLISHED状态，当B收到A的确认后，也会进入ESTABLISHED状态。

接下来就可以正常地进行数据传输了。

2. TCP 协议连接释放过程

数据传输结束后，不是简单停止就可以了。因为TCP是可靠的连接，所以在停止时会进行协商，并经过4个挥手的步骤后，断开TCP连接，以确保整个过程没有问题。TCP的释放过程如图4-12所示。

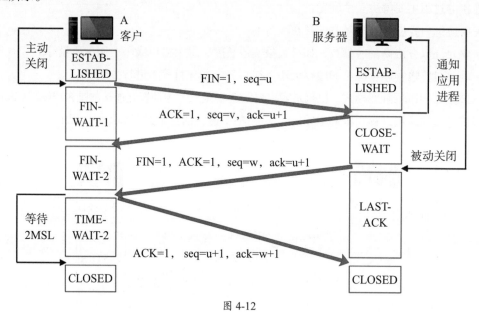

图 4-12

步骤01 客户端A的TCP进程先向服务端发出连接释放报文段，并停止发送数据，主动关闭TCP连接。释放连接报文段中FIN=1，序号seq=u，该序号等于前面已经传送过去的数据的最后一个字节的序号加1。这时，A进入FIN-WAIT-1（终止等待1）状态，等待B的确认。TCP规定，FIN报文段即使不携带数据，也要消耗掉一个序号。这是TCP连接释放的第一次挥手。

步骤02 B收到连接释放报文段后即发出确认释放连接的报文段，该报文段中，ACK=1，确认号ack=u+1，其自己的序号为v，该序号等于B前面已经传送过的数据的最后一个字节的序号加1。然后B进入CLOSE-WAIT（关闭等待）状态，此时TCP服务器进程应该通知上层的应用进程，因而A到B这个方向的连接就释放了，这时TCP处于半关闭状态，这个状态可能会持续一段时间。这是TCP连接释放的第二次挥手。

> ✅ **知识点拨 半关闭状态**
> 半关闭状态时A已经没有数据要发了，但B若发送数据，A仍要接受，也就是从B到A这个方向的连接并没有关闭。

步骤03 A收到B的确认后，就进入了FIN-WAIT-2（终止等待2）状态，等待B发出连接释放报文段，如果B已经没有要向A发送的数据了，其应用进程就通知TCP释放连接。这时B发出的链接释放报文段中FIN=1，确认号还必须重复上次已发送过的确认号，即ack=u+1，序号

seq=w，因为在半关闭状态B可能又发送了一些数据，因此该序号w为半关闭状态发送数据的最后一个字节的序号加1。这时B进入LAST-ACK（最后确认）状态，等待A的确认，这是TCP连接的第三次挥手。

步骤 04 A收到B的连接释放请求后，必须对此发出确认。确认报文段中ACK=1，确认号ack=w+1，而自己的序号seq=u+1，而后进入TIME-WAIT（终止等待）状态。这时TCP连接还没有释放掉，必须经过时间等待计时器设置的时间2MSL后，A才进入CLOSED状态。而B只要收到了A的确认后，就进入CLOSED状态。二者都进入CLOSED状态后，连接就完全释放了，这是TCP连接的第四次挥手。

> **知识点拨 MSL**
> MSL叫作最长报文寿命，RFC建议设为2min，因此从A进入TIME-WAIT状态后，要经过4min才能进入CLOSED状态。

> **注意事项 为什么必须等待2MSL的时间？**
> 主要为了保证A发送的最后一个ACK报文段能够到达B。另外，防止"已失效的连接请求报文段"出现在本连接中。A在发送完最后一个ACK报文段后，再经过时间2MSL，就可以使本连接持续的时间内所产生的所有报文段都从网络中消失。这样就可以使下一个连接中不会出现这种旧的连接请求报文段。

4.4.4 TCP协议可靠传输的实现

TCP协议的可靠传输机制是其最重要的特性之一，该机制确保在网络通信过程中，数据能够完整、准确地从发送端传输到接收端。

1. 实现可靠传输的多种机制

TCP协议为了实现可靠传输，设计了多个机制来处理数据丢失、损坏、乱序、拥塞等问题。

（1）确认应答机制

在TCP传输过程中，每发送一段数据，接收方都会发送一个确认报文段（ACK），表明已经成功收到某些数据。确认应答机制确保了发送方知道数据是否成功到达接收方，从而决定是否继续发送下一个数据段。

（2）超时重传机制

TCP中有一个超时计时器，每发送一个数据段后会启动该计时器。如果在规定的时间内（超时时间）没有收到对该数据段的ACK，TCP会认为该数据段丢失，从而进行重传。

（3）序列号与顺序控制

为了确保数据按正确顺序到达，TCP对每个字节的数据分配一个序列号（Sequence Number），接收方利用这些序列号确保数据段按顺序接收，并重新组装成数据流。

（4）窗口机制与流量控制

TCP滑动窗口机制：滑动窗口用于控制发送方发送的数据量，确保发送方不会发送超过接收方处理能力的数据，防止网络拥塞或接收方缓存溢出。

（5）拥塞控制

TCP拥塞控制是为了防止网络出现过载现象，影响数据传输的整体效率和稳定性。拥塞控制主要包括慢启动、拥塞避免、快速重传以及快速恢复。

> **✓知识点拨** **快速重传机制**
> TCP通过快速重传机制进一步提高可靠性和传输效率。当发送方连续收到3个相同的重复ACK时，表明某个数据段丢失了，发送方会立即重传丢失的数据段，而不必等待超时事件触发。

（6）差错检测与恢复

TCP报文段中的校验和用于检测数据在传输过程中是否出现错误。校验和会在发送数据时计算并填充到报文头部，接收方收到数据后也会计算校验和，若校验结果不一致，则说明数据有错误。

2. 不可靠传输的处理

这里使用一种ARQ协议进行处理。ARQ（Automatic Repeat reQuest，自动重传请求）协议是一种常用的差错控制协议，广泛用于数据通信中，确保数据传输的可靠性。ARQ协议的核心思想是：发送方在发送数据后等待接收方的确认，若确认未按时到达，或接收方报告数据有误，发送方会自动重传数据。ARQ协议主要分为以下三种类型。

（1）停止等待ARQ

发送方每次只发送一个数据包，然后停止发送，等待接收方的确认（ACK）。只有在收到ACK后，发送方才会继续发送下一个数据包。如果超时未收到确认，发送方重传该数据包。一般正常的、无差错的数据传输方式如图4-13所示。如果出现数据发送超时，发送端会自动进行超时重传，如图4-14所示。

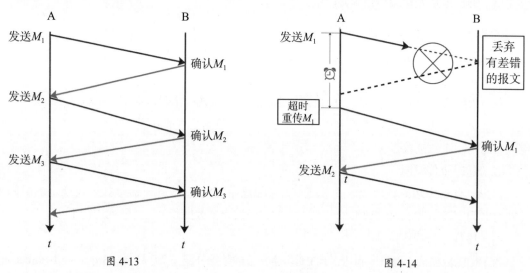

图 4-13　　　　　　　　　　图 4-14

超时自动重传要求在发送完一个分组后，必须暂时保留已发送分组的副本。分组和确认分组都必须进行编号。超时计时器的重传时间应当比数据在分组传输的平均往返时间更长一些。

确认丢失和确认迟到的情况如图4-15、图4-16所示。当确认M_1的数据包丢失时，A经过一段超时时间后重传M_1，B接收并丢弃重复的M_1之后，重传确认M_1数据包；当B发送的确认M_1数据包由于网络原因，在A端规定的超时时间内未到达A，A端就会重传M_1，B接收并丢弃重复的M_1之后，重传确认M_1数据包，并继续通信。当迟到的确认M_1数据包到达A时，A收下数据包但什么也不做。也就是说接收方没有告诉发送方已经收到了,就代表接收方没收到,根据协议,发送方必须重新发送。

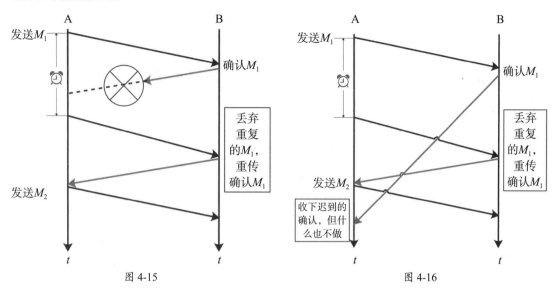

图 4-15　　　　　　　　　　图 4-16

（2）回退N步ARQ

允许发送方在没有收到确认之前继续发送多个数据包。发送方可以连续发送多个数据包（按窗口大小）。如果接收方发现某个数据包丢失或出错,会丢弃该数据包之后的所有数据包,发送方收到错误反馈后,重传该出错数据包及其后面的所有数据包。

例如发送方发送了前5个分组,而中间的第3个分组丢失了。这时接收方只能对前两个分组发出确认。发送方无法知道后面三个分组的下落,只好把后面的三个分组全部再重传一次。可见当通信线路质量不好时,连续ARQ协议会带来负面影响。

（3）选择重传ARQ

选择重传ARQ只重传丢失或出错的数据包,而不是像Go-Back-N那样重传一系列数据包。发送方可以连续发送多个数据包,接收方如果检测到某个数据包出错或丢失,只请求重传该特定数据包,其他未出错的数据包无须重传。

3. 四种计时器

对于每个TCP连接,一般要管理4个不同的定时器。

（1）重传定时器

每发送一个报文段就会启动重传定时器,如果定时器时间到期之后还没收到对该报文段的确认,就重传该报文段,并将重传定时器复位,重新计时;如果在规定时间内收到了对该报文段的确认,则撤销该报文段的重传定时器。

（2）坚持定时器

接收端向发送端发送了零窗口报文段后不久,接收端的接收缓存又有了一些存储空间,于是接收端向发送端发送一个非零窗口大小的报文段,然而这个报文段在传送过程中丢失了,发送端就一直等待接收端发送非零窗口的报文通知,而接收端并不知道报文段丢失了,就会一直等待发送端发送数据,如果没有任何措施的话,会一直延续下去。

TCP为每一个连接设有一个坚持定时器，也叫持续计数器。只要TCP连接的一方收到对方的零窗口通知，就启动坚持定时器。若坚持定时器设置的时间到期，就发送一个零窗口探测报文段。

> **✓知识点拨** 零窗口探测报文段
> 零窗口探测报文段只有1B的数据，它有一个序号，但该序号永远不需要确认，因此该序号可以持续重传。

之后会出现以下三种情况：①对方收到探测报文段后，在对该报文段的确认中给出现在的窗口值，如果窗口值仍为零，则收到这个报文段的一方将坚持定时器的值加倍并重启。坚持计数器最大只能增加到约60s，在此之后，每次收到零窗口通知，坚持计数器的值就定为60s。②对方在收到探测报文段后，在对该报文段的确认中给出现在的窗口值，如果窗口不为零，那么死锁的僵局就被打破了。③该探测报文发出后，会同时启动重传定时器，如果重传定时器的时间到期，还没有收到接收端发来的响应，则超时重传探测报文。

（3）保活定时器

如果客户已与服务器建立了TCP连接，但后来客户端主机突然发生故障，则服务器就不能再收到客户端发来的数据了，而服务器肯定不能这样永久地等下去。服务器每收到一次客户端的数据，就重新设置保活定时器，通常为2h，如果2h内没有收到客户端的数据，服务端就发送一个探测报文，以后每隔75s发送一次，如果连续发送10次探测报文段后仍没有收到客户端的响应，服务器就认为客户端出现了故障，就可以终止这个连接。

（4）时间等待定时器

时间等待定时器主要是测量一个连接处于TIME-WAIT状态的时间，通常为2MSL（报文段寿命的两倍）。2MSL定时器的设置主要是为了确保发送的最后一个ACK报文段能够到达对方，并防止之前与本连接有关的由于延迟等原因而导致已失效的报文被误判为有效。

> **✓知识点拨** 定时器的优缺点
> 定时器的优点是简单、可靠、稳定。缺点是信道利用率太低，必须等待回传确认，所以一般采用流水线传输。也就是发送方可以连续发送分组信息，不必等待每一个回传确认信息，这样能提高信道利用率。

4. 滑动窗口简介

TCP协议的可靠传输依据的是重传机制，并通过滑动窗口控制传输的可靠性。

（1）滑动窗口的工作原理

前面介绍ARQ协议的回退N步ARQ和选择重传ARQ时，决定一次可以发送多少数据，所使用的就是滑动窗口。窗口是缓存的一部分，用来暂时存放字节流。发送方和接收方各有一个窗口，接收方通过TCP报文段中的窗口字段告诉发送方自己的窗口大小，发送方根据这个值和其他信息设置自己的发送窗口大小。

发送窗口内的字节都允许被发送，接收窗口内的字节都允许被接收，如图4-17所示。

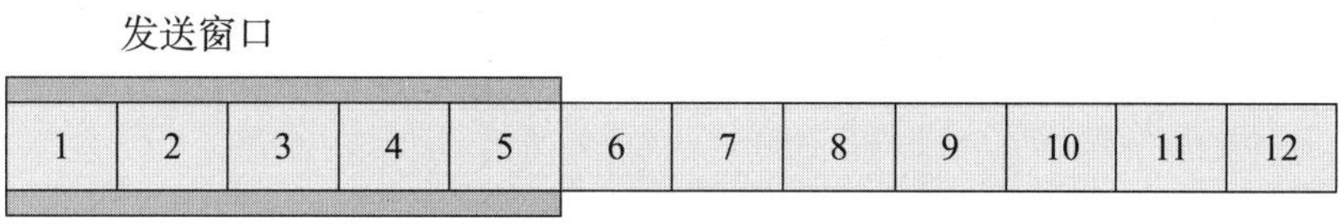

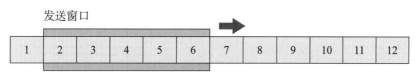

图 4-17 发送方维持发送窗口（发送窗口是5）

如果发送窗口左部的字节已经发送并且收到了确认，那么就将发送窗口向右滑动一定距离，直到左部第一个字节不是已发送状态而是已确认状态，如图4-18所示。

图 4-18 发送方维持发送窗口（发送窗口是5）

接收窗口的滑动类似，接收窗口左部字节是已经发送确认并交付主机的，然后就会向右滑动接收窗口。接收窗口只会对窗口内最后一个按序到达的字节进行确认，发送方得到该确认之后，就知道这个字节之前的所有字节都已经被接收。

（2）滑动窗口的特点
- 发送方不必发送一个全窗口大小的数据，一次发送一部分即可。
- 窗口的大小可以减小，但是窗口的右边沿却不能向左移动。
- 接收方在发送一个ACK前不必等待窗口被填满。
- 窗口的大小是相对于确认序号的，收到确认后的窗口的左边沿从确认序号开始。

> ✅ **知识点拨** 滑动窗口的三种状态
>
> 滑动窗口共有以下三种状态。
> - **窗口合拢**：窗口左边沿向右边沿靠近，这种情况发生在数据被发送后收到确认时。
> - **窗口张开**：窗口右边沿向右移动，说明允许发送更多的数据，这种情况发生在另一端的接收进程从TCP接收缓存中读取了已经确认的数据时。
> - **窗口收缩**：窗口右边沿向左移动，一般很少发生，RFC也强烈建议不要这么做，因为很可能会产生一些错误，例如一些数据已经发送出去了，又收缩窗口，不让发送这些数据。

5. 使用滑动窗口实现可靠传输

TCP使用滑动窗口实现可靠传输的主要步骤如下。

步骤01 A根据B给出的窗口值，构建出自己的发送窗口，如图4-19所示。

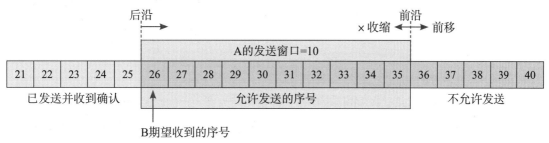

图 4-19

步骤02 A开始传输数据，A的滑动窗口如图4-20所示，此时B的滑动窗口如图4-21所示。

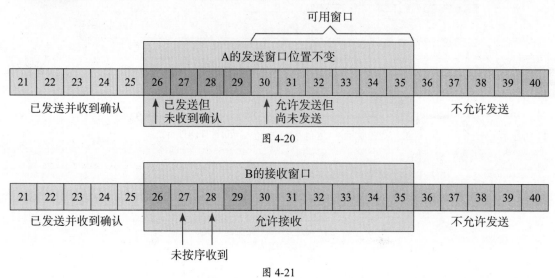

图 4-20

图 4-21

步骤03 A收到新的确认号，发送窗口向前滑动，如图4-22所示，此时B的状态如图4-23所示，一般会先保存下来，等待缺少的数据到达。

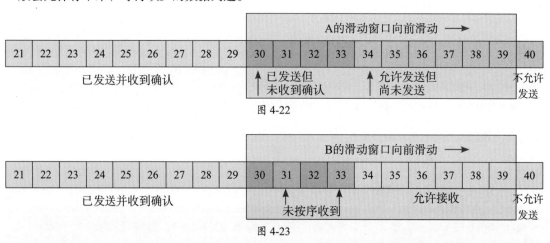

图 4-22

图 4-23

步骤04 如果A的窗口内的序号都发送完毕，但仍然没有收到B的确认，那么必须停止发送，如图4-24所示。

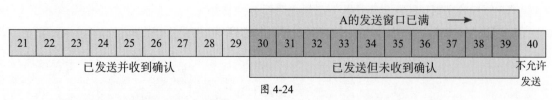

图 4-24

其中，需要注意的是：
- A的发送窗口并不总是和B的接收窗口一样大（因为有一定的时间滞后）。
- TCP标准没有规定对不按序到达的数据应如何处理。通常是先临时存放在接收窗口中，等收到字节流中所缺少的字节后，再按序交付上层的应用进程。

- TCP要求接收方必须有累积确认的功能，这样可以减小传输开销。

> **知识点拨** 发送与接收缓存
>
> 发送缓存用来暂时存放发送应用程序传送给发送方TCP准备发送的数据，以及TCP已发送出但尚未收到确认的数据，如图4-25所示。接收缓存用来暂时存放按序到达的、但尚未被接收应用程序读取的数据，以及不按序到达的数据，如图4-26所示。

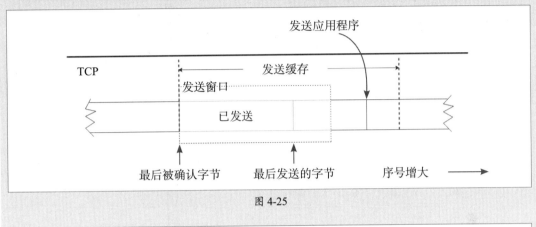

图 4-25

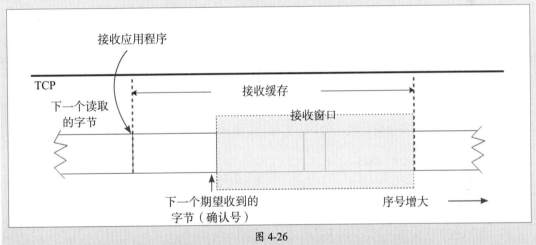

图 4-26

知识延伸：TCP协议拥塞控制

对于网络容易产生的拥塞，TCP协议有一套行之有效的控制方法，用于防止由于过多的报文进入网络而造成路由器与链路过载情况的发生。

1. 拥塞概述

在某段时间，若对网络中某资源的需求超过了该资源所能提供的可用部分，网络的性能就要变差，从而产生拥塞。若网络中有许多资源同时产生拥塞，整个网络的吞吐量将随输入负荷的增大而下降。

如果网络出现拥塞，分组将会丢失，此时发送方会继续重传，从而导致网络拥塞程度更高。因此当出现拥塞时，应当控制发送方的速率。这一点和流量控制很像，但是出发点不同。

流量控制是为了让接收方能来得及接收,而拥塞控制是为了降低整个网络的拥塞程度。

拥塞控制是很难设计的,因为它是一个动态的(而不是静态的)问题。当前网络正朝着高速化的方向发展,这很容易出现缓存不够大而造成分组的丢失的情况。但分组的丢失是网络发生拥塞的征兆而不是原因。在许多情况下,甚至正是拥塞控制本身成为引起网络性能恶化甚至发生死锁的原因。这点应特别引起重视。

> ✅ **知识点拨** 拥塞控制的前提条件
>
> 拥塞控制所要做的前提是网络能够承受现有的网络负荷。拥塞控制是一个全局性的过程,涉及所有的主机、所有的路由器,以及与降低网络传输性能有关的所有因素。

2. 拥塞控制的几种方法

(1)慢开始和拥塞避免

发送方维持一个叫作拥塞窗口cwnd(congestion window)的状态变量。拥塞窗口的大小取决于网络的拥塞程度,并且动态地变化。发送方让自己的发送窗口等于拥塞窗口,另外考虑到接收方的接收能力,发送窗口可能小于拥塞窗口。

慢开始算法的思路是,不要一开始就发送大量的数据,先探测一下网络的拥塞程度,也就是说由小到大逐渐增加拥塞窗口的大小。实时拥塞窗口的大小是以字节为单位的。

拥塞避免未必能够完全避免拥塞,而是说在拥塞避免阶段将拥塞窗口控制为按线性增长,使网络不容易出现阻塞。思路是让拥塞窗口cwnd缓慢地增大,即每经过一个返回时间RTT就把发送方的拥塞控制窗口加1。

无论是在慢开始阶段还是在拥塞避免阶段,只要发送方判断网络出现拥塞,就把慢开始门限设置为出现拥塞时的发送窗口大小的一半。然后把拥塞窗口设置为1,执行慢开始算法。

> ✅ **知识点拨** 如何判断出现了拥塞
>
> 判断网络出现拥塞的根据就是没有收到确认,虽然没有收到确认可能是其他原因的分组丢失,但是因为无法判定,所以都当作拥塞来处理。

(2)快重传和快恢复

快重传要求接收方收到一个失序的报文段后立即发出重复确认(为的是使发送方及早知道有报文段没有到达对方)。发送方只要连续收到三个重复确认就立即重传对方尚未收到的报文段,而不必继续等待设置的重传计时器时间到期。由于不需要等待设置的重传计时器到期,能尽早重传未被确认的报文段,因此能提高整个网络的吞吐量。

快恢复算法是在快重传算法的基础上进一步优化,它在接收方收到不连续的数据包时,向发送方发送一个重复确认,同时将窗口大小减半,避免过快发送数据包导致网络拥塞。

第5章 局域网组网技术

局域网是用户所能接触的非常常见的一种网络,在前面介绍网络分类时提到了局域网,本章将重点介绍局域网的相关知识,包括局域网的组成、常见的局域网的设备、技术规范等内容。

要点难点
- 局域网的组成
- 局域网介质的访问控制
- 交换式以太网技术
- 以太网交换机的常用功能与配置
- 家庭和小型公司局域网的组建

5.1 局域网的组成

局域网的使用范围非常广泛,常见的局域网包括家庭局域网、小型公司或企业局域网等。局域网的传输速度快、组网成本低、性能稳定、组网及管理技术难度也较低。常见的有线局域网的拓扑图如图5-1所示。

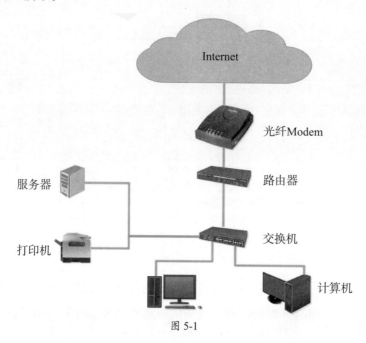

图 5-1

5.1.1 网络通信设备

局域网根据规模和实现功能的不同,需要的网络通信设备也不同。这些网络通信设备主要用来在局域网中产生、发送、接收、存储、转发、处理各种网络信号(数据包)。在局域网中经常使用的网络通信设备有以下几种。

1. 路由器

路由器又称为网关,是网络层最常见的设备,是互联网的中央枢纽设备。它会根据网络情况自动选择和设定路由表,使用最佳路径,按前后顺序发送数据包。

(1)路由器的分类

根据不同的用途和使用环境,路由器可以分为以下几类。

- **接入级路由器:** 生活中最常见的一种路由器,一般会带有无线功能,又叫作无线路由器,如图5-2所示。主要在家庭或小型企业中带机量不多的情况下使用。可以使用PPP拨号连接网络,另外接入级路由器还提供实用的网络管理功能。
- **企业级路由器:** 主要用在各种大中型企业局域网中,如图5-3所示,其主要作用是路由和数据转发,并且进一步要求支持应用的QoS、组播、多种协议、防火墙、包过滤以及大量的管理和安全策略等高级功能。

图 5-2

图 5-3

> **知识点拨** QoS
>
> QoS（Quality of Service）即服务质量，是一套用于管理和提高网络性能的工具和技术。它通过对网络流量进行分类、优先级排序和控制，确保关键业务和应用获得所需的带宽和资源，从而提高网络的整体性能和用户体验。

2. 交换机

交换机是局域网经常使用的另一种设备，主要作用是负责有线终端设备的网络接入，并负责在接入的设备之间高速传输数据，间接完成共享上网的要求。交换机一般在有很多有线终端设备需要联网的情况下使用。在家庭中，有线设备较少，可以使用小型路由器自带的接口接入，或者购买接口较少的小型交换机，如图5-4所示。而企业中需要联网的有线设备非常多，必须使用带有大量接口的交换机才能满足要求，如图5-5所示。而且企业局域网内部的通信更多，数据交换量更大，所以在交换机的选择上，还需要满足更强的数据交换能力以及可控制等要求。

图 5-4

图 5-5

> **注意事项** 小型路由器的接口
>
> 家庭使用的普通小型路由器其本质是带有路由功能的小型交换机，所以小型路由器的接口可以看作交换机接口，接口属于同一个网络，接口之间可以互相通信。而企业使用的路由器功能更多、性能更强。不同的接口属于不同的网段，并使用网关服务在网络间中转数据。

3. 网卡

网卡也叫作网络接口卡或网络适配器，是所有需要在网络上进行通信的设备所必须用到的硬件。网卡属于数据链路层的设备，不仅能实现与局域网传输介质之间的物理连接和电信号匹配，还涉及帧的发送与接收、帧的封装与拆封、介质访问控制、数据的编码与解码以及数据缓存等。

网卡的形式有很多种，常见的有线终端设备的网卡是以网卡芯片的形式集成在电路板上。通过设备上的网络接口进行数据通信。无线终端设备中不仅集成了无线网卡芯片，还会通过天线发射无线信号（有些会隐藏到设备中）。计算机除了支持集成的有线网卡和无线网卡进行通信外，还支持扩展的PCI-E接口网卡和USB接口网卡，如图5-6、图5-7所示。

图 5-6

图 5-7

4. 防火墙

防火墙是指一个由软件或硬件设备组合而成的、在内部网和外部网之间、专用网与公共网之间的界面上构造的保护屏障，使内部网络与外部网络之间建立起一个安全网关，从而保护内部网络免受非法用户的侵入，防火墙有硬件防火墙与软件防火墙之分，如图5-8、图5-9所示。

图 5-8

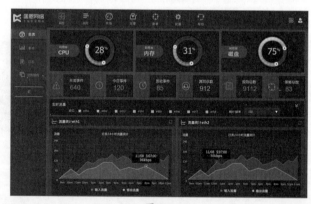

图 5-9

> ✔ **知识点拨** 无线通信设备
> 在无线网络中，无线通信设备包括无线路由器、无线接入点、无线控制器等。

5.1.2 服务器

服务器主要为公司或企业局域网内部或外部提供各种网络服务，如网页服务、数据共享服务、DHCP服务、DNS服务、FTP服务等。服务器的硬件性能可能不如个人计算机的硬件性能，但是在稳定性、安全性和网络数据的处理方面均要优于个人计算机。服务器的形式也有很多种，如塔式、刀片式、机架式等，如图5-10所示。小型局域网经常会使用NAS设备实现服务器的功能，如图5-11所示。

图 5-10

图 5-11

5.1.3 网络介质

网络介质是有线网络设备间互联所必需的物理介质，常见的网络介质包括同轴电缆、双绞线以及光纤等。

> **知识点拨 无线网络的网络介质**
> 无线网络使用电磁波作为介质传输数据信号，在多台无线设备间进行数据通信，电磁波又分为无线电波、微波、红外线等。

1. 同轴电缆

同轴电缆最早用于总线型局域网中。同轴电缆本身由中间的铜质导线（也叫作内导体）、外面的导线（叫作外导体），以及两层导线之间的绝缘层和最外面的保护套组成。有些外导体做成了螺旋缠绕式，如图5-12所示，叫作漏泄同轴电缆，有些外部导线做成了网状结构，且在外导体和绝缘层之间使用了铝箔进行隔离，如图5-13所示，就是常见的射频同轴电缆。同轴电缆在早期的总线型局域网中经常被用作网络主干。

2. 双绞线

双绞线也称为网线，是当前局域网主要的有线传输介质，因其8根线两两缠绕在一起而得名。双绞线通过缠绕抵消单根线产生的电磁波，也可以抵御一部分外界的电磁波，从而降低信号的干扰，提高线缆对电子信号的传输能力和稳定性。

双绞线具有8种不同的颜色，每一根都由中心的铜制导线和外绝缘保护套组成。双绞线由于其价格低廉，传输效果好，安装方便，易于维护，被广泛使用在各种局域网中。常见的双绞线分为非屏蔽双绞线（图5-14）与屏蔽双绞线（图5-15）两类。

图 5-12

图 5-13

图 5-14

图 5-15

知识点拨 同轴电缆的应用

由于总线型网络的固有缺点以及成本原因，逐渐淡出了局域网领域。但漏泄同轴电缆兼具射频传输线及天线收发双重功能，可以应用于无线传输受限的地铁、铁路隧道，以及大型建筑的室内和地下室等。另外在监控领域，同轴电缆可以作为音视频传输载体。有些音频线也使用了同轴电缆，叫作同轴音频线。

（1）双绞线的线序

双绞线标准中应用最广的是ANSI/EIA/TIA-568A（简称T568A）和ANSI/EIA/TIA-568B（简称T568B）。虽然两端线序一样即可通信，但任意接线，产生问题后排查起来将是一项巨大的工程。而且会增加串扰，会对传输质量有一定影响。所以需要制定一个规范，方便施工和维护。

T568A和T568B规定的线序如图5-16所示，其中T568A的线序为绿白—绿—橙白—蓝—蓝白—橙—棕白—棕，T568B的线序为橙白—橙—绿白—蓝—蓝白—绿—棕白—棕。将T568A的1和3，2和6号线互换，就变成了T568B。现在最常使用的线序就是T568B。

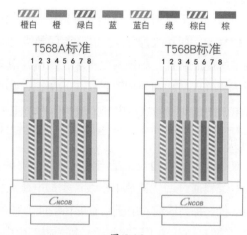
图 5-16

扫码看彩图

（2）双绞线的种类

按照频率和信噪比，双绞线可以分成多种。最早的一类到五类双绞线已经被淘汰了，现在常见的双绞线分类、特性及其应用领域如下：

① 超五类双绞线。

超五类双绞线的裸铜芯直径为0.45～0.51mm，在外皮上印有CAT5e字样，传输频率为100MHz，带宽最大可达1000Mb/s（受线材质量与距离的约束）。具有衰减小、串扰少、更高的信噪比、更小的时延误差。超五类双绞线基本上应用在家庭或者中小企业等速度要求不高的环境中，因为性价比较高，一般应用在短距离的终端连接上。

> **知识点拨** RJ-45水晶头
>
> RJ-45一般指的是网线的连接接头，俗称"水晶头"，如图5-17所示，专业术语为RJ-45连接器，属于网线的标准连接部件。还有一些常见的接口，如电话线使用的双芯水晶头，叫作RJ-11。常见的制作超五类双绞线的网线钳如图5-18所示。

图 5-17

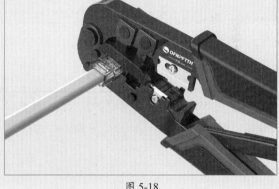
图 5-18

② 六类双绞线。

六类双绞线的线芯使用0.56～0.58mm直径的铜芯，在内部增加了十字骨架，外皮一般有"CAT.6"字样。传输频率为250MHz，主要用于千兆位以太网（1000Mb/s）。千兆网络布线建议选用六类及六类以上的双绞线。六类双绞线专用分体式水晶头如图5-19所示，其中的线芯并不像超五类那样，而是四高四低，如图5-20所示。

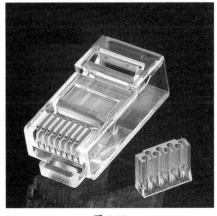
图 5-19

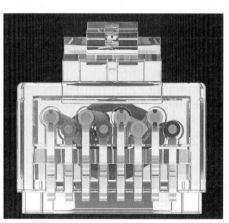
图 5-20

> **✓ 知识点拨** 十字骨架与尼龙线的作用
>
> 从六类双绞线开始，网线内部会有一条具有绝缘性能的十字骨架，十字骨架结构随线缆的长度变化而旋转角度，四对铜芯线分别置于十字骨架的四个凹槽内。该结构能够有效减少线对间的串扰，提高线缆的平衡特性，保证性能和合理的施工弯曲半径。
> 网线内部通常有一根白色细丝，或者一根白色尼龙线，这条线主要起到抗拉的作用，减少铜芯在拉线时内部断裂的情况发生。

③ 超六类双绞线。

超六类双绞线是六类双绞线的改进版，在串扰、衰减和信噪比等方面有较大改善。传输频率是500MHz，最大传输速度可达到10000Mb/s，也就是10Gb/s，可以应用在万兆网络中，标识为CAT6A。超六类双绞线分为屏蔽与非屏蔽，主要应用于大型企业等需要高速应用的场所。和六类双绞线一起成为了布线的主要线材。

④ 七类双绞线。

从七类双绞线开始，只有屏蔽而无非屏蔽了。七类双绞线的传输频率为1000MHz，传输速度可达10Gb/s，最远距离为100m，主要应用于特殊的需要高速带宽的环境中，如各机房和数据中心。

⑤ 八类双绞线。

八类双绞线的频率可达2000Mb/s，根据标准的不同，传输速度分别为25Gb/s和40Gb/s，如果要达到40Gb/s，网线的最长距离只能到30m。虽然目前八类双绞线的应用并不广泛，但是随着网络的发展，网络布线对传输性能的要求不断增高，八类双绞线会逐渐成为数据中心综合布线系统中的主流产品。

3. 光纤

双绞线是电子信号传输的载体，而光纤是光信号的载体。由于光纤的特点，使其近年来被大规模使用。

光纤是光导纤维的简称，是一种由玻璃或塑料制成的纤维，可作为光传导工具。光纤的传输原理是"光的全反射"。光纤可以保证光信号的稳定性，且没有较大的衰减，所以可以进行超远距离数据传输。光纤的优势是容量大、损耗低、重量轻、抗干扰能力强、环保节能、工作稳定可靠、成本低。根据传输模式，光纤可以分为单模光纤和多模光纤两类。常见的光纤及接口如图5-21所示。

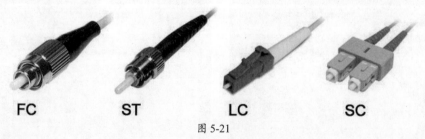

图 5-21

> **✓ 知识点拨** 光缆
>
> 光缆是一定数量的光纤按照一定的防护标准组成缆芯，外面包有护套，有的还包覆外护层，是用以实现光信号远距离传输的一种通信线路。

5.1.4 软件系统

软件系统是局域网的灵魂,用来实现局域网所需要的功能。软件系统包括网络操作系统以及各种网络协议。

1. 网络操作系统

网络操作系统用统一的方法实现各主机之间的通信,管理和提升设备与网络相关的特性。网络操作系统也是用户与各种设备之间的接口,为用户提供各种基本的网络服务,并保证数据的安全性。

网络操作系统包括计算机使用的Windows(图5-22)、Linux、macOS操作系统;智能手机使用的Android、iOS、鸿蒙操作系统;网络通信设备使用的专有操作系统,如TP-Link、思科等开发的,网络硬件使用的操作系统,如图5-23所示。

图 5-22

图 5-23

2. 网络协议

网络协议是进行网络通信的双方必须共同遵从的一组约定。如怎样建立连接、如何传输数据、每次传输多少、如果发生了错误及故障怎么处理、如何断开连接等。只有遵守这个约定,网络设备之间才能互相通信。一个完整的通信流程会用到许多协议,网络操作系统会自动协商并使用这些协议进行通信。例如前面介绍的IP协议、TCP/UDP协议,以及常见的FTP、SMTP、HTTP、HTTPS、DNS等协议。

5.1.5 网络终端设备

网络终端设备就是使用网络进行通信的设备,包括各种有线设备(如计算机),以及各种无线终端设备(如智能手机、平板电脑、网络打印机、智能家电产品、安防产品、工业设备)等。

5.2 局域网的介质访问控制

局域网的介质访问控制(Media Access Control,MAC)也叫媒体访问控制,是数据链路层的一个子层,负责管理和控制多个设备如何通过共享同一传输介质进行数据传输。它确保数据在网络的传输过程中不会产生冲突,并且能够有效利用网络带宽。局域网常用的介质访问控制技术包括载波侦听多路访问（CSMA/CD）、令牌传递（Token Passing）等技术。

5.2.1 数据链路层的分层

数据链路层在OSI模型中位于物理层之上、网络层之下，负责点对点的可靠数据传输。数据链路层通常被细分为两层，如图5-24所示。

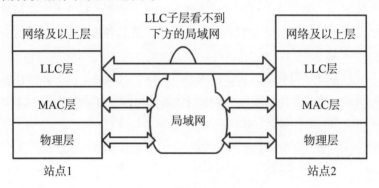

图 5-24

1. 逻辑链路控制（Logical Link Control，LLC）层

逻辑链路控制层负责建立、维护和释放与网络层的逻辑连接，并提供流量控制和差错检测等服务。它是数据链路层中与上层（网络层）交互的部分。主要的功能如下。

- **逻辑链路控制**：通过逻辑链路识别不同的传输路径和链路。
- **差错检测**：通过帧检查序列（FCS）等方法检测传输过程中的错误。
- **流量控制**：防止发送方的数据溢出接收方的处理能力，保证提供可靠的传输。
- **多路复用**：通过LLC层的地址字段可以区分不同的上层协议或服务。

该层与传输媒体无关，不管采用何种协议的局域网对LLC子层来说都是透明的，也就是不需要进行考虑。而且使用TCP/IP协议的局域网的DIX Ethernet V2标准中也没有关于LLC层的使用说明。

> ✓ 知识点拨 协议的区分
> LLC层通常通过帧头中的协议标识符区分上层的不同协议。

2. 介质访问控制（Media Access Control，MAC）层

MAC层负责在共享传输介质上控制对信道的访问，决定何时可以发送数据帧，避免冲突并确保数据顺利传输。它是数据链路层中与物理层交互的部分。其主要的功能如下。

- **介质访问控制**：管理多个设备对共享通信介质的访问，常见的方法包括CSMA/CD（以太网）和CSMA/CA（Wi-Fi）。
- **帧封装与解封装**：将网络层数据封装成帧，并根据目的MAC地址进行转发。
- **地址识别与过滤**：通过MAC地址识别网络中的设备，决定帧的去向。
- **差错控制**：通过帧校验序列（FCS）检测数据帧在传输过程中是否发生错误。

MAC层协议因网络类型不同而变化，如以太网使用的IEEE 802.3标准，Wi-Fi使用的IEEE 802.11标准。

5.2.2 MAC层的地址机制

MAC层使用MAC地址(也称物理地址)来标识网络中的设备。MAC地址是一个用十六进制数表示的、共6B(48位)的唯一标识符,如表5-1所示,通常由设备制造商分配。MAC地址的前3个字节是由IEEE的注册管理机构RA负责给不同厂家分配的代码,后3个字节由制造商自行分配给网络产品的每个网络适配器使用。

表5-1

	厂商代码			扩展标识符		
MAC地址	18	C0	4D	9E	3A	3E

1. MAC 帧格式

"帧"是数据链路层对等实体之间在水平方向进行逻辑通信的协议数据单元。数据链路层使用"帧"完成主机间、对等层之间数据的可靠传输。

以太网的MAC帧格式有两种标准:DIX Ethernet V2标准以及IEEE 802.3标准。现在使用比较广的是DIX Ethernet V2标准,该标准规定的以太网的MAC帧格式如图5-25所示。

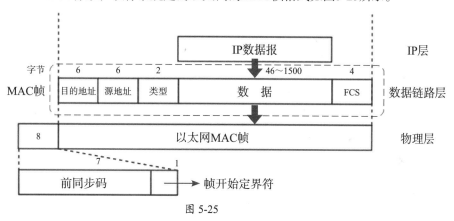

图 5-25

从图5-25中可以看到,在以太网中,IP数据报会封装在整个MAC帧中。在MAC帧中:

- 使用6B标识目的地址,6B标识源地址,用于数据回传。
- "类型"主要标识上一层使用什么协议,以便将拆出的数据报交给上层的对应协议。
- "数据"是从上层传下的数据报文信息,因为MAC帧的长度最小为64B,最大为1518B,所以上层的数据最小为64B-18B=46B;最大为1518B-18B=1500B。其中18B为MAC帧的其他固定字节总长度(目的及源地址+类型+FCS)。
- 当传输媒体的误码率为1×10^{-8}时,MAC子层可使未检测到的差错小于1×10^{-14}。

2. MAC 帧的种类

MAC帧主要包括以下三种。

- **一对一的单播帧**:用于两个节点之间,已知对方的MAC地址时通信。用于标识单个设备。当一个帧的目的MAC地址是单播地址时,帧将只发送给目标设备。
- **一对多的多播帧**:用于一个节点对一组节点的通信。用于标识一个设备组,多播帧会发送给网络中属于该组的所有设备。
- **一对全的广播帧**：在不知目标的MAC地址，或需要对其他所有设备通信时使用。用于标识网络中的所有设备。广播帧的目的地址通常是全1地址（FF:FF:FF:FF:FF），用于发送给同一网络中的所有设备。

5.2.3　介质访问控制的类型

介质访问控制方式主要分为两类：随机访问和受控访问。

1. 随机访问

随机访问方式没有中心化的管理，设备可以随时访问传输介质，典型的例子就是CSMA/CD和CSMA/CA。这些方式允许多个设备共享同一个传输介质，通过冲突检测或避免机制保证数据的正确传输。

2. 受控访问

受控访问方式通过中心化的管理机制来控制设备访问介质的顺序，典型的例子就是令牌传递和TDMA。这些方式通常通过令牌、时间片或频率信道的分配来避免冲突，保证网络的高效利用。

5.2.4　认识CSMA/CD

CSMA/CD（Carrier Sense Multiple Access with Collision Detection，载波监听多路访问/冲突检测）主要用于早期的以太网（10Mb/s和100Mb/s的共享式以太网）。在现代全双工交换式以太网中，由于不存在冲突，CSMA/CD机制已经逐渐被淘汰。

1. 工作原理

（1）载波监听（Carrier Sense）

在设备发送数据之前，先监听网络介质（例如电缆）是否有其他设备正在发送数据。如果检测到介质是空闲的，设备可以发送数据；否则，将等待。

（2）多路访问（Multiple Access）

多个设备共享同一通信介质（如网络电缆），都可以在发现介质空闲时发送数据。

（3）冲突检测（Collision Detection）

如果两个或多个设备在同一时刻监听到介质空闲并开始发送数据，就会发生冲突。每个设备在发送数据时都继续监听网络，以检测是否发生冲突。如果检测到冲突，设备会立即停止发送。

（4）冲突处理

一旦检测到冲突，设备会发送一个干扰信号通知网络上的其他设备有冲突发生。

（5）指数后退算法

发生冲突后，设备会等待一个随机的时间，然后重新尝试发送数据。这种随机等待时间是由二进制指数后退（Binary Exponential Back off）算法计算的，随着冲突次数的增加，设备等待的时间也会逐渐增加，以减少再次发生冲突的可能性。

举个例子，当某个网络上的设备A检测到网络是空闲的，就开始向设备B发送数据。虽然电信号非常快，但是也不是瞬间就可以到达的。总会经过一段极其微小的时间。若在这时间内，恰巧设备B也检测到了网上没有信号，并开始发送数据，那么结果就是，数据刚发送，就和其他数据产生了碰撞，如图5-26所示，会导致两个帧都没法使用。

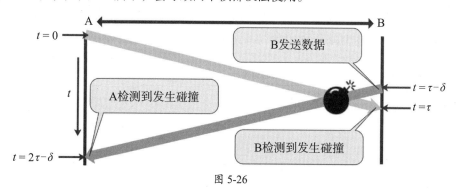

图 5-26

其中B本来应该在$t=\tau$时收到A的数据，但其检测网络没有数据传输后立马发送了数据。并在$t=\tau$时收到了数据，经过检测判断，刚才发送的包与现在接收的包已经发生了碰撞。而A在发送完数据后，应该等到$t=2\tau$时收到B返回的信息，但是因为B提前发送了，所以A收到数据的时间其实是小于2τ的，经过检测判断，网络上发生了碰撞。2τ被称为征用期，也叫作碰撞窗口。如果这段时间后，仍没检测到碰撞，就认为发送未产生碰撞，数据可用。所以使用CSMA/CD协议的以太网不能使用全双工，只能使用半双工模式通信。每个站点发送数据后，都会存在碰撞的可能。这种不确定性直接降低了以太网的带宽。

当检测到碰撞发生后，发送端以及接收端立即停止发送数据，并继续发送若干比特的人为干扰信号，让所有用户都知道现在已经发生了碰撞。

> **知识点拨** CSMA/CD的碰撞本质
>
> 其实从电气原理上解释，计算机在发送数据时同时检测网线上电压的大小。如果有多个设备在发送数据，那么往线上的电压就会有大的波动，计算机就会认为产生了碰撞，也就是冲突。所以CSMA/CD也叫作"带冲突检测的载波监听多路访问"。

2. 特点

- **简单高效**：适用于中小型共享介质的局域网环境，尤其在负载较低时效率较高。
- **冲突检测**：设备能够检测到冲突并及时处理，减少了无效数据的传输。

3. 局限性

CSMA/CD的逐渐淘汰，与其局限性有很大关系：

- **受限于半双工通信**：CSMA/CD仅适用于半双工网络，设备不能同时发送和接收数据。
- **受限于网络规模和带宽**：在网络负载过高或有大量设备时，冲突概率增加，性能显著下降，因此CSMA/CD主要用于早期的共享式以太网。
- 现代以太网设备普遍支持全双工通信，且通过交换机分离冲突域，不再需要CSMA/CD。因此，CSMA/CD在现代全双工以太网中已经基本被淘汰。

> **知识点拨** 集线器的工作原理
>
> 集线器（Hub）的主要功能是对接收到的信号进行同步和再生整形放大，以扩大网络的传输距离。同时作为网络中心设备，负责所有连接到其上的网络节点间的数据通信。集线器工作于OSI参考模型第一层，即"物理层"，而不是数据链路层，所以与CSMA/CD等协议均无牵扯。
>
> 集线器的工作原理非常简单，每个接口简单地收发数据比特，收到1就转发1，收到0就转发0（其实就是最普通的并发电路），也不会进行碰撞检测。集线器收到数据进行转发时，不是直接把数据单独发送给目标节点，而是把数据发送到与集线器相连的所有节点。而且集线器也不保证传输数据的完整性和正确性。
>
> 所有端口都共享一条带宽，在同一时刻只能有一个端口传送数据，其他端口只能等待，所以只能工作在半双工模式下，传输效率低。如果是8口的集线器，那么每个端口得到的带宽就只有1/8的总带宽了。
>
> 当设备收到发送的数据帧后，如果是自己的则接收，否则丢弃。也就是说集线器的某个端口工作时，其他端口都能够收听到信息，所以无安全性可言。

4. 冲突域

处在同一个CSMA/CD中的两台或者多台主机，在发送信号时会产生冲突，所以认为这些主机处在同一个冲突域中。而集线器并不能避免冲突，所以连接到同一个集线器的所有设备，也被认为处于同一个冲突域中。冲突域相连，会变成一个更大的冲突域。

5.2.5 CSMA/CA

CSMA/CA（Carrier Sense Multiple Access with Collision Avoidance，载波监听多路访问/冲突避免）是一种介质访问控制机制，广泛应用于无线局域网（Wi-Fi，IEEE 802.11）中。与CSMA/CD的主要区别是，CSMA/CA通过避免冲突的发生来提升网络的效率，而不是像CSMA/CD那样依赖检测来处理冲突。

1. 工作原理

由于无线网络中的设备无法像有线网络那样有效地检测冲突（因为信号在无线环境中更加复杂，容易发生干扰），CSMA/CA通过避免冲突发生来保证数据传输的可靠性。

（1）载波监听

在设备准备发送数据之前，首先要监听无线信道，检查信道是否空闲。如果信道空闲，则可以立即发送数据。如果信道繁忙（有其他无线设备传输数据），设备将等待，并在信道空闲时再尝试发送数据。

（2）冲突避免

为了进一步减少冲突的可能性，CSMA/CA采用了随机回退时间（Backoff Time）和RTS/CTS（Request to Send/Clear to Send）机制。

① 随机回退时间：当信道忙碌时，设备不会立即尝试发送数据，而是等待一个随机的时间间隔，即回退时间。当信道再次空闲时，设备会检查自己的计时器是否到期，如果到期就发送数据。如果多个设备等待相同时间后同时尝试发送，依然有可能发生冲突，但随机回退机制降低了这种可能性。

② RTS/CTS机制：当设备打算发送较大的数据包时，发送方首先发送一个RTS请求，请求获得信道的控制权。接收方在收到RTS后，会发送CTS信号，允许发送方在一段时间内占用信道进行数据传输。其他设备在收到CTS后知道此时信道被占用，就不会发送数据，从而避免了冲

突的发生。

（3）数据传输与确认

一旦设备成功获得信道，就可以发送数据帧。接收方在正确接收数据后，会向发送方发送一个ACK（确认）帧，确认数据传输成功。如果发送方在一定时间内没有收到ACK，会认为传输失败，并重新尝试发送数据。

2. 特点

（1）冲突避免而非检测

与CSMA/CD依赖冲突发生后再进行检测和处理不同，CSMA/CA通过预防机制尽量避免冲突的发生。它在发送数据前进行载波监听，使用RTS/CTS机制减少冲突发生的可能性。

（2）更适合无线网络

无线信道具有更大的干扰和噪声，因此无法像有线网络那样有效地检测冲突。CSMA/CA通过冲突避免机制，适应了无线通信环境下复杂的信道状况。

（3）随机回退机制

CSMA/CA的随机回退机制在信道忙碌时有效减少了多个设备同时发送数据的冲突风险。

（4）RTS/CTS机制

RTS/CTS是一种优化机制，主要用于大型数据帧的传输，通过先预约信道来降低冲突，尤其在有多个设备共享同一信道的情况下能有效提高传输成功率。

3. 局限性

（1）信道占用效率不高

即使在信道空闲时，CSMA/CA也会引入随机回退时间，以避免潜在的冲突，这会降低信道的利用率。

（2）RTS/CTS开销

RTS/CTS虽然可以有效减少冲突，但它本身也带来了额外的信令开销，特别是在小数据包传输时，相对开销较大。

（3）隐藏节点问题

在无线网络中，不同设备可能无法彼此监听到对方的信号，这种现象称为隐藏节点问题。RTS/CTS可以在一定程度上缓解这一问题，但无法完全消除。

5.2.6 令牌环访问控制

令牌环访问控制（Token Ring Access Control）是一种基于令牌传递机制的介质访问控制方法，主要应用于局域网（如Token Ring网络）中，确保多个节点可以在同一网络中有序地发送数据，避免冲突。其关键原理是网络中的每个节点依次获取一个特殊的控制信号，即令牌（Token），只有持有令牌的节点才能发送数据。

1. 工作原理

令牌环网络的拓扑结构通常是逻辑环，尽管物理上可以是星形或其他结构，但逻辑上数据沿着环路进行传输。令牌环的核心原理如下：

(1) 令牌传递

令牌是一个特殊的控制帧，网络中只有一个令牌在环上循环。节点轮流接收和传递令牌。空闲时，令牌在网络中不停地传递，不携带任何数据。每个节点在接收到令牌时检查是否有数据需要发送。如果没有数据发送，它会将令牌传递给下一个节点；如果有数据发送，它会持有令牌并发送数据。

(2) 数据发送

当某个节点获得令牌并有数据要发送时，它将令牌转换为数据帧，并将数据沿着环路发送。数据帧经过环路上的每个节点，每个节点都会检查该帧是否是发送给自己的。如果是，就接收并处理该帧；否则，将帧继续传递到下一个节点。

(3) 确认与释放令牌

当数据帧返回到发送方时，发送方确认接收到的数据无误后，会将令牌释放，允许下一个节点使用令牌发送数据。如果数据传输有错误或超时，发送方将重传数据并重新获得令牌。

2. 特点

(1) 无冲突通信

在令牌环网络中，只有持有令牌的节点才能发送数据，因此避免了CSMA/CD和CSMA/CA等介质访问控制机制中的冲突问题。每个节点都能有序地访问网络介质，确保通信的可靠性。

(2) 访问公平性

由于令牌在所有节点之间顺序传递，每个节点都有平等的机会获得令牌并发送数据，确保了访问网络资源的公平性。这种特性在负载较重的网络中尤为重要，能避免某些节点长期占用网络资源。

(3) 实时性与控制

令牌环网络中的访问是有序且可控的，可以保证一定的实时性。因为令牌沿着固定的路径传递，可以通过限制持有令牌的时间来控制数据的传输延迟。

(4) 环路故障的影响

令牌环的弱点在于，环路中的任何一个节点或链路的故障都可能导致整个网络崩溃。为了减轻这种影响，许多现代令牌环网络在物理上采用星形拓扑，通过中心集线设备，如MAU（Multi-station Access Unit）来维持逻辑环路。

5.3 交换式以太网

前面介绍了CSMA/CD协议，其实就是传统共享式以太网的运行原理。由于传统式以太网的局限性，逐渐被网桥及交换机所代替。

5.3.1 交换式以太网的出现

以太网（Ethernet）是一种广泛应用于局域网（LAN）中的网络技术，提供设备间的数据传输协议和标准。它的核心概念是使用共享介质或交换机来实现多台设备之间的数据通信。以太网最早是在20世纪70年代由施乐公司开发出来的,之后逐渐成为了全球网络通信的基础标准。交换式以太网出现以前,使用的是传统的共享式以太网。

1. 共享式以太网的工作过程

共享式以太网的标准结构就是总线型网络,如图5-27所示。其工作过程如下:

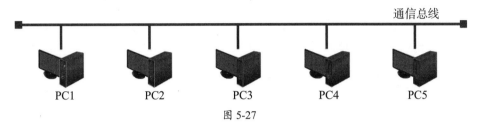

图 5-27

如果PC3给PC1发送信息,则PC3向总线上发送一个数据帧,其他计算机都能接收并检测数据帧。当PC1发现数据帧的目的地址是自己时,就会接收该数据,并向上层提交。其他计算机发现目的地址不是自己时就会将该数据帧丢弃。基于此,以太网就在具有广播特性的总线上实现了一对一的数据通信。

2. 网桥的出现

为了解决共享式以太网同一冲突域的通信会降低网络质量等局限性问题,网桥出现了。下面介绍网桥的相关知识。

(1)认识网桥

网桥是早期的网络设备,属于数据链路层设备,一般有两个端口。网桥的两个端口分别有一条独立的交换信道,而不是共享一条背板总线,这样可隔离冲突域。此后网桥被具有更多端口、同时也可隔离冲突域的交换机所取代。

网桥是根据MAC帧来进行寻址,如果不是广播帧,查看目的MAC地址来确定是否进行转发,以及应该转发到哪个端口。

(2)网桥的工作过程

网桥的工作过程和交换机基本类似,虽然只有两个接口,但是也会进行和交换机类似的工作过程。下面以最简单的网桥结构(图5-28)向读者介绍网桥的工作过程。

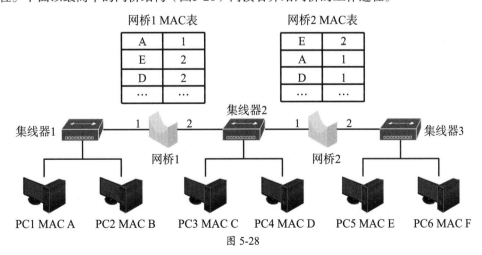

图 5-28

如PC1要给PC5发送数据帧，会发送目标是PC5的广播。当网桥1收到广播帧后，记录两个重要数据（学习）：PC1对应的MAC地址A，以及该帧是从端口1来的。接着，网桥1的端口2继续广播（转发）。广播帧到达网桥2后，同样记录对应关系，并继续向网桥2的端口2发送广播。然后PC5收到广播帧，并反馈一个回复信息给PC1。该数据帧通过网桥2，会记录PC5对应的MAC地址E以及对应的帧是从端口2来的。并查找到目标PC1的MAC地址A对应的端口是1，就直接从1端口将数据帧转发出去。到达网桥1后，同样记录PC5的MAC地址E和来源，也就是端口2，并查找MAC表，找到对应PC1的MAC地址A和对应的端口1，就从网桥1的1号口转发出去。PC1就收到了PC5回复的帧，包括其MAC地址。

接下来PC1继续发送的帧就不使用广播帧了，直接填入PC5的MAC地址，网桥1收到帧后，因为有PC5的对应端口2，所以直接转发即可，然后以此类推，直到将该数据帧交付给PC5。这个过程中，其他PC收到帧后检查，发现目标地址不是自己，就会直接丢弃。

这个通信过程是个特例，其实PC1和PC5之间的通信数据，其他设备也是可以接收到的。但在某个冲突域中的通信就可以和其他冲突域分隔了，如PC1和PC2、PC3和PC4。

（3）冲突域的分隔

前面介绍冲突域的概念时，也介绍了网桥可以分隔冲突域。从图5-28中可以看到，2个网桥将6台主机分隔成3个冲突域。

PC1、PC2、网桥1的1号接口在一个冲突域，其中PC1和PC2在通信时不需要考虑PC3~PC6会产生冲突（网桥1发现端口1对应着PC1，也对应着PC2，所以不会转发该数据包到端口2），而仅仅在3台设备之间（包括网桥的端口1）执行CSMA/CD规则。通过这种方法，降低发送数据时产生冲突的概率，可以提高数据帧的发送效率，间接地提高网络的利用率和网络的带宽。另外2个冲突域同样如此，所以说网桥可以分隔冲突域。

> **知识点拨** **无法分隔广播域**
>
> 广播可以查找未知的通信对象，但过多的广播会影响到整个网络的带宽和质量，严重的可能会造成网络崩溃。从上面的过程不难看出，不论哪台设备，发送的如果是广播帧，或者目标地址并不在MAC地址表中的数据帧，该帧都会通过网桥转发到其他所有端口。所以，PC1~PC6都在一个广播域中，依靠网桥是无法分隔的。而要分隔广播域，只能使用三层的设备，也就是路由器，并且使用另一个前面介绍的重要参数——IP地址。而二层设备并不需要考虑，也无法考虑这种情况。二层的设备仅仅保证数据帧能够顺利快速地转发到目标。

3. 交换式以太网的出现

交换式以太网（Switched Ethernet）是现代局域网中广泛使用的一种网络技术，它通过以太网交换机来连接网络设备，是一种典型的星形网络结构，可以实现高效的网络数据传输。与早期的共享式以太网不同，交换式以太网为每个连接的设备提供独立的通信通道，将冲突隔绝在每一个端口，对于其他端口则正常传输数据。

交换式以太网将共享式以太网的冲突问题隔绝在每一个端口，从而大大提高了网络的性能和带宽利用率。交换式以太网采用的是全双工通信，也不会再使用共享式以太网的CSMA/CD技术了。

5.3.2　交换机的工作过程

交换式以太网的核心设备是交换机,学习交换式以太网,首先需要了解交换机的工作过程、工作原理等知识。交换机工作于OSI参考模型的第二层,即数据链路层,同网卡一致。交换机内部的CPU会在每个端口成功连接时,通过将MAC地址和端口对应,形成一张MAC地址表。在以后的通信中,发往该MAC地址的数据包将仅送往其对应的端口,而不是所有的端口,如图5-29所示。由于不采用传统式以太网的通信技术,所以效率更高。

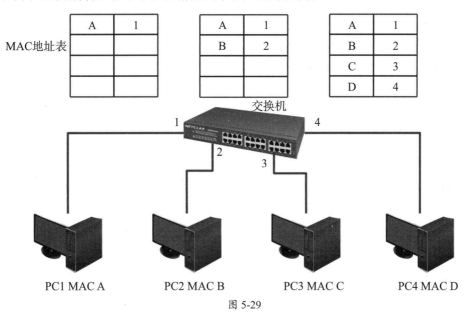

图 5-29

前面介绍了网桥的工作过程,交换机的工作组原理与其类似:PC1要向PC2发送数据,首先会发送一个目标是MAC B的数据帧(如果不知道,则通过ARP协议进行广播,通过IP地址获取MAC B的MAC地址),交换机收到之后,会将PC1的MAC地址和使用的端口记录在MAC地址表中。然后查询地址表有无对应的目标MAC地址,如果有则直接转发,如果没有,则向2、3、4号端口进行转发,PC3及PC4接收到帧后,发现不是自己的,就丢弃,PC2发现是自己的包,就会回传一个帧用来确认。交换机收到后,记录PC2的MAC地址B和端口2,然后查询路由表,发现有MAC A对应的端口记录,直接从1号口转发出去,并不会向3、4号口再转发了。PC1收到返回确认,就开始正式发送数据。经过一段时间后,交换机会记录完成当前局域网所有的MAC地址和对应的端口号,以后再收到MAC地址表中存在的地址帧,就不会广播,而是直接进行数据帧的转发。目的MAC地址若不存在,则广播到所有的端口,这一过程叫作泛洪(flood)。

5.3.3　交换机的工作原理

交换机工作的核心是依据MAC地址表进行寻址,而且会持续地维护这张表,从而可以快速地转发数据包到指定的目标。

1.交换机的作用

从上面交换机的工作过程中,可以总结出交换机的主要作用及功能如下。

（1）学习

以太网交换机通过一段时间的学习，了解每一端口相连设备的MAC地址，并将地址和端口的关系保存在交换机缓存中的MAC地址表中，并持续维护这张表，以保证准确性。

（2）转发

当收到数据帧后，对目的地址进行检查，如果在MAC地址表中有映射，数据帧会被快速转发到连接目的节点的端口而不是所有端口（如该数据帧为广播/组播帧则转发至所有/指定的端口组）。

（3）避免回路

如果交换机被连接成回路状态，很容易使广播包反复传递，从而产生广播风暴，造成设备高负载，数据发送缓慢，最终导致网络瘫痪。高级交换机会通过各种高级策略，如生成树协议技术避免回路的产生，并且起到线路的冗余备份。

（4）提供大量网络接口

交换机通常是网络中有线终端的直连设备，企业级交换机可以为大量计算机及其他网络设备提供足够的有线接入端口，以使所有设备可以接入网络。

（5）分隔冲突域

此功能和网桥的作用类似。之前介绍的集线器就相当于一条总线，所有的接入的设备都在一个冲突域中。而同一台交换机的不同的端口分处于不同的冲突域，通信时端口互不干扰。如A端口与B端口通信，不影响C端口与D端口通信。

> **✓知识点拨 同时通信**
>
> 如果A、B同时和C通信会不会采用CSMA/CD协议？答案是"不是的"。交换机不使用传统共享以太网的CSMA/CD协议，原因是交换机的每个端口之间都是独立的通信通道。在交换式以太网中，端口之间的通信是全双工的，这意味着设备可以同时发送和接收数据，而不会产生冲突。当A、B同时和C端口通信时，交换机会使用缓存机制，将数据帧存放在对应的端口缓冲区中，并按照一定的调度机制逐一处理转发，确保数据在C端口按序到达，而不会像传统以太网那样采用争夺机制。但A、B会竞争端口的带宽，也就是数据流之间会共享C端口所在总线的带宽。假设C端口所在总线的带宽是100Mb/s，如果A、B发送的数据流是均匀的，那么每个数据流所占带宽大约为50Mb/s。

2. 交换机的通信原理

交换机之所以能代替传统以太网，与其通信原理是分不开的。交换机拥有一条很高带宽的背部总线和内部交换矩阵。交换机的所有端口都挂接在这条背部总线上，控制电路收到数据帧以后，处理端口会查找内存中的地址对照表，以确定目的MAC（网卡的硬件地址）的NIC（网卡）挂接在哪个端口上，通过内部交换矩阵迅速将数据包传送到目的端口。接收端口回应后交换机会"学习"新的MAC地址与端口的对应关系，并把它添加到内部MAC地址表中。

（1）背板总线

背板总线（Backplane Bus）是交换机内部用在不同端口之间传输数据的物理通道，类似于交换机的"中央高速公路"，主要功能如下。

- **连接交换机内部模块**：背板总线将交换机的所有端口、控制模块、处理器等组件连接起来，使得数据可以在交换机内部传递。
- **数据传输通道**：为交换机端口之间的数据提供传输路径，负责将输入的数据包快速转发到目的端口。

早期的背板结构通常是共享的总线结构，所有端口共享总线带宽。这种情况下，多个端口同时传输时带宽会被共享和竞争。现代高性能交换机大多使用交换矩阵来代替传统的共享总线，提升性能。

> **知识点拨** 背板带宽的计算
>
> 背板带宽（Backplane Bandwidth）指的是交换机背板总线的总数据传输能力，一台交换机的背板带宽越高，所能处理数据的能力就越强。它通常以Gb/s或Tb/s为单位。所有端口容量×端口数量之和的2倍应该小于背板带宽，可实现全双工无阻塞交换，证明交换机具有发挥最大数据交换性能的条件。如某台交换机，说明中有24×10/100/1000BASE-T端口，2×10G BASE-T端口，4×10G SFP+端口。交换能力为336Gb/s。可以计算一下，24个口是千兆应该是24×1Gb/s=24Gb/s。其余6个口是万兆，应该是6×10Gb/s=60Gb/s。这样加起来是84Gb/s。另外需要考虑全双工，那么再乘以2。最后应该是84Gb/s×2=168Gb/s<336Gb/s。所以该交换机符合要求，可以实现全双工无堵塞的交换。

（2）交换矩阵

交换矩阵指的是背板式交换机的硬件结构，用于在各个线路之间实现高速的点到点连接。可以理解成一个网状结构，每个交换机端口都有一条专用线路直通其他端口。交换机负责整个线路的连接、中断等。有了交换矩阵，交换机就可以实现多条线路的同时工作，使每一对相互通信的主机都能像独占通信媒体一样，进行无碰撞的数据传输，而不必像集线器那样。这样就减少了冲突域，提高了网络的速度。

5.3.4 交换机的转发技术

交换机的转发技术决定了数据帧如何在交换机端口之间高效传输。不同的转发技术会影响交换机的性能、时延和处理效率。主要的转发技术包括以下几种。

1. 直通转发

交换机一旦解读到数据包的目的地址，就开始向目的端口发送数据包。通常，交换机在接收到数据包的前6个字节时，就已经知道目的地址，从而可以决定向哪个端口转发这个数据包。直通转发技术的优点是转发速率快，能减少时延和提升整体吞吐率。其缺点是交换机在没有完全接收并检查数据包的正确性之前就已经开始了数据转发。这样在通信质量不高的环境下，交换机会转发所有的完整数据包和错误数据包，这实际上给整个交换网络带来了许多垃圾通信包，交换机会被误解为发生了广播风暴。直通转发技术适用于网络链路质量较好、错误数据包较少的网络环境。

2. 存储转发

存储转发技术要求交换机在接收到所有数据包后再决定如何转发。这样交换机可以在转发之前检查数据包的完整性和正确性。其优点是：没有残缺数据包转发，减少了潜在的不必要数据转发。其缺点是：转发速率比直接转发慢。存储转发技术比较适于普通链路质量的网络环境。

3. 无碎片转发

无碎片转发是介于存储转发和直通转发之间的一种折中方案。它的目的是避免帧头损坏的情况，同时保持较低的转发延迟。交换机在接收到数据帧的前64个字节后开始转发。之所以先接收数据帧的前64个字节，是因为大多数以太网中的碰撞和错误通常会出现在帧的前64个字节中。这样可以大幅减少转发那些产生碰撞的损坏帧，以降低误码的传输。虽然相比直通转发稍有延迟，但依然比存储转发快。缺点是帧后部数据仍然可能存在错误而未被检测到。

4. 自适应转发

自适应转发结合了存储转发和直通转发的优点，根据网络条件的变化，自动选择合适的转发模式。正常情况下，交换机可能采用直通转发来实现低时延的数据转发。当网络出现错误或高误码率时，交换机会切换到存储转发模式，检查每个数据帧的完整性，避免错误数据帧的传输。所以优点是能够根据网络状况自适应调整转发模式，既能保持低时延，又能在需要时提高可靠性。缺点是复杂性较高，需要对网络情况进行实时监控，并动态调整转发策略，这增加了交换机处理的复杂性。

> ✅ **知识点拨** 切割转发
> 这是某些高端交换机中使用的混合转发技术，它在接收到足够多的帧数据时（超过关键字节，如目的MAC地址和部分数据负载）再决定转发，同时具备部分的错误检测功能。

5.3.5 交换式网络的分层结构

对于一套大中型网络系统，其交换机配置一般由接入层交换机、汇聚层交换机、核心层交换机三部分组成，如图5-30所示。

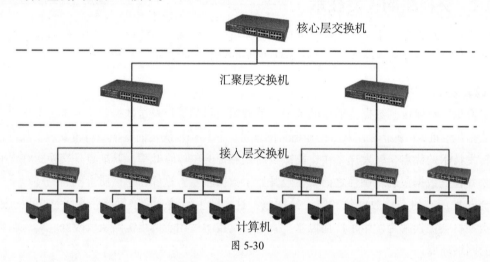

图 5-30

1. 接入层交换机

接入层的目的是允许终端用户连接到网络，因此接入层交换机具有低成本和高端口密度特性。在接入层设计时建议使用性价比高的设备，同时应非常易于使用和维护。

接入层为用户提供在本地网段访问应用系统的能力，主要解决相邻用户之间的互访需求，并且为这些访问提供足够的带宽，接入层还应当适当负责一些用户管理功能（如地址认证、用户认证、计费管理等）。

2. 汇聚层交换机

汇聚层是网络接入层和核心层的"中介"，就是在工作站接入核心层前先做汇聚，以减轻核心层设备的负荷。汇聚层必须能够处理来自接入层设备的所有通信，并提供到核心层的上行链路。汇聚层交换机与接入层交换机相比，需要更高的性能、较少的接口和更高的交换速率。汇聚层具有实施策略、安全、工作组接入、源地址或目的地址过滤等多种功能。在汇聚层中应该采用支持VLAN的交换机，以达到网络隔离和分段的目的。

3. 核心层交换机

核心层是网络的高速交换主干，对整个网络的连通起到至关重要的作用。核心层应该具有如下几个特性：可靠性、高效性、冗余性、容错性、可管理性、适应性、低时延性等。在核心层中应该采用高带宽的千兆以上交换机。核心层设备采用双机冗余热备份也是非常必要的，可以使用负载均衡功能来改善网络性能。网络的控制功能尽量不在骨干层上实施。核心层设备将占投资的主要部分。

> **知识点拨　两层结构**
>
> 上面介绍的是标准的三层结构，但也要根据实际情况，有些中小型企业中并没有那么多的客户端，所以有可能仅存在接入层和核心层或只有核心层的简单结构。

5.3.6　交换式以太网的优点

交换式以太网的主要优点如下。

1. 高效的带宽利用

由于每个设备拥有独立的通信通道和带宽，交换式以太网避免了共享带宽带来的拥塞和冲突问题。全双工模式使得数据可以同时双向传输，进一步提高了网络带宽的利用率。

2. 低时延和高吞吐量

交换机通过智能转发和减少冲突，大幅降低了网络时延，增加了网络的吞吐量。交换机可以根据帧转发模式（如直通或无碎片）进一步优化数据的传输速度。

3. 灵活的网络拓扑

交换式以太网支持多种拓扑结构，包括星形、树形、混合拓扑等，且可以通过多个交换机级联的方式来扩展网络规模。

多层交换机的引入也使得网络可以实现虚拟局域网（VLAN）、链路聚合等高级功能。

4. 冲突的消除

与集线器不同，交换机将网络划分为多个独立的冲突域，避免了共享网络中常见的冲突问题，大幅提高了网络的性能和稳定性。

5. 可扩展性

交换式以太网支持大量设备的连接，通过层级结构可以构建大型企业网络。高性能交换机可以通过堆叠、级联等方式轻松扩展网络规模和带宽。

5.3.7 交换式以太网的应用

交换式以太网现在的应用比较广,主要包括以下几个应用领域。

1. 局域网(LAN)

交换式以太网广泛应用于企业、校园、家庭等局域网中,为计算机、服务器、打印机等设备提供高速、稳定的网络连接。

2. 数据中心

在数据中心,交换式以太网是核心网络架构之一。核心交换机连接多个接入交换机,形成高效的数据交换通道,并通过链路聚合等技术提高网络带宽。

3. 企业网络

企业网络中,交换式以太网通过多层交换机实现分层结构。接入层交换机连接终端设备,汇聚层交换机负责将多个接入层交换机的流量汇聚到核心层,再由核心层交换机进行流量分发。

4. 工业控制网络

交换式以太网还被广泛应用于工业控制系统中,提供可靠的实时数据传输和低延迟通信,确保自动化设备之间的协调和控制。

5.4 以太网交换机常用功能与配置

前面介绍了很多以太网的相关知识。依托于以太网技术和各种协议,局域网可以实现很多实用的功能。而这些功能的实现,就需要在主要设备,如交换机上进行各种配置操作。下面重点介绍在以太网交换机上使用的各种常见协议以及简单的配置过程。

5.4.1 VLAN

VLAN(Virtual Local Area Network)即虚拟局域网,是一种通过将局域网内的设备逻辑地而不是物理地划分成一个个网段的技术。这里的网段是逻辑网段的概念,而不是真正的物理网段。VLAN的实现主要依靠的就是交换机。

1. VLAN 的原理

VLAN是一组逻辑上的设备和用户,这些设备和用户并不受物理位置的限制,可以根据功能、部门及应用等将它们组织起来,设备相互之间进行通信就好像在同一个网段中一样,由此得名虚拟局域网。VLAN是一种比较成熟的技术,工作在OSI参考模型的第2层和第3层。一个VLAN就是一个广播域,同一个VLAN中的设备可以互相通信。一个二层网络可以被划分为多个不同的VLAN,一个VLAN对应一个特定的用户组,默认情况下这些不同的VLAN之间是相互隔离的。不同的VLAN之间想要通信,需要通过一个或多个路由器。

VLAN的工作原理是将数据帧中的MAC地址信息与VLAN标识进行匹配。当一个数据帧到达二层交换机时,二层交换机会根据数据帧中的MAC地址信息确定该数据帧属于哪个VLAN。

如果数据帧的源和目的设备都在同一个VLAN中,则二层交换机会将数据帧转发给目的设备;否则,二层交换机会丢弃该数据帧。

2. VLAN 的优势

VLAN的优势主要包括以下几个方面。

- **增加网络灵活性**:网络设备的移动、添加和修改的管理开销减少。
- **可以控制广播活动**:每个VLAN一个网段,广播只在一个网段内泛洪,而不会传播并影响其他网段,减少了广播风波的波及范围。
- **可提高网络的安全性**:划分VLAN后,各VLAN间从逻辑上隔离开,彼此依靠路由或三层交换进行通信,通过设置后,某些VLAN可以禁止与其他VLAN通信,增加了安全性,如图5-31所示。

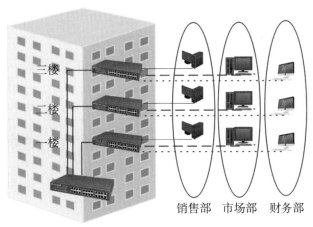

图 5-31

从图5-31中可以看到,每一层都有计算机划分到不同的部门,而不必使用物理方式将设备限制到某一区域,而且方便添加、删除。另外,如果要提高财务部的安全性,可以将财务部的VLAN隔离起来,即使使用路由器,其他的网络设备也无法访问该VLAN的设备。

3. VLAN 的标识

VLAN的标识就是VLAN的ID,用于标识数据帧所属的VLAN。当数据帧到达二层交换机时,二层交换机会根据数据帧中的VLAN ID确定该数据帧属于哪个VLAN。

VLAN ID的取值范围是0~4095,其中,0和4095为协议保留,因此可用VLAN ID的范围是1~4094。在实际应用中,通常会将VLAN ID分为以下几类。

- **VLAN ID默认为1**。默认情况下,所有连接的设备都属于VLAN 1。为交换机的VLAN 1配置IP,就可以远程管理该交换机了,所以VLAN 1也被称为管理IP。许多管理协议(如SNMP、VTP等),会使用VLAN 1来传输管理信息。
- **保留VLAN**:保留VLAN的ID为0和4095。这些VLAN保留供将来使用。
- **正常VLAN**:正常VLAN的ID为2~1005。正常VLAN是最常用的VLAN类型。
- **扩展VLAN**:扩展VLAN的ID为1006~4094。扩展VLAN是在VTP模式为透明时才能使用。

> **知识点拨** VLAN ID号使用注意事项
> 在使用VLAN ID时需要注意不能将保留VLAN ID分配给任何端口，而且应尽量使用正常VLAN，而不是扩展VLAN。

4. VLAN 的封装协议

VLAN封装协议的作用是将VLAN信息封装到数据帧中，以便交换机和其他网络设备可以识别数据帧所属的VLAN。常见封装协议有以下几种。

（1）思科专用的标记（ISL）

ISL（Interior Switching Link）是思科专有的VLAN封装协议，用于在思科交换机之间传输VLAN信息的数据帧。ISL封装会在数据帧的头部添加一个30B的ISL标记，用于标识数据帧所属的VLAN并提供其他信息。其中包括26B的ISL报头和4B的帧检验序列（FCS），如图5-32所示。由于ISL标记长度较长，因此可以携带更多信息，支持更多的功能，如QoS等，但同时开销也较大。

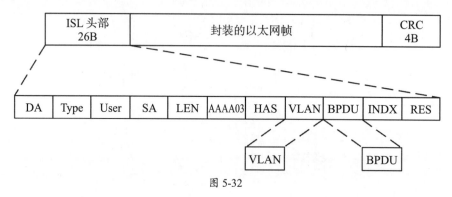

图 5-32

（2）IEEE 802.1q标记

IEEE 802.1q也称为Dot1q，是IEEE开发的标准VLAN封装协议。它用于在以太网帧中添加一个4B的VLAN标记，如图5-33所示。用于标识数据帧所属的VLAN，适用于不同厂商生产的交换机。该标记长度仅为4B，开销小并且支持扩展VLAN。

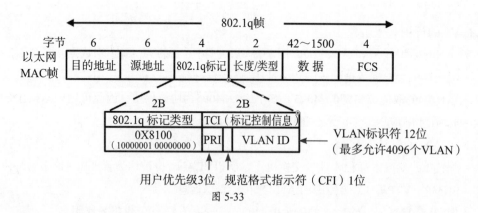

图 5-33

5. VLAN 的划分依据

VLAN可以基于多种方法进行划分，常用的有以下三种。

（1）基于端口的划分

该方法将交换机的端口分配到不同的VLAN中，也是最常用的划分手段。优点是配置简单。缺点是如果该用户离开了该端口，则要根据新端口重新设置，并要删除原端口VLAN配置信息，否则任何加入该端口的设备都可以访问该VLAN中的其他设备，安全性较低。

（2）基于MAC地址的划分

该方法根据设备的MAC地址来确定该设备属于哪个VLAN。优点是无论用户移动到哪个位置，只要连接交换机即可与同VLAN设备通信。缺点是要输入所有用户的MAC信息与VLAN对应关系，不仅配置烦琐，而且降低了交换机的执行效率。

（3）基于协议的划分

该方法根据数据帧中的协议来确定该设备属于哪个VLAN。优点是用户改变位置，不需要重新配置所有的VLAN信息，不需要附加帧标识来识别VLAN，缺点是效率低，而且普通的二层交换机一般无法支持该功能。

6. 单交换机划分VLAN隔离设备通信

在了解了VLAN以及VLAN的划分命令后，可以通过实验来了解和配置VLAN。下面以简单的单交换机为例，通过划分VLAN来让主机隔离网络，拓扑图如图5-34所示。

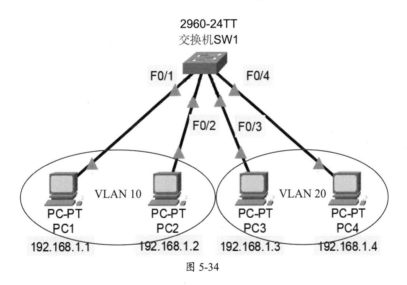

图 5-34

拓扑说明：交换机使用F0/1～F0/4接口分别连接PC1～PC4。PC1和PC2属于VLAN 10，PC3和PC4属于VLAN 20。图5-34中指明的是PC，实质上是交换机对应的端口加入VLAN。

> **注意事项** IP的配置说明
> 正常情况下，不同VLAN的IP地址应该属于不同网段，但不同网段的设备本身也无法依靠交换机进行互通。所以这里采用同一网段的IP地址，主要目的是进行结果的测试。该IP的配置只限于本实验，日常使用时，不同VLAN仍需设置不同网段的IP。

步骤01 按照拓扑图添加并连接设备，进入所有PC的"IP配置"中，为PC配置相应的IP地址。配置正确后，此时PC1可以与PC3通信，如图5-35所示。

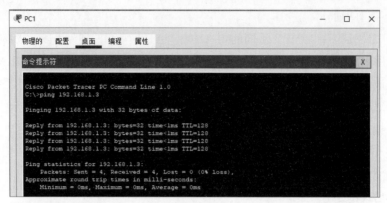

图 5-35

步骤 02 接下来进入交换机SW1中，创建VLAN 10与VLAN 20，并进入F0/1接口中，将其加入到VLAN中，命令及执行效果如下：

```
Switch>en                                              //进入特权模式
Switch#conf ter                                        //进入配置模式
Enter configuration commands, one per line.  End with CNTL/Z.
Switch(config)#host SW1                                //设置设备名
SW1(config)#vlan 10                                    //创建VLAN 10
SW1(config-vlan)#vlan 20                               //创建VLAN 20
SW1(config-vlan)#in f0/1                               //进入接口模式
SW1(config-if)#sw mo ac                                //将接口设置为接入模式
SW1(config-if)#sw ac vlan 10                           //将接口加入VLAN 10
SW1(config-if)#no sh                                   //打开接口
SW1(config-if)#in f0/2                                 //进入接口F0/2
SW1(config-if)#sw mo ac
SW1(config-if)#sw ac vlan 10
SW1(config-if)#no sh
SW1(config-if)#in ra f0/3-4                            //进入连续接口模式
SW1(config-if-range)#sw mo ac
SW1(config-if-range)#sw ac vlan 20
SW1(config-if-range)#no sh
SW1(config-if-range)#do wr                             //保存配置
```

完成后查看当前的VLAN状态：

```
SW1#show vlan bri
VLAN Name                             Status    Ports
---- -------------------------------- --------- -------------------------------
1    default                          active    Fa0/5, Fa0/6, Fa0/7, Fa0/8
……
10   VLAN0010                         active    Fa0/1, Fa0/2     //属于VLAN10
20   VLAN0020                         active    Fa0/3, Fa0/4     //属于VLAN20
……
```

步骤 03 此时使用PC1与其他的主机通信，可以看到，除了PC2，PC3与PC4已经无法连接，如图5-36所示，而PC3与PC4之间是可以通信的，如图5-37所示。

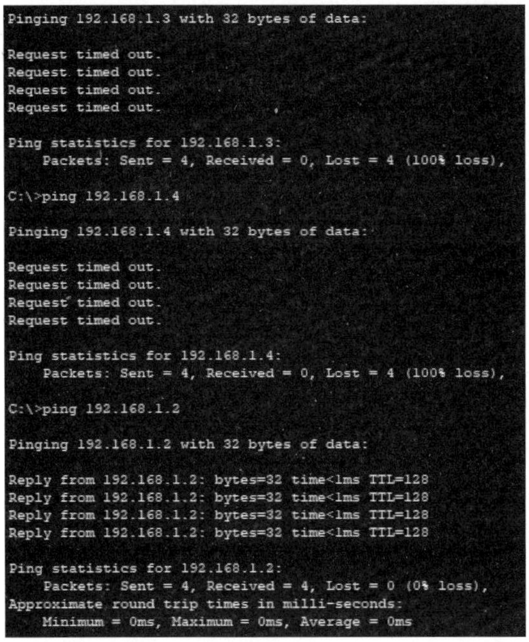

图 5-36

图 5-37

5.4.2 生成树协议

如果交换机发生了逻辑环路，就会产生广播风暴。为了防止这种情况，就出现了生成树协议，使用这种技术可以有效地预防广播风暴，并可以实现线路的冗余备份。

1. 广播风暴的产生

一个数据帧或包被传输到本地网段上的所有节点就是广播；由于网络拓扑的设计和连接问题，或其他原因导致广播包在网络内大量复制、传输，并充斥整个网络，且无法处理，并占用大量网络带宽等资源。这样就会导致网络性能下载，正常业务不能运行。严重时整个网络甚至因此彻底瘫痪，这就是"广播风暴"。

产生广播风暴的原因很多，包括网线短路、病毒、环路，如图5-38所示。其实，两台交换机如果没有配置相应的功能，或者直接使用傻瓜交换机，用两根线连接，也会产生广播风暴。

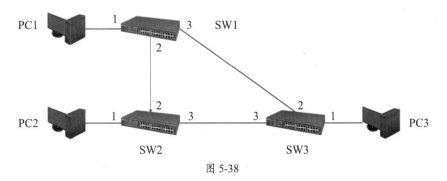

图 5-38

在图5-38中，如果PC1要和PC4通信，由于不知道其MAC地址，就会发送广播帧。交换机SW1接收之后，查看MAC地址表，发现没有PC4的MAC信息，就将该数据从2、3号口发送出去。该数据到达SW2后，做同样的工作，并从1、3端口发出。1号口的PC2会将该帧丢弃。在SW3中，会收到SW1、SW2发送过来的帧，又会分别发送到其余两个端口，然后一遍遍循环下去，最后，整个网络中全是这种广播帧，耗尽交换机资源后网络崩溃。而生成树协议就可以有效地防止这种情况的发生。

2. 生成树协议简介

生成树协议（Spanning Tree Protocol，STP）是一种用于以太网交换网络中的链路管理的协议，其主要作用是避免网络中的环路，确保冗余链路的情况下，网络数据帧能够稳定、安全地传输。生成树协议是由IEEE 802.1d标准定义的，它通过阻断冗余路径的某些端口来避免环路形成，保持网络的无环拓扑结构。例如，图5-38中，通过生成树协议的计算，可以将SW1和SW3的链路从逻辑上关掉，形成没有环路的拓扑结构，如图5-39所示。

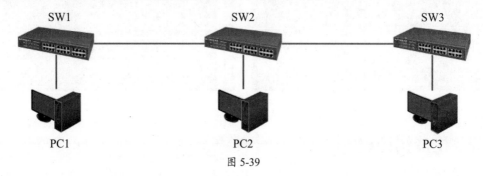

图 5-39

而关闭的链路也不是没有作用，它起到链路冗余备份的功能。在其余链路发生故障时，会自动启用该链路，以保证所有设备仍然可以通信。

3. 生成树协议的计算

生成树协议的计算比较复杂，简单来说，生成树协议首先根据交换机的MAC地址选择根桥交换机，然后计算根端口到达其他交换机的路径代价，找代价低的路径。到达的交换机端口为指定端口，发出的端口为根端口。最后肯定有线路未使用，或者说端口为非根、非指定端口，交换机就会禁用该端口，然后通过BPDU通知其他所有交换机，这样就完成了生成树协议收敛，最后，完成生成树协议的计算，环路消失，变成了正常的数据链路。

> **知识点拨 BPDU**
> BPDU是一种二层报文，目的MAC地址是组播地址01-80-C2-00-00-00，所有支持生成树协议的交换机都会接收并处理收到的BPDU报文。该报文中包含用于生成树计算的基本信息。

4. 生成树协议的配置

由于思科设备在判断环路的情况下会自动启动PVST+协议，如果未使用该协议，可以使用spanning-tree mode pvst命令启用PVST+协议。这里首先让其自动进行生成树协议的协商，拓扑图如图5-40所示。然后再按VLAN执行PVST+。

经过其自动协商，将SW1的F0/2端口进行堵塞，形成正常的树状结构。此时可以使用show

spanning-tree命令查看三个交换机关于VLAN 1的生成树状态。

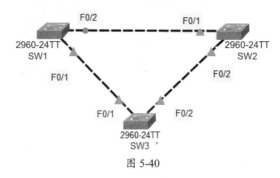

图 5-40

接下来根据拓扑图对交换机SW1进行基本配置,包括创建VLAN 10、VLAN 20,并配置接口Trunk模式。SW2、SW3、SW1中命令相同。

```
SW1(config)#vlan 10
SW1(config-vlan)#vlan 20
SW1(config-vlan)#in ra f0/1-2
SW1(config-if-range)#sw mo tr                           //将链路改为Trunk模式
SW1(config-if-range)#do wr
```

接下来对不同VLAN进行根交换的设置,可以使用spanning-tree vlan VLANID root primary命令,让执行命令的交换机成为指定VLANID的根网桥。

也可以通过"spanning-tree vlan VLANID priority 优先级值"命令设置该交换机的优先级,值越小,级别越高,默认为32768,一般设置为4096,就可以成为根网桥了。

接下来为实现负载均衡,将SW1设置为VLAN 1的根网桥,SW2设置为VLAN 10的根网桥,SW3因为默认是所有VLAN的根网桥,所以不用修改,就是VLAN 20的根网桥。

SW1中:

```
SW1(config)#spanning-tree vlan 1 root primary
```

SW2中:

```
SW2(config)#spanning-tree vlan 10 priority 4096
```

此时所有端口都处于转发状态,模拟器中的逻辑链路图上也没有阻塞的节点,成功地做到了负载均衡。

5.4.3 链路聚合

链路聚合技术可以在现有硬件的条件下,无须升级设备,就能提高核心交换机之间的连接带宽,极大地改善网络质量,非常经济。需要注意的是,如果开启了生成树协议,需要先关闭生成树协议才能配置链路聚合。

1. 认识链路聚合

链路聚合是指将两台交换机的多个物理端口使用数据线连接起来,组合成一个逻辑端口,相当于捆绑在一起进行数据传输，从而增大链路的带宽，以实现出/入流量在各成员端口中的负载平衡。另外多条数据线路还可以起到冗余备份的作用。

2. 链路聚合的优势

链路聚合技术的优势包括以下几点。

- **提高带宽**：该技术可以将多条物理以太网端口聚合成一条逻辑链路，从而提高链路的带宽。
- **提高冗余性**：该技术可以提高冗余性，如果其中一个物理端口发生故障，数据包仍可以通过其他物理端口进行传输。
- **降低成本**：该技术可以利用现有的以太网端口来提高带宽和冗余性，而无须购买新的昂贵的硬件设备。

> **知识点拨** 链路聚合的模式
>
> 链路聚合技术包括以下两种模式。
> - 静态模式：在静态模式下，管理员需要手动配置每个物理端口的属性，使其成为组的一部分。
> - 动态模式：在动态模式下，交换机可以自动检测并配置物理端口，使其成为组的一部分。

3. 链路聚合的注意事项

在使用链路聚合技术时，需要注意以下事项。

- 所有要聚合在一起的物理端口必须具有相同的速率和双工模式。
- 所有要聚合在一起的物理端口必须连接到同一个交换机。
- 如果要使用动态模式，则交换机必须支持相应的协议，例如端口聚合协议（PAgP）或链路聚合控制协议（LACP）。
- **VLAN 匹配**：必须将链路聚合中的所有接口分配到相同VLAN中，或配置为Trunk。

4. 链路聚合功能的配置

链路聚合功能的实现比较简单，首先将需要聚合的端口连接起来，然后进入所有聚合的端口中进行配置即可。拓扑图如图5-41所示。

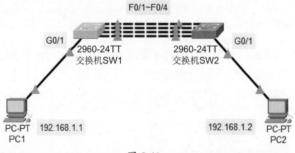

图 5-41

其中PC1和PC2都属于VLAN 10，SW1和SW2之间做链路聚合，并且启动Trunk来传输VLAN信息。

步骤01 按拓扑图添加及连接设备，配置PC的IP地址和子网掩码。

步骤02 进入到SW1中进行基础配置，创建VLAN 10，将接口G0/1加入到VLAN 10中。

```
Switch>en
Switch#conf ter
Enter configuration commands, one per line.  End with CNTL/Z.
Switch(config)#host SW1
SW1(config)#vlan 10
SW1(config-vlan)#in g0/1
SW1(config-if)#sw mo ac
SW1(config-if)#sw ac vlan 10
```

按照同样的方法配置SW2，除了设备命名外，命令是相同的。

步骤 03 进入SW1中配置链路聚合，将F0/1~F0/4端口绑定，并且设置为Trunk模式。

```
SW1(config)#in ran f0/1-4                                      //进入接口组中
SW1(config-if-range)#channel-group 1 mode on                   //定义聚合链路1
Creating a port-channel interface Port-channel 1               //系统提示创建成功
%LINK-5-CHANGED: Interface Port-channel1, changed state to up
%LINEPROTO-5-UPDOWN: Line protocol on Interface Port-channel1, changed state to up
SW1(config-if-range)#exit                    //一定要退出再执行下面的命令，否则会出现问题
SW1(config-if)#in port-channel 1                               //进入到聚合链路1中
SW1(config-if)#sw mo tr                                        //设置为Trunk模式
SW1(config-if)#exit
SW1(config)#do wr
```

进入SW2中，按照同样的命令设置即可。配置完毕后，连接的端口均可正常工作，并一起完成交换机之间的数据传输，从而增大交换机之间的连接带宽。

5.4.4　PoE技术

PoE技术就是在以太网中使用双绞线传输数据并传输电能。一些设备的安装位置不易取电，可以采用PoE供电，如网络监控系统中的摄像头（图5-42），以及各种无线AP接入点都经常使用PoE交换机进行供电。

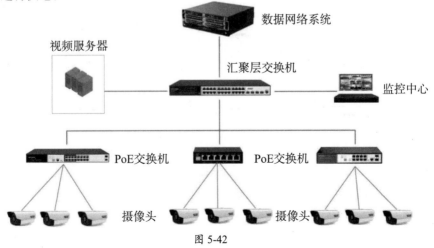

图 5-42

5.5 家庭和小型公司局域网的组建

家庭和小型公司局域网是非常常见的网络，这两类局域网的组建简单、方便且成本较低，用户可以按照图5-1所示的拓扑图来购买网络产品并进行连接，进行简单设置后，就可以完成小型局域网的组建。

5.5.1 设备的选择

根据家庭的居住面积和所需的功能来采购设备，包括路由器（一般是无线路由器）、交换机（如果家庭有线设备较多可以使用，如果有需要供电的终端设备，则需选择PoE交换机），就可以完成局域网核心的搭建。如有需要，可以购买其他网络设备，如无线网络设备（Mesh子路由、无线AP、无线控制器等无线接入点设备等）、电力猫（无法布线的情况使用）、旁挂路由器（实现代理上网使用），以及终端产品（网络存储服务器、无线及有线的终端设备等）。路由器和无线产品将在后面的章节重点介绍。

在设备的选择上，根据所需功能和资金情况，选择具有对应功能的产品，尽量选择支持下一代协议的设备，方便以后的升级和设备间的协作。

5.5.2 核心设备的连接

根据设备的种类和连接方式，使用相应的网线接入即可。关键是核心设备之间的连接和配置，其他产品可以根据需要附加在核心设备和网络上。

1. 连接光纤猫和路由器

光纤猫一般都有LAN口，也叫"千兆口"，如图5-43所示，用来连接到路由器的WAN口（有些也叫INTERNET口），如图5-44所示。如果路由器接口是自动识别的，那么插哪一个口都可以。另外光猫上有可能有IPTV接口，是连接电视的，不要接在该接口上。

图 5-43　　　　　　　　　　　　图 5-44

因为网线支持热插拔，所以无论设备通电与否都可以用网线连接。

2. 无线路由器与交换机连接

如果仅是几个房间的网线需要连接，可以直接连接路由器的LAN口。如果信息点过多，就需要使用交换机。无线路由器和交换机的连接比较简单，用网线将图5-44所示的无线路由器的LAN口与交换机的Uplink（上行）口连接，没有该口也可以直接连接交换机的LAN口，有些交换机没有标出LAN口，就接入数字接口，如图5-45所示。

图 5-45

3. 交换机与信息点的连接

将提前布置好的所有信息点的网线全部接入交换机的LAN口即可。

4. 信息点与设备的连接

信息点与终端设备，如电视、计算机等连接，只要使用网线，连接信息点所在的信息面板的网络口（图5-46）即可，与计算机等设备的RJ-45（网线接口），如图5-47所示。

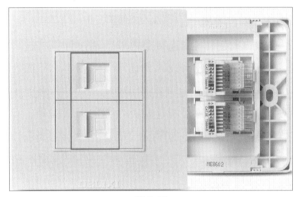

图 5-46

图 5-47

5. 信息盒中的设备布置与无线路由器的位置

一般弱电线包括入户的光纤会在信息盒中汇集，如图5-48所示。信息盒根据用户所使用的设备安放到合适的位置即可，记得预留强电的接口，以便给路由器和交换机供电。

无线路由器的摆放有以下三种。

一种是将无线路由器安放在信息盒中，好处是在信息点数量较少的情况下，只要使用一台无线路由器就可以连接所有信息点。缺点就是信息盒会屏蔽无线信号，造成无线信号较弱。

图 5-48

另外一种接法是在客厅到信息盒布置两条六类双绞线，将路由器布置在客厅，一条线连接光猫（信息盒）和无线路由器（客厅），另一条连接交换机（信息盒）和无线路由器（客厅）。这样就必须用到交换机。优点是此时无线信号的强度优于其在信息盒中的信号强度，缺点是需要交换机，且需要提前在客厅和信息盒间布置2根网线。

最后一种就是在客厅等处布置无线吸顶AP（图5-49），或无线面板AP。并连接到信息盒的交换机中（或PoE交换机）。通过无线控制器管理，效果好但是投入较大。

> **知识点拨** **Mesh组网**
>
> Mesh组网是近年来非常流行的组网方式，通过Mesh路由器，可以达到全屋覆盖，且移动时信号不会中断。用户可以根据房间的实际情况，规划并购买合适数量的Mesh产品，布置在全屋的合理位置（还可以采用有线或无线的两种回程方式），通过设备的自动配对后就可以完成组网。

图 5-49

5.5.3 核心设备的配置

因为小型局域网中使用的交换机很少，一般只有一台。并且没有大中型企业的多设备、多功能、备份冗余等要求，一般都是傻瓜式配置，即插即用，一般只对路由器进行设置，包括设置登录路由器的安全密码、无线参数及密码、拨号上网的参数等。

设置的方式，可以通过手机连接进行设置。也可以使用网线连接路由器，通过计算机进行设置。在配置前，需要通过网线连接光猫和路由器，并且保证网线和光猫均工作正常。下面介绍手机连接设置无线路由器的操作步骤。

步骤01 插上电源，启动无线路由器。等待一段时间后，用手机连接路由器的无线信号。无线信号名称及无线密码可以参考说明书或路由器背部说明，如图5-50所示。有些路由器需要安装App后再通过App扫码进行连接配置。打开App会发现新设备，单击"立即配置"按钮，如图5-51所示。

图 5-50

图 5-51

步骤02 选择路由器的工作模式,点击"创建一个Wi-Fi网络"卡片,如图5-52所示。

步骤03 登录后,路由器会自动检测当前的上网方式,一般是PPPoE,也就是宽带拨号上网,点击该卡片,如图5-53所示。

图 5-52

图 5-53

知识点拨 忘记了PPPoE账号、密码

一般在进行宽带安装时,会告知用户宽带拨号的账户名和密码,也就是PPPoE的账号、密码,以便用户通过路由器拨号连网时认证。如果忘记,可以致电运营商,核对身份后,帮助用户重置密码。有些运营商的网站也支持用户自己重置密码。

步骤04 输入运营商给予的账号和密码,点击"下一步"按钮,如图5-54所示。

步骤05 设置无线网络的名称和密码,点击"下一步"按钮,如图5-55所示

图 5-54

图 5-55

步骤 06 设置路由器的管理密码，如图5-56所示。

步骤 07 保存配置后，完成路由器的设置，点击"连接Wi-Fi"按钮，连接无线网，如图5-57所示。

图 5-56

图 5-57

路由器配置完毕后，其他有线设备接入交换机或无线路由器的有线接口，就可以自动连接网络。无线产品需要通过其无线配置界面来配置无线接入的参数（无线ID和无线密码），以便连接无线路由器。

基本配置完毕后，可以通过无线路由器管理App设置其他的功能和对应的参数，或者在设备之间配置协作功能。

✅知识点拨 企业级局域网的组建

大中型企业级局域网的组建涉及的知识范围非常广，包括网络和IP地址的规划、设备的选型、项目的实施，企业级设备的配置等。要求非常专业，且需要考虑可行性、功能实现技术、安全性、冗余备份、后期维护、成本等多方面因素。常见的大中型企业级网络拓扑图如图5-58所示。

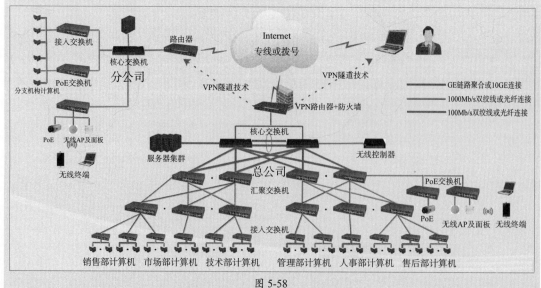
图 5-58

知识延伸：思科模拟器的使用

在前面介绍交换机功能时，介绍了交换机的配置。如果读者想学习这方面的知识，就需要在交换机或路由器上进行实际的配置操作。由于所需设备数量较多、档次较高，造成了学习成本较高，所以厂商会开发一些模拟器来模拟真实的设备和配置环境，以便用户学习。不同的设备厂商开发的模拟器不同，如思科、华为等均有相应的模拟器。下面以常见的思科模拟器为例向读者介绍使用方法。

1. 模拟器的注册与下载

思科模拟器全称为Cisco Packet Tracer，以下简称PT，虽然网络上有很多不同版本的PT可直接下载，但还是建议用户从思科官网中下载相应版本进行学习。

步骤01 用户从思科官网中找到并进入"学习者"中，单击Packet Tracer按钮，如图5-59所示。

步骤02 查看教程后，会提示用户进行注册，按照实际情况填写即可，如图5-60所示。

图 5-59

图 5-60

步骤03 通过注册邮箱查看验证邮件，进入设置密码的界面，按要求设置密码，如图5-61所示，即可创建账户。

步骤04 进入账户，从下载中找到并下载相应版本的PT，如图5-62所示。

图 5-61

图 5-62

2. 模拟器的安装与登录

PT 的安装和普通软件类似，同意协议并设置安装位置即可安装，如图 5-63 所示。启动软件后，使用之前注册的思科账户即可登录使用，如图 5-64 所示。

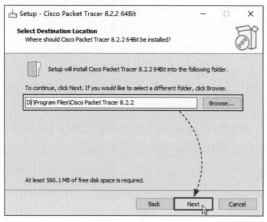

图 5-63

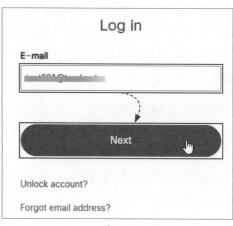

图 5-64

3. 添加设备进行实验

在主界面左下角有设备列表，可以通过拖曳的方式将设备添加到工作区中使用，如图 5-65 所示。并根据实验要求连接设备（同种设备使用交叉线，异种设备使用直通线）。

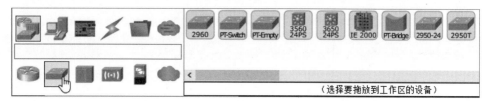

图 5-65

等待设备启动完毕后，双击设备图标，如图 5-66 所示，就可以进入设备的配置界面中进行各种功能配置，如图 5-67 所示。模拟器功能非常强大，可学习各种网络必备技能。

图 5-66

图 5-67

第6章 局域网互联技术

局域网内部高速通信主要依赖交换机，而局域网之间通信或者局域网不同网络、不同VLAN之间的通信就需要使用另一种网络设备——工作在网络层的路由器了。路由器属于网关设备，可以连接不同的网络，并依据IP地址进行寻址。前面介绍了局域网及局域网内部的通信技术，本章着重介绍局域网互联技术。

要点难点

- 局域网互联概述
- 认识路由器
- 路由选择协议
- 路由协议的配置

6.1 局域网互联概述

局域网可以在内部共享各种资源，如果要连接其他局域网或者广域网，就需要使用局域网互联技术。局域网互联涉及多种网络技术和协议，如网关、TCP/IP 协议等内容。下面首先介绍局域网互联的基础知识。

6.1.1 认识局域网互联

局域网互联是指将两个或多个局域网（LAN）通过网络设备和相应的通信技术连接起来，使其能够相互通信和资源共享。随着企业规模扩大和网络需求的增加，局域网的互联变得尤为重要。互联技术可以将局域网扩展到更大的网络中，如广域网（WAN）或其他区域网络。

局域网互联的主要目的如下。

- **资源共享**：通过局域网互联，不同物理网络中的用户可以共享文件、打印机、服务器的资源等。
- **统一管理**：使企业内部不同部门或分支机构的网络能够进行统一管理和维护，降低运维成本。
- **扩大网络规模**：可以将多个小型的局域网连接起来，形成一个更大的网络，提高网络的覆盖范围。
- **数据交换**：确保不同网络之间能够安全、高效地传输数据。
- **提高网络可靠性**：通过互联技术，提供冗余连接，在网络出现故障时仍然能保持通信。

6.1.2 局域网互联的类型

根据互联规模和技术，局域网互联的方式可以分为以下几类。

1. 局域网到局域网互联

这是最常见的互联方式，指两个或多个局域网直接互联，通常使用交换设备（主要是交换机）连接。交换机通常用于连接多个局域网，支持高效的二层转发，并能提供多端口的高速数据传输。使用交换机进行通信，需要局域网之间使用相同网络的地址，如果存在不同网络的局域网互联，需要路由器的支持，跨多个网络的局域网互联必须使用路由器。

2. 局域网到广域网互联

如果局域网之间的物理距离较远（如跨城市、跨国家），则需要通过广域网来互联。这种场景下，通常也会使用路由器进行互联。

路由器工作在网络层，负责将不同子网或网络连接起来，决定数据包的最佳路径并转发。路由器可以连接局域网与广域网，并根据 IP 地址进行数据的分发和路由选择。

3. 虚拟局域网互联

虚拟局域网（VLAN）技术允许将同一物理网络中的设备划分为不同的逻辑网络，通过配置交换机的 VLAN 功能，使网络中的设备根据业务需求进行逻辑隔离和互联。

如果需要VLAN之间互联通信，需要通过三层交换机或路由器来完成。当需要在多个交换机之间传输VLAN流量时，通常会使用Trunk链路，在同一物理链路上承载多个VLAN的流量。

6.1.3 局域网互联的关键设备与技术

局域网互联的关键技术就是路由技术，而实现路由技术的关键设备就是路由器。

1. 路由技术与设备

路由器用于实现不同网络段之间的互联，它属于网络层的设备，基于IP地址进行路径选择和转发。路由器可以连接多个局域网或者异构网络，通过统一遵循的协议，使得不同网络中的主机能够互相通信。

2. 交换技术与设备

这里的交换技术主要指三层交换技术，实现的设备就是三层交换机。三层交换机不仅能够基于MAC地址进行数据包的二层转发，还能基于IP地址进行三层路由选择，提升了网络的灵活性和扩展性。

3. 隧道技术

在局域网互联中，隧道技术通常用于加密和保护跨广域网传输的数据。隧道技术通过在广域网上创建虚拟链路，实现远程局域网的安全互联，常见的隧道协议包括GRE、IPSec、PPTP、L2TP等。

6.1.4 局域网互联的挑战和应对

局域网互联并不是没有挑战，特别需要注意以下几方面。

1. 地址冲突

不同局域网的设备可能使用相同的IP地址范围，导致地址冲突。通过使用子网划分或使用网络地址转换（NAT）可以解决这个问题。

2. 网络安全

局域网互联后，网络规模扩大会面临更多的安全威胁。网络管理员需要使用防火墙、VPN和入侵检测系统等安全技术，防止外部攻击和内部威胁。

3. 带宽和性能

多个局域网的互联会增加数据流量，可能导致带宽瓶颈。可使用前面介绍的链路聚合技术增加链路带宽。

> **知识点拨** 局域网互联应用
>
> 局域网互联的主要应用有以下几类。
> - **企业总部与分支机构的互联**：通过路由器和VPN技术实现远程办公和统一管理。
> - **数据中心互联**：通过高性能交换机和多层交换技术，将多个局域网集群连接在一起，形成高速的数据中心网络。
> - **校园网**：校园内部多个部门的局域网通过交换机和路由器进行互联，实现资源共享和集中管理。

6.2 认识路由

前面多次出现了路由、路由器等术语。其实路由器就是依据路由协议进行寻址，并进行数据转发的设备。所以路由器的核心作用就是路由，而谈到路由也离不开路由器。下面介绍路由的相关知识。

6.2.1 路由的基本概念

路由是指在计算机网络中，决定数据包从源地址到达目的地址的路径选择过程。它由专门的网络设备（路由器）根据特定的路由协议和算法，自动或手动选择最佳路径，将数据包传输到目的地。

1. 路由器

实现路由功能的设备就是路由器，负责不同网络之间的数据包转发。路由器根据目标IP地址选择最佳路径，确保数据能够高效传送。

2. 路由表

路由器通过维护一张路由表来记录网络的路径信息。路由表包含目的网络的地址、下一跳地址（下一台路由器）、接口等信息。

3. 路由协议

用于在网络设备之间交换路由信息，帮助设备自动建立和更新路由表的策略集合，常见的协议有RIP、OSPF、BGP等。

6.2.2 路由器的工作过程

路由器在加入网络后，会自动地定期同其他路由器进行沟通，将自己连接的网络信息发送给其他路由器，并接收其他路由器的网络宣告包（其他路由器所连接的网络信息），然后更新自己的路由表，等待接收数据包并按照路由表进行数据转发。路由器的工作原理如图6-1所示。

图 6-1

如果R2收到数据包，会首先拆包并查看目的设备的IP地址，如果目的设备是在20.0.0.0网段，查看路由表后从接口1直接发出。如果目的设备是30.0.0.0网段，查看路由表后会从接口2直接发出。如果目的设备是10.0.0.0或者40.0.0.0网段，则检查路由表，通过对应的下一跳地址或者接口将数据包发送出去。如果没有到达目的网络的路由项，则查看是否有默认路由，将包发给默认路由即可。这样最终一定可以找到目的主机所在目的网络上的路由器（可能要通过多次的间接交付）。只有到达最后一个路由器时，才试图向目的主机进行直接交付。如果确实找不到目的网络，则会报告转发分组错误。

> **知识点拨** **隔绝广播域**
> 如果R1左侧的端口收到了目的设备是在10.0.0.0网络的数据包（如广播包），查看路由表后，发现该网络就在左侧收到数据包的端口。此时，R1不会将数据转发到其右侧的网络，从而隔绝了广播域。如果左侧发生了广播风暴，也不会影响其他网络的通信。

IP数据报的首部中没有地方可以用来指明"下一跳路由器的IP地址"。当路由器收到待转发的数据报，不是将下一跳路由器的IP地址重新封装到IP数据报中，而是送交网络接口层。网络接口层使用ARP解析协议，将下一跳路由器的IP地址转换成硬件地址（MAC地址），并将此MAC地址重新封装到MAC帧中链路层信息的首部（也就是目的MAC地址），然后根据这个硬件地址发送给下一跳路由器。转发过程中，数据包MAC信息会被修改，但IP信息是固定不变的，如图6-2所示。

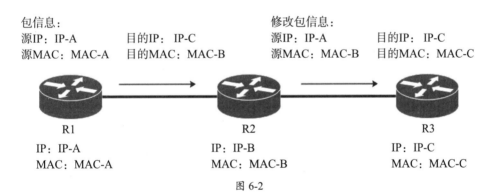

图 6-2

可以从图6-2中看出几个关键信息。一是源IP地址和目的IP地址是始终不变的。这是因为数据包在进行转发时，每个路由器都要查看目的IP地址，然后根据目的IP的网络决定转发策略。当包返回时，也同样必须知道源IP地址。

而MAC地址是直连设备通信使用的，随着设备的跨越，不断改变，通过下一跳的IP地址，求出MAC地址，然后将包发送给下一跳的目的设备。路由器的数据链路层进行封包时，将MAC地址重写，然后进行发送。所以MAC地址是直连的网络才可以使用，是直连的点到点的传输。而IP地址，可以跨设备，是端到端的传输。

所以只要保证支持参考模型的下三层，就可以将数据包转发到指定目的。而这三层的作用也是尽最大努力进行数据的交付。

> **知识点拨　尽最大努力交付**
>
> 在网络中，网络设备一般支持下三层协议（物理层、数据链路层、网络层）就可以进行数据的寻址和转发。网络设备的目的就是尽最大努力完成数据包到目的地的交付任务。其他的功能（差错处理、流量控制等）由上层进行管理即可。这样做，可以保障网络设备的高效率和低故障率。好处是网络的造价大大降低，运行方式灵活，能够适应多种应用。因特网能够发展到如今的规模，充分证明了当初采用这种设计思路的正确性。

6.2.3　两种数据传输模式

网络层共有两种数据传输模式，用于描述网络如何管理和传输数据，并决定路由器如何处理数据包。

1. 虚电路服务

虚电路服务是一种面向连接的传输模式，类似于电话通信。使用虚电路时，通信双方在传输数据之前必须先建立一个虚拟的连接，如图6-3所示。这种连接并不是真正的物理电路，而是通过路由器在网络中临时创建的一条逻辑路径。在传输期间，所有的数据包都沿着这条路径，按照存储转发的方式传送，直到通信结束。

在虚电路服务中，路由是预先计算和确定的。路由器在虚电路建立阶段就确定了通信双方的路径，并保持该路径不变。

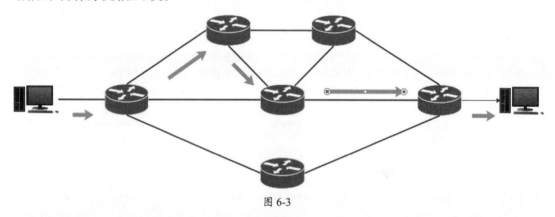

图 6-3

虚电路服务的特点如下。
- 虚电路认为应该由网络层来确保可靠通信。
- 必须建立网络层的连接。
- 在两端之间建立虚链路后，每个分组使用短的虚链路号来进行数据传输，不需要每个分组标记终点地址。
- 一个虚电路的所有数据分组均按照统一路线进行传输。
- 当中间的某一节点出现故障后，虚电路就无法工作了。
- 传输时，按照顺序进行发送，接收端也按照顺序进行接收。
- 差错控制和流量控制可以由网络层负责，也可以由上层协议负责。
- 传输时延较小，因为路径在建立时已经确定。
- 适合需要稳定带宽和可靠性的应用，如视频会议、语音通信。

2. 数据报服务

与虚电路服务不同，数据报服务是一种无连接的传输模式，类似于邮政系统中的邮件投递。使用数据报服务时，每个数据包独立发送，并且每个包都包含完整的目的地址。路由器根据每个数据包的目的地址，独立地选择传输路径，如图6-4所示。这意味着数据包在传输时可能会通过不同的路径到达目的地，顺序可能会发生变化。在数据报服务中，路由是动态的，每个数据包在传输时，路由器根据当前网络状况决定下一跳的路径，因此路径选择是实时进行的。

数据报服务有以下特点。

- 网络层向上只提供简单灵活的、无连接的、尽最大努力交付的数据报服务。
- 每个分组都有独立的完整地址，每个分组独立选择路由进行转发。
- 网络在发送分组时独立传输，不需要先建立连接。每一个分组（即IP数据报）独立发送，与其前后的分组无关（不进行编号）。
- 每个数据包根据当前的网络状况独立选择路径，路由器逐跳转发。
- 网络层不提供服务质量的承诺，即所传送的分组可能出错、丢失、重复和失序（不按序到达终点），也不保证分组传送的时限，所有可靠的通信由上层协议保证。
- 出现故障后，仅仅丢失部分分组数据，网络路由有所变化。
- 适合网络负载不稳定或无须严格顺序的应用，如普通网页浏览和电子邮件。

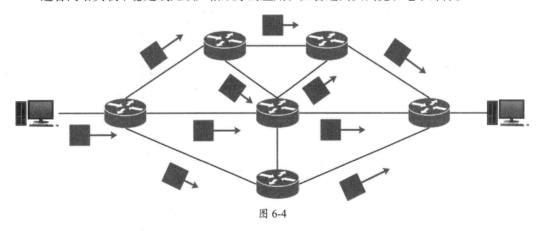

图 6-4

6.2.4 路由的类型

常见的路由类型有三种，包括静态路由、动态路由和默认路由。

1. 静态路由

静态路由是由网络管理员手动配置的路由条目，固定在路由表中，除非管理员手动修改或删除，否则静态路由不会自动响应网络拓扑的变化并更新，也避免了动态路由协议带来的安全隐患。所有的数据包根据管理员预先设定的路径进行转发。静态路由适合结构简单且不经常变化的小规模网络，易于管理和维护。由于不需要使用路由协议进行路径计算和更新，静态路由不会占用带宽或计算资源，适合带宽有限的环境。

但由于无法自动调整路由，当网络拓扑发生变化时，管理员必须手动调整、配置和维护每台路由器的路由表。如果在大型网络中，工作量将极大，非常容易出错。

2. 动态路由

动态路由通过路由协议自动计算、形成、更新路由表。路由器通过相互交换路由信息，动态计算最佳路径，并能够自动适应网络拓扑的变化。动态路由的特点如下。

- **自动配置和更新**：路由器通过路由协议相互通告路由信息，自动学习和更新路由表，且无须管理员手动干预。
- **适应性强**：动态路由可以根据网络状态的变化自动调整路径，如链路故障或负载变化时，可以动态选择最佳路径传递数据包。常用的度量值有跳数、带宽、延迟等。
- **适合大规模网络**：适用于复杂、多变的网络环境，尤其是大规模网络等节点众多的网络环境。减少了手动配置的工作量，同时也不容易出错。

但动态路由协议需要定期发送路由更新信息，会占用带宽和计算资源。当网络发生变化时，动态路由协议需要时间收敛，短时间内可能导致路由不稳定。同时配置和管理动态路由协议比较复杂，尤其在大型网络中，需要更专业的网络技术。

3. 默认路由

默认路由其实是静态路由的一个特例，相当于一种补充机制。默认路由是指当路由器无法在路由表中找到匹配的特定目的地网络时，将数据包统一转发到指定的默认路由器进行处理，类似于计算机配置默认网关。默认路由的特点如下。

- **兜底机制**：当路由表中没有其他路由转发匹配的条目时，数据包将统一交付默认路由进行转发。
- **简化路由表**：减少了需要手动配置的静态路由条目数量，简化了中小型网络的路由表配置（尤其是在边缘网络设备中），从而减少了路由表的维护。
- **降低管理复杂性**：尤其在需要访问大量外部网络时，默认路由可以避免为每个外部网络配置静态路由。
- **常用于出口路由器**：对于连接到互联网的路由器，默认路由通常指向互联网服务提供商（ISP）的网关。

但是默认路由不适合大型复杂的网络，可能会导致网络性能问题，因为无法对外部网络进行精确的路由选择。另外最大的问题是可能存在安全风险，如果没有适当的安全机制，默认路由可能被滥用。

6.2.5 查看路由表

路由表广泛存在于各种网络设备和操作系统中。不同的网络设备，查看路由表的命令也不同，比如常见的思科路由器，可以使用show ip route命令查看，如图6-5所示。

其中记录了网、主机的地址以及端口。在路由项的行首，C代表直连，L代表本地地址，/32代表本机的端口IP地址。这里有些是/30，其实并不代表主机，而是代表一个网络，该路由表并没有进行收敛。还有O、R等代表通过OSFP以及RIP协议获取到的路由路径。S代表静态路由。

在操作系统中也可以查看，例如在Windows系统中，可以使用route print命令查看当前的计算机中的路由表，如图6-6所示。

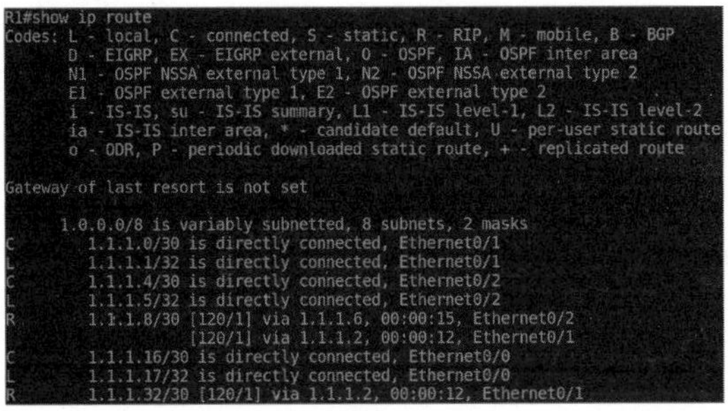

图 6-5

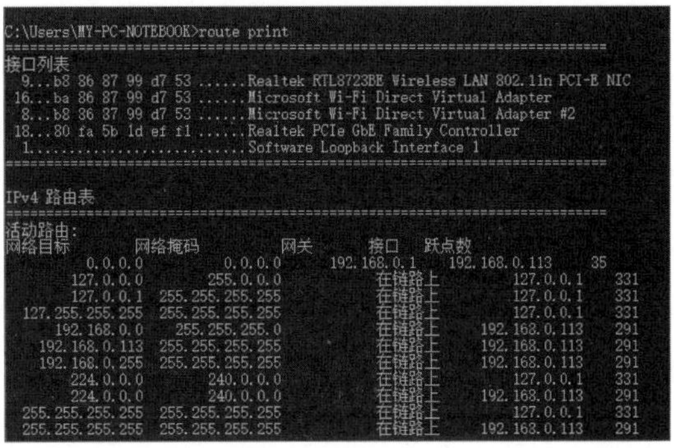

图 6-6

从图6-6中可以看到几个接口的网络信息和MAC地址。在IPv4路由表中可以看到网络目标、网络掩码、网关、接口以及跃点数。其中，接口列是到达该目标网络时，将包从哪个接口发出。127.0.0.1是本地回环地址，可以忽略。因为本机连接的是有线网络，就一个接口，可以看到局域网的192.168.0.0/24的局域网网络地址。到达本机的发给IP尾数为113的主机网卡接口，广播地址255也发给IP尾数为113的主机网卡接口。最下方是默认路由，不在路由表中的地址都从113接口发出。该接口其实连接的就是路由器。跃点数代表了优先级，值越小，说明该条目的优先级越高，数据包会优先发送给该接口。

用户也可以使用tracert IP/域名命令跟踪数据包的走向，查看数据包经过了哪些路由器，如图6-7所示。如果路由器没有做隐藏或屏蔽ICMP的策略，则会显示具体的IP地址，否则会显示请求超时。

图 6-7

6.3 路由选择协议

前面介绍了路由的相关信息，那么路由是根据什么来选择最优路径，这就涉及不同的路由协议使用的各种不同的路由算法了。

6.3.1 路由算法

路由算法用于确定数据包在网络中从源节点到目的节点的最佳路径。不同的路由算法基于不同的策略来选择最优路径。在路由算法中，选择路径的依据称为性能度量，常见的度量值种类如下：

- **跳数**：从源节点到目的节点经过的中间路由器数量。
- **带宽**：链路的可用带宽，通常优先选择带宽较高的路径。
- **延迟**：数据包在路径上传输的时间延迟，延迟越小，路径优先级越高。
- **负载**：链路的当前负载情况，避免选择负载过高的路径。
- **可靠性**：链路的稳定性和故障率，通常优先选择可靠性较高的路径。
- **成本**：综合考虑多个因素的度量，如运营成本、电力消耗等。

常见的路由算法有以下几种。

1. 距离向量路由算法

距离向量路由算法（Distance Vector Routing Algorithm）基于Bellman-Ford算法。原理是每个路由器维护一个路由表，记录到每个目标网络的距离（通常以跳数计算）及下一跳路由器。路由器定期与邻居交换路由表信息，并更新自己的路由表。距离向量路由算法不考虑链路状态，根据跨越的路由器个数作为度量值，跨越越少，则认为距离越近，数据包就按照最近的路线发送。常见的使用距离向量路由算法的协议是RIP协议。

距离向量路由算法实现简单，比较适合小型网络（链路质量较好）。但是使用跳数作为唯一度量值，不适合复杂网络。而且收敛速度较慢，尤其在网络故障时（如发生路由环路时）。

> ✅ **知识点拨** 收敛
>
> "收敛"指的是网络设备在网络拓扑发生变化后，重新稳定到一个新的状态的过程。这个过程通常涉及路由协议的计算、路由表的更新以及网络流量的重新分配等。

2. 链路状态路由算法

链路状态路由算法（Link State Routing Algorithm）基于Dijkstra算法。原理是每个路由器维护一张网络拓扑图，存储所有节点间的连接和链路状态。路由器根据这些信息，计算出到每个目的节点的最优路径。例如A到B的链路带宽是10Mb/s，而A到C的带宽是100Mb/s，B到C的带宽也是100Mb/s，根据该路由算法，数据包会选择A到C，再到B。这样反而比直接从A到B的传输速度更快（RIP协议会选择A到B的直连通道）。每个路由器广播其链路状态信息（例如带宽、延迟等）给网络中的所有其他路由器。路由器使用全局网络拓扑图计算到每个目的节点的最优路径。常见的OSPF协议使用的就是该算法。

链路状态路由算法的路径选择更加科学、精确，收敛速度较快，比较适合大型或复杂的网络。但是计算开销较大（存储和计算全局拓扑信息需要较多资源），而且需要较高的带宽传播链路状态信息。

3. 混合路由算法

混合路由算法结合了距离向量路由算法和链路状态路由算法的优点，既考虑了简单的距离向量，也考虑了链路状态信息。路由器之间只交换部分路由信息，以减少路由更新的复杂性和资源消耗，但依然能快速收敛。平衡了简单性和效率，适用于中大型网络。例如常见的思科开发的EIGRP混合路由协议。

> ✓ **知识点拨** 按需路由算法
>
> 采用该算法的路由器并不维护全局的路由表，而是当需要发送数据包时才动态发现路由。这种路由算法通常用于移动自组网络中，路由器会在发送数据包前发起路由发现请求，寻找到目的节点的最短路径。这样减少了不必要的路由信息交换和存储，适合动态变化频繁的网络，而且高效、节省资源。缺点是初次发送数据时可能存在延迟，因为路由需要被动态发现，不太适合稳定的大型企业网络。

6.3.2 分层次的路由选择协议

分层次的路由选择协议是为了提高大型网络的可扩展性和管理效率，通过将网络划分为多个层次或区域来减少路由器需要处理的信息量和路由表的规模。分层次的路由协议通过划分网络结构，可以有效降低路由表的复杂度，减少路由器之间的通信开销，并且更快地实现网络的收敛。

1. 协议原理

在分层次路由选择协议中，网络被划分为多个区域（Area），路由器也分为两类：区域内部路由器（Intra-Area Routing），每个区域内部使用相同的路由算法进行路由计算；不同区域之间的路由通过区域间路由器（Inter-Area Router）（也叫边界路由器）进行路由数据的传递。

（1）区域内部路由

每个区域内的路由器仅需要维护该区域内的路由表，因此可以减少路由表的大小，并加快路由的收敛。

（2）区域间路由

区域与区域之间通过边界路由器交换汇总的路由信息，而不是详细的路由路径，进一步减少全网路由信息的传播。

2. 协议优点

分层次的路由选择协议主要有以下优点。

- **扩展性强**：通过将大型网络划分为多个小区域，每个路由器仅维护有限范围内的路由信息，使协议能够支持非常大的网络规模。
- **路由表更小**：在分层次结构中，每个区域的路由器只需要维护本区域的详细路由信息，其他区域则以汇总信息的方式处理，减小了路由表的长度。
- **快速收敛**：当某一区域发生路由变化时，影响只局限在该区域内，其他区域无须重新计算路由，因而可以更快收敛。
- **效率提高**：减少了路由更新的范围和频率，节省了网络带宽和路由器的处理资源。

3. 常见的分层次路由选择协议

常见的分层次路由选择协议包括以下几种。

- **OSPF协议**：支持分层次的网络结构，可以划分为多个区域（Area）。核心是骨干区域（Backbone Area），所有其他区域都必须与骨干区域相连。
- **IS-IS协议**：是一种与OSPF类似的链路状态协议，同样支持分层次的网络结构，常用于大型服务提供商的网络。IS-IS将网络层次划分为两个级别：Level-1和Level-2。

- **BGP协议**：BGP是一种用于自治系统之间的外部网关协议（EGP），虽然它并不像OSPF协议和IS-IS协议那样直接支持层次划分，但其通过自治系统的结构实现了类似的层次化管理。
- **EIGRP协议**：EIGRP是思科开发的混合路由协议，虽然EIGRP协议不像OSPF协议那样明确划分区域，但它通过支持路由聚合和区域化设计实现了一定的分层次路由功能。

6.3.3 DV路由选择算法与RIP协议

DV（Distance Vector）路由选择算法（简称DV算法）是一种基于距离向量的路由协议，RIP（Routing Information Protocol，路由信息协议）是DV算法的一个具体实现。前面介绍了一些距离向量路由算法的相关知识以及RIP协议的特点。接下来详细介绍两者的工作原理。

1. DV算法的工作原理

DV算法基于Bellman-Ford算法的思想。其核心过程可以分为以下几个步骤。

① 初始化：每个路由器只知道如何直接到达与自己相连的邻居路由器，且初始时，路由表中的其他目标的距离是无穷大（∞）。

② 信息交换：路由器周期性地将自己的路由表发送给所有直接相邻的路由器。

③ 路由更新：每个路由器收到邻居的路由表后，计算通过邻居路由器到达目的节点的总距离，并将其与现有路由表中到达该目的节点的距离进行比较。如果通过邻居路由器的路径更短，则更新路由表，修改到目的节点的下一跳和距离。

④ 稳定性：在没有网络拓扑变化的情况下，经过多次交换后，路由表将逐渐趋于稳定，所有路由器都会计算出到达目的节点的最短路径。

2. DV算法的局限性和优化

由于DV算法依赖于逐步传播的路由信息，在某些网络拓扑变化时，可能会形成路由环路；即路由信息在多个路由器之间来回传递。在大规模网络中，DV算法的收敛速度较慢，当网络中出现链路故障或拓扑变化时，可能需要较长时间才能收敛到新的最优路由。

为了应对这些问题，DV算法引入了以下几个重要的优化机制。

- **水平分割**：防止路由器将它从某个邻居学到的路由信息再发回该邻居，从而避免环路。
- **毒性逆转**：在路由器检测到某条链路失效时，将到目的节点的距离标记为无穷大，通知邻居该目的节点不可达。
- **触发更新**：当某条链路发生变化时，立即发送更新信息，而不是等待定时周期更新。

3. RIP协议的工作原理

RIP协议要求网络中的每个路由器都要维护从它自己到其他每一个目的网络的距离（因此，这是一组距离，即"距离向量"）。RIP协议将"距离"定义如下：从某路由器到直接连接的网络的距离定义为1。从该路由器到非直接连接的网络的距离定义为所经过的路由器数加1。加1是因为到达目的网络后就进行直接交付。而到直接连接的网络的距离已经定义为1。

RIP协议的距离也称为跳数，每经过一个路由器，跳数就加1。RIP认为一个好的路由就是它通过的路由器的数目少，即距离短。RIP规定一条路径最多只能包含15个路由器。因此距离的最大值为16时相当于不可达。可见RIP只适用于小型互联网。

RIP协议有以下三个要点。
- 仅和相邻路由器交换信息。
- 交换的信息是当前本路由器所知道的全部信息，即自己的路由表。
- 按固定的时间间隔交换路由信息。

路由器刚刚开始工作时，只知道到直接连接的网络的距离（此距离定义为1）。以后，每个路由器也只和数目非常有限的相邻路由器交换并更新路由器信息。经过若干次的更新后，所有的路由器最终都会知道到达本自治系统中任何一个网络的最短距离和下一跳路由器的地址。

4. RIP 协议的工作过程

RIP协议是通过在路由器间相互传递RIP报文来交换路由信息的，RIP协议的工作过程主要有以下几个步骤。

步骤01 路由器收集有关网络拓扑的信息：RIP路由器通过接口的直接连接收集有关网络拓扑的信息。每个路由器都将学习到自己直连的网络。

步骤02 路由器将路由信息封装成RIP报文：RIP路由器将收集到的路由信息封装成RIP报文。RIP报文包含以下信息：
- **版本号**：表示RIP协议的版本。
- **路由器标识**：标识发送RIP报文的路由器。
- **AF**：表示地址家族。
- **Next Hop**：下一跳路由器。
- **Metric**：路由度量，即跳数。
- **Networks**：要路由的网络。

步骤03 路由器向相邻路由器发送RIP报文：RIP路由器会定期向相邻路由器发送RIP报文。RIP报文的默认更新间隔为30s。

当一个路由器收到相邻路由器（其地址为X）的一个RIP报文时，便执行以下算法。

先修改此RIP报文中的所有项目，将"下一跳"字段小的地址都改为X，并将所有的"距离"字段的值加1。对修改后的RIP报文中的每个项目，重复以下步骤。

若项目中的目的网络不在路由表中，则将该项目添加到路由表中。否则，若下一跳字段给出的路由器地址是同样的，则将收到的项目替换原路由器中项目。否则，若收到的项目中的距离小于路由表中的距离，则进行更新。否则什么也不做。

若超过180s还没有收到相邻路由器的更新路由，则将此相邻路由器记为不可达的路由器，即将距离置为16（距离为16表示不可达），并从路由表中删除该表项。

步骤04 路由器接收并处理RIP报文：路由器会接收并处理来自相邻路由器的RIP报文。路由器会将接收到的路由信息与自己的路由表进行比较。如果接收到的路由信息比路由表中的路由信息更优，则路由器会更新路由表。

> **知识点拨** RIPng协议
> RIPng是RIP协议的下一代版本,它支持IPv6。RIPng协议与RIP协议类似,但也有一些改进,例如:
> - **支持无类路由:** RIPng协议支持无类路由,可以有效利用网络地址空间。
> - **更大的最大跳数:** RIPng协议的最大跳数为255,比RIP协议的最大跳数15大得多。
> - **支持认证:** RIPng协议支持认证,可以提高网络安全性。

5. RIP 协议的版本

RIP协议主要有两个版本:RIP v1和RIP v2,两者的主要区别如表6-1所示。

表6-1

特性	RIPv1	RIPv2
支持的路由类型	有类路由	无类路由
认证	不支持	支持
可变长度子网掩码(VLSM)	不支持	支持
最大跳数	15	63
更新方式	广播	广播或多播
按需路由	不支持	支持

6.3.4　LS路由选择与OSPF协议

LS(Link State)是基于链路状态决定路由路径的一种算法,其中最具代表性的是OSPF协议。下面介绍两者的原理、工作步骤等内容。

1. 链路状态算法的基本原理

链路状态路由选择算法的核心思想是:每个路由器都向其相邻路由器通告关于自身的链路状态信息,并将这些信息传播至整个网络。这样每个路由器都能够构建出一个完整的网络拓扑图,然后基于这个拓扑图计算到达各目的地的最短路径。

2. 链路状态算法的主要步骤

① 链路状态信息的产生:每个路由器通过定期检测其直接相连的链路(如邻居关系、链路带宽、延迟等)生成链路状态信息。

② 链路状态通告(LSA)的传播:路由器通过LSA将其链路状态信息发送给邻居,邻居再将这些信息转发给它们的邻居。这个过程与泛洪式传播类似,确保所有路由器都能获得完整的链路状态信息。

③ 链路状态数据库(LSDB)的维护:每个路由器都会将接收到的所有LSA存储在LSDB中。每个路由器的LSDB应该是网络中所有其他路由器的LSDB的副本,因此每个路由器拥有完整的网络拓扑图。

④ SPF算法的计算:每个路由器基于其LSDB运行Dijkstra最短路径优先算法,计算出到每个目的地的最短路径,并生成自己的路由表。

⑤ 拓扑变化后的更新：当网络中的某个链路发生变化时（如链路断开或恢复），路由器会更新其LSA，并将更新信息传递给其他路由器。其他路由器收到新的LSA后，重新运行SPF算法，更新路由表。

3. OSPF 协议的工作过程

OSPF协议的工作原理可以概括为以下几个步骤。

（1）路由器收集有关网络拓扑的信息

OSPF路由器通过接口的直接连接收集有关网络拓扑的信息。每个路由器都能学习到自己直连的网络。

（2）路由器将路由信息封装成OSPF报文

OSPF路由器将收集到的路由信息封装成OSPF报文。OSPF报文包含以下信息。

- **版本号**：表示OSPF协议的版本。
- **路由器标识**：标识发送OSPF报文的路由器。
- **区域标识**：标识OSPF报文所属的区域。
- **网络列表**：要路由的网络列表。
- **链路状态广告**：描述路由器直接连接的网络的信息。

（3）路由器向相邻路由器发送OSPF报文

OSPF路由器会向相邻路由器发送OSPF报文。OSPF报文可以通过单播或多播发送。

（4）路由器接收并处理OSPF报文

OSPF路由器会接收并处理来自相邻路由器的OSPF报文。路由器会将接收到的路由信息与自己的路由表进行比较。如果接收到的路由信息比路由表中的路由信息更优，则路由器会更新路由表，通过一系列的分组交换，建立全网同步的链路数据库。

（5）维护路由表

路由器的链路状态发生变化，该路由器就要使用链路状态更新分组，用洪泛法向全网更新链路状态。每个路由器计算出以本路由器为根的最短路径树，根据最短路径树更新路由表。路由器定期（默认为每10s）在广播域中使用多播224.0.0.5通过Hello分组来发现邻居，所有运行OSPF的路由器都侦听和定期发送Hello分组。

OSPF路由器建立了邻居关系之后并不是任意交换链路状态信息，而是在建立了邻接关系的路由器之间相互交换来同步形成相同的拓扑表，即每个路由器只会跟DR和BDR形成邻接关系来交换链路状态信息。

4. OSPF 多区域的实现

为了优化OSPF在大型网络中的性能，OSPF引入了"区域"（Area）的概念。区域是OSPF网络中的逻辑分区，通过将路由器划分到不同的区域，可以减小LSA的泛洪范围和SPF的计算量。OSPF区域的种类主要有以下几种。

- **骨干区域（Area 0）**：骨干区域是OSPF网络的核心，其他区域必须通过骨干区域进行互联。
- **普通区域**：普通区域连接到骨干区域，内部可以有多种网络拓扑。

- **边界区域（Stub Area）**：边界区域是一种特殊的区域，限制外部路由的传播，减少路由表大小。
- **完全边界区域（Totally Stubby Area，TSA）**：TSA是更加严格的边界区域，除了默认路由外，不允许任何外部路由传入区域内。

通过将OSPF网络划分为多个区域，可以减少路由更新的传播范围，提升OSPF在大规模网络中的性能。

6.3.5 部署和选择路由协议

在部署和选择路由协议时，网络管理员需要考虑多种因素，以确保网络的高效性、安全性和扩展性。不同的网络环境和需求会对路由协议的选择产生影响。

1. 部署路由协议的基本原则

在部署路由协议时，需要遵循以下几个基本原则。

（1）网络规模

- **小型网络**：对于节点较少的网络，简单的路由协议即可满足需求，如RIP等。RIP部署简单，适合网络规模较小、路由器数量较少的场景。
- **大型网络**：对于较大的企业或运营商级别的网络，OSPF或IS-IS等链路状态路由协议更为适合。这些协议能够快速收敛，支持更复杂的网络结构。

（2）网络收敛速度

- **快速收敛需求**：如果网络对快速收敛有较高需求，例如数据中心或银行系统，可以选择OSPF、IS-IS或BGP等快速收敛的协议。
- **收敛速度要求不高**：对于一些对网络时延和中断不敏感的场景，可以使用像RIP这样收敛速度较慢的协议。

（3）带宽和资源消耗

- **低带宽网络**：如果网络带宽有限，选择一个开销较低的路由协议是关键。例如，RIP的开销比OSPF小，因为RIP只需要定期广播路由表，而OSPF会在网络拓扑变化时计算和传播链路状态信息，资源消耗较大。
- **高带宽网络**：对于高带宽网络，可以选择OSPF或IS-IS这种链路状态协议，它们的带宽较高，但提供更强的功能和稳定性。

（4）自治系统的类型

- **单一自治系统（AS）**：在一个自治系统内，多采用内部网关协议（IGP），如OSPF、RIP或IS-IS。
- **多个自治系统**：当需要跨越多个自治系统时，需要使用外部网关协议（EGP），如BGP，用于不同自治系统之间的路由选择。

（5）网络冗余和负载均衡

- **负载均衡**：某些协议（如OSPF和EIGRP）支持等价多路径路由，这有助于网络流量在多条等价路径间进行负载均衡。

- **冗余设计**：为了确保网络的高可用性，部署协议时可以考虑冗余。OSPF支持区域划分，可以通过骨干区域和非骨干区域的设计实现冗余。

2. 常见路由协议的比较

常见路由协议的特点及对比如表6-2所示。

表6-2

协议	类型	算法	优点	缺点
RIP	IGP，距离向量协议	距离向量算法	部署简单，适用于小型网络	跳数限制为15，收敛速度慢，适应性差
OSPF	IGP，链路状态协议	SPF算法	快速收敛，支持区域化、负载均衡	配置复杂，开销较大
IS-IS	IGP，链路状态协议	SPF算法	支持大规模网络，类似OSPF	配置复杂，使用较少
EIGRP	IGP，混合协议	DUAL算法	快速收敛，开销小，支持多路径路由	思科私有协议，限制了跨厂商的互操作性
BGP	EGP，路径向量协议	路径向量算法	适合大规模互联网级网络，支持复杂策略路由	配置复杂，适用于ISP或大型企业

6.4 路由协议的配置

下面以比较常见的几种路由为例向读者介绍常见的配置方法。

6.4.1 静态路由的配置

静态路由适合范围较小、网络比较稳定的情况，静态路由的配置也比较简单。图6-8所示是比较常见的网络应用场景，由3台路由器组成。通过静态路由的设置就可以使这些设备互通。

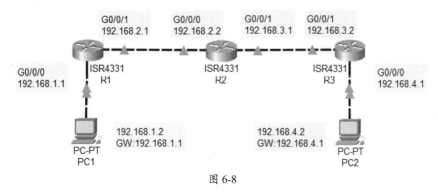

图 6-8

要实现PC1和PC2互通，需要每台路由器都有一张到达各网段的路由表。所以R1要知道到达192.168.3.0网络（包括192.168.3.1和192.168.3.2）与192.168.4.0网络（包括192.168.4.1和192.168.4.2）的下一跳地址，就是R2的G0/0/0端口地址——192.168.2.2。而R2要知道到达1.0与

4.0网段的下一跳地址。R3也需要知道到达1.0与2.0网段的下一跳地址。如果使用静态路由，就需要在路由器中手动配置并且指定才能够确保全网的通信。

1. 基础配置

添加并连接好设备后，就可以进行基础配置了，在路由器R1中：

```
Router>en                                                    //进入特权模式
Router#conf ter                                              //进入全局配置模式
Enter configuration commands, one per line.  End with CNTL/Z.
Router(config)#host R1                                       //设置设备名称
R1(config)#in g0/0/0                                         //进入接口
R1(config-if)#ip add 192.168.1.1 255.255.255.0               //配置接口IP地址
R1(config-if)#no sh                                          //打开端口
%LINK-5-CHANGED: Interface GigabitEthernet0/0/0, changed state to up
%LINEPROTO-5-UPDOWN: Line protocol on Interface GigabitEthernet0/0/0, changed
state to up                                                  //链路已经成功激活
R1(config-if)#in g0/0/1
R1(config-if)#ip add 192.168.2.1 255.255.255.0
R1(config-if)#no sh
%LINK-5-CHANGED: Interface GigabitEthernet0/0/1, changed state to up
R1(config-if)#do wr
```

按同样的方法对R2及R3进行基础配置，注意IP地址不要配置错了。查看R1路由表信息如下：

```
R1#show ip route
Codes: L - local, C - connected, S - static, R - RIP, M - mobile, B - BGP
       D - EIGRP, EX - EIGRP external, O - OSPF, IA - OSPF inter area
       N1 - OSPF NSSA external type 1, N2 - OSPF NSSA external type 2
       E1 - OSPF external type 1, E2 - OSPF external type 2, E - EGP
       i - IS-IS, L1 - IS-IS level-1, L2 - IS-IS level-2, ia - IS-IS inter area
       * - candidate default, U - per-user static route, o - ODR
       P - periodic downloaded static route                  //路由类型
Gateway of last resort is not set                            //没有设置默认网关
     192.168.1.0/24 is variably subnetted, 2 subnets, 2 masks
                    // 192.168.1.0/24 已使用可变长度子网掩码 (VLSM) 技术划分为两个子网
C       192.168.1.0/24 is directly connected, GigabitEthernet0/0/0//直连路由
```

> **知识点拨** **直连路由**
>
> 直连路由也称为接口路由或连接路由。直连路由是对一个路由器而言，通向与它直接相连的网络的路由。这种路由不需要设置，当为路由器的接口配置好IP地址后，直连路由便会出现在路由表中。路由器可以使用show ip route connected命令查看直连路由，执行效果如下：

```
R1#show ip route connected
     C   192.168.1.0/24  is directly connected, GigabitEthernet0/0/0
     C   192.168.2.0/24  is directly connected, GigabitEthernet0/0/1
```

配置完毕后，PC1只能ping通1.0与2.1网段，其他无法ping通。而R1只能ping通2.0和1.0网段，3.0及4.0网段则不能通信。

2. 配置静态路由

其实配置静态路由就是将非直连的网段对应的下一跳地址告诉路由器，让其写入地址表中，就可以通信了。静态路由的配置命令是"ip route 网络号 子网掩码 下一跳IP"。

R1要配置3.0及4.0网段的下一跳地址：

```
R1>en
R1#conf ter
Enter configuration commands, one per line.  End with CNTL/Z.
R1(config)#ip route 192.168.3.0 255.255.255.0 192.168.2.2//3.0网络下一跳2.2
R1(config)#ip route 192.168.4.0 255.255.255.0 192.168.2.2//4.0网络下一跳2.2
R1(config)#do wr
```

按照同样的操作，R2配置1.0及4.0网段的下一跳地址，分别是2.1和3.2。R3配置1.0及2.0网段的下一跳地址，为3.1。如果所有配置无误，使用ping命令就可以实现PC1与PC2通信。

6.4.2 默认路由的配置

静态路由需要在路由器中将其所有非直连的网络全部配置一遍，工作量非常大。此时就可以使用默认路由来简化操作。不过作为默认路由的路由器需要知道到达其他所有网络的下一跳地址。拓扑图仍然使用图6-8。只要R2知道了全网的网络结构，且R1和R3都将默认路由指向R2，PC1和PC2就可以通信。由于拓扑图一致，所以基础配置也一样。

1. 配置静态路由项

先完成路由器的基础配置。因为R1和R3都将默认路由指向R2，所以R2需要了解全网的网段和下一跳信息，需要在R2中配置非直连的1.0和4.0网段的静态路由项：

```
R2>en
R2#conf ter
Enter configuration commands, one per line.  End with CNTL/Z.
R2(config)#ip route 192.168.1.0 255.255.255.0 192.168.2.1      //配置静态路由
R2(config)#ip route 192.168.4.0 255.255.255.0 192.168.3.2      //配置静态路由
R2(config)#do wr
Building configuration...
[OK]
R2(config)#do show ip route      //查看路由表，可以看到整个网络的拓扑和下一跳地址
……
S    192.168.1.0/24 [1/0] via 192.168.2.1
     192.168.2.0/24 is variably subnetted, 2 subnets, 2 masks
C       192.168.2.0/24 is directly connected, GigabitEthernet0/0/0
L       192.168.2.2/32 is directly connected, GigabitEthernet0/0/0
```

```
         192.168.3.0/24 is variably subnetted, 2 subnets, 2 masks
C            192.168.3.0/24 is directly connected, GigabitEthernet0/0/1
L            192.168.3.1/32 is directly connected, GigabitEthernet0/0/1
S            192.168.4.0/24 [1/0] via 192.168.3.2
```

2. 配置默认路由

这里的默认路由配置只需在R1和R3上执行，配置的下一跳为R2对应的两个接口IP，默认路由的配置命令是"ip route 0.0.0.0 0.0.0.0 下一跳的IP/发出端口"。

R1配置如下：

```
R1>en
R1#conf ter
Enter configuration commands, one per line.  End with CNTL/Z.
R1(config)#ip route 0.0.0.0 0.0.0.0 192.168.2.2           //配置默认路由
R1(config)#do wr
Building configuration...
[OK]
R1(config)#do show ip route
……
Gateway of last resort is 192.168.2.2 to network 0.0.0.0
                                              //显示已经配置了默认网关，地址为192.168.2.2
         192.168.1.0/24 is variably subnetted, 2 subnets, 2 masks
C            192.168.1.0/24 is directly connected, GigabitEthernet0/0/0
L            192.168.1.1/32 is directly connected, GigabitEthernet0/0/0
         192.168.2.0/24 is variably subnetted, 2 subnets, 2 masks
C            192.168.2.0/24 is directly connected, GigabitEthernet0/0/1
L            192.168.2.1/32 is directly connected, GigabitEthernet0/0/1
S*       0.0.0.0/0 [1/0] via 192.168.2.2        //默认网关及下一跳地址
R1#show ip route static                         //查看此时的静态路由表
S*       0.0.0.0/0 [1/0] via 192.168.2.2        //所以默认路由属于特殊的静态路由
```

路由器R3的配置如下：

```
R3>en
R3#conf ter
Enter configuration commands, one per line.  End with CNTL/Z.
R3(config)#ip route 0.0.0.0 0.0.0.0 192.168.3.1       //下一跳为192.168.3.1
R3(config)#do wr
```

完成配置后PC1和PC2就可以通信了。

6.4.3 RIP协议的配置

在动态路由协议中RIP协议是非常常见的,在中小型企业中也比较常见。RIP协议的主要配置命令有两个:

- **启用RIP协议**: route rip(禁用命令为no route rip)。
- **宣告直连网络**: network-address 直连网络号。

如果要修改RIP版本后再启用RIP协议,并进入协议配置中,可使用version 2命令来启用RIP v2版本,并可以使用no auto-summary命令关闭路由器的自动汇总功能。

> **知识点拨 自动汇总**
>
> 在路由协议中,auto-summary(自动汇总)功能是指路由器会自动将相邻子网汇总为更高级别的路由条目。例如,如果一个路由器连接到三个子网 10.1.0.0/24、10.1.1.0/24 和 10.1.2.0/24,则启用auto-summary后,路由器会将这三个子网汇总为一个更高级别的路由条目 10.1.0.0/16。禁用汇总功能的主要目的是提高路由的精确性,简化路由表的管理。当然,禁用后会增加路由表的规模,并且增加路由器的负担,但对于中小企业,链路带宽较高,且网络规模不大,关闭自动汇总功能还是利大于弊的。

接下来依据拓扑图6-9进行RIP协议的配置。

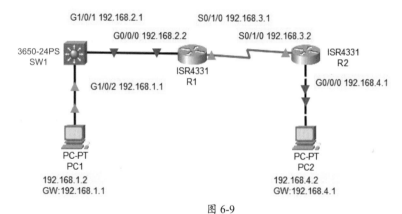

图 6-9

其中R1与R2添加串口模块,并使用串口连接线进行连接。DCE在R1上,为R1配置时钟频率为64000。SW1为三层交换,开启路由功能即可实现路由器的相应功能,并且三层交换也可以使用路由协议。所有路由均使用RIP v2协议,禁用路由汇总。最后测试在启用了RIP后,PC1与PC2是否可以通信。

1. 基础配置

SW1的配置如下:

```
Switch>en
Switch#conf ter
Enter configuration commands, one per line.  End with CNTL/Z.
Switch(config)#host SW1                              //命名设备
SW1(config)#in g1/0/1                                //进入接口配置
SW1(config-if)#no sw                                 //将接口改为路由模式
SW1(config-if)#ip add 192.168.2.1 255.255.255.0      //配置接口IP
```

```
SW1(config-if)#no sh                              //开启接口
SW1(config-if)#in g1/0/2
SW1(config-if)#no sw
%LINEPROTO-5-UPDOWN: Line protocol on Interface GigabitEthernet1/0/2, changed
state to down
%LINEPROTO-5-UPDOWN: Line protocol on Interface GigabitEthernet1/0/2, changed
state to up
SW1(config-if)#ip add 192.168.1.1 255.255.255.0
SW1(config-if)#no sh
SW1(config-if)#exit
SW1(config)#ip routing                            //开启三层交换的路由功能
SW1(config)#do wr
```

路由器R1配置如下:

```
Router>en
Router#conf ter
Enter configuration commands, one per line.  End with CNTL/Z.
Router(config)#host R1
R1(config)#in g0/0/0
R1(config-if)#ip add 192.168.2.2 255.255.255.0
R1(config-if)#no sh
%LINK-5-CHANGED: Interface GigabitEthernet0/0/0, changed state to up
%LINEPROTO-5-UPDOWN: Line protocol on Interface GigabitEthernet0/0/0, changed
state to up
R1(config-if)#in s0/1/0
R1(config-if)#ip add 192.168.3.1 255.255.255.0
R1(config-if)#no sh
R1(config-if)#clock rate 64000                    //配置DCE的时钟频率
R1(config-if)#do wr
```

路由器R2配置同R1类似,按照拓扑图,进入端口中配置IP并开启端口即可。

2. 配置 RIP 协议

前面已经介绍了RIP协议的命令,下面就在所有路由设备中宣告直连网络,启动RIP v2协议,并禁用路由汇总功能。

SW1的配置如下:

```
SW1(config)#router rip                            //启用RIP协议
SW1(config-router)#network 192.168.1.0            //宣告直连网络
SW1(config-router)#network 192.168.2.0            //宣告直连网络
SW1(config-router)#version 2                      //设置RIP版本
SW1(config-router)#no auto-summary                //禁用路由汇总
SW1(config-router)#do wr
```

R1与R2的配置与此类似，按照拓扑图，只要宣告直连网络即可。等待路由收敛完成，查看SW1的路由表如下，可以看到自动了解了3.0和4.0网段的网络参数，并指导到达这些网段的下一跳地址及端口。在通信时，只要将数据包发送给指定的IP或者从端口发出即可。

```
SW1#show ip route
……
C    192.168.1.0/24 is directly connected, GigabitEthernet1/0/2
C    192.168.2.0/24 is directly connected, GigabitEthernet1/0/1
R    192.168.3.0/24 [120/1] via 192.168.2.2, 00:00:03, GigabitEthernet1/0/1
R    192.168.4.0/24 [120/2] via 192.168.2.2, 00:00:03, GigabitEthernet1/0/1
```

如果配置无误，PC1与PC2之间是可以通信的。

6.4.4 OSPF协议的配置

OSPF协议的配置需要先对网络进行规划，确定各区域后再进行配置。这里以比较经典的OSPF多区域网络拓扑（图6-10）为例向读者介绍配置过程。

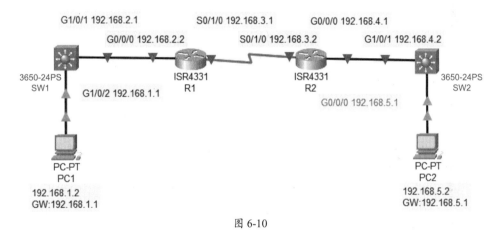

图 6-10

该拓扑图的搭建和RIP协议的拓扑搭建比较相近，为路由器R1及R2添加串口模块，并按照拓扑图添加其他设备并连接起来，然后为PC1和PC2配置IP地址。在网络设备基础配置完毕后，就可以进行OSPF协议的配置。

1. OSPF 的配置命令

常见的OSPF配置命令及作用如下。

（1）启用OSPF协议

router ospf <AS 号>

该命令用于启用OSPF协议，并指定AS号。

（2）宣告网络

network <网络> <反掩码> [area <区域>]

该命令用于配置要通过OSPF协议路由的网络。网络由网络地址和反掩码指定。区域是可选的，用于将网络划分为多个区域。

这里需要注意的是OSPF协议使用反掩码来匹配路由，而不是子网掩码。反掩码是子网掩码的逐位取反（子网掩码转换成二进制后，逐位取反，0变1，1变0，再转换成十进制）。例如，子网掩码255.255.255.0的反掩码是0.0.0.255。使用反掩码的好处如下。

- **更有效**：反掩码比子网掩码更短，因此路由器可以更有效地发送和接收路由信息。
- **更灵活**：反掩码可以用于匹配各种类型的网络，包括子网、VLAN和超网。

> **知识点拨** 使用反掩码的缺点
> 反掩码比子网掩码更难理解，因此路由器配置可能更复杂。另外并非所有路由协议都使用反掩码来匹配路由，因此OSPF协议可能与其他路由协议不兼容。

2. 基础配置

和RIP协议的网络配置基本相似，读者可以参照前面的讲解手动配置网络基础。配置SW1，接口配置为路由模式，配置IP地址，并开启三层交换的路由功能。

```
Switch>en
Switch#conf ter
Enter configuration commands, one per line.  End with CNTL/Z.
Switch(config)#host SW1
SW1(config)#in g1/0/2
SW1(config-if)#no sw
%LINEPROTO-5-UPDOWN: Line protocol on Interface GigabitEthernet1/0/2, changed state to down
%LINEPROTO-5-UPDOWN: Line protocol on Interface GigabitEthernet1/0/2, changed state to up
SW1(config-if)#ip add 192.168.1.1 255.255.255.0
SW1(config-if)#no sh
SW1(config-if)#in g1/0/1
SW1(config-if)#no sw
SW1(config-if)#ip add 192.168.2.1 255.255.255.0
SW1(config-if)#no sh
SW1(config-if)#exit
SW1(config)#ip routing
SW1(config)#do wr
```

SW2的配置与此类似，按照拓扑图上标明的参数配置即可

配置路由器R1，打开连接的端口，配置IP地址，并且配置时钟频率。

```
Router>en
Router#conf ter
Enter configuration commands, one per line.  End with CNTL/Z.
Router(config)#host R1
R1(config)#in g0/0/0
R1(config-if)#ip add 192.168.2.2 255.255.255.0
R1(config-if)#no sh
```

```
%LINK-5-CHANGED: Interface GigabitEthernet0/0/0, changed state to up
%LINEPROTO-5-UPDOWN: Line protocol on Interface GigabitEthernet0/0/0, changed
state to up
R1(config-if)#in s0/1/0
R1(config-if)#ip add 192.168.3.1 255.255.255.0
R1(config-if)#no sh
R1(config-if)#clock rate 64000                    //DCE设备配置时钟频率
R1(config-if)#do wr
```

R2的配置与此类似，但因为是DTE设备，所以不需要配置时钟频率。配置完毕后，查看SW1、R1、R2、SW4的路由表，除了直连路由外，没有其他的路由协议和路由表项。到此基础配置结束。

3. OSPF 协议的配置

接下来介绍OSPF功能实现的配置，按照拓扑图，R1和R2相连的接口属于area 0，R1与SW1接口以及SW1属于area 1，R2与SW2的接口及SW2属于area 2。接下来就可以进行配置。

首先配置SW1的OSFP，其所有接口都属于area 1，在配置时，宣告直连网络即可，注意不要使用子网掩码，而要使用反掩码，配置如下：

```
SW1(config)#router ospf 1                         //启动OSPF协议，并设置AS号为1
SW1(config-router)#network 192.168.1.0 0.0.0.255 area 1
                                                   //宣告直连网络及区域号，注意这里不是子网掩码，而是反掩码
SW1(config-router)#network 192.168.2.0 0.0.0.255 area 1
SW1(config-router)#do wr
```

R1的配置如下，注意2.0网段接口属于area 1，而3.0网段接口属于area 0：

```
R1(config)#router ospf 1
R1(config-router)#network 192.168.2.0 0.0.0.255 area 1
R1(config-router)#network 192.168.3.0 0.0.0.255 area 0
R1(config-router)#do wr
```

R2的配置与R1类似，注意区域：

```
R2(config)#router ospf 1
R2(config-router)#network 192.168.3.0 0.0.0.255 area 0
R2(config-router)#network 192.168.4.0 0.0.0.255 area 2
R2(config-router)#do wr
```

SW2的配置与SW1类似：

```
SW2(config)#router ospf 1
SW2(config-router)#network 192.168.4.0 0.0.0.255 area 2
SW2(config-router)#network 192.168.5.0 0.0.0.255 area 2
SW2(config-router)#do wr
```

配置完毕后可直接查看所有网络设备通过OSPF协议获取的路由项，SW1中路由项如下：

```
SW1#show ip route ospf
O IA 192.168.3.0 [110/65] via 192.168.2.2, 00:07:51, GigabitEthernet1/0/1
O IA 192.168.4.0 [110/66] via 192.168.2.2, 00:05:26, GigabitEthernet1/0/1
O IA 192.168.5.0 [110/67] via 192.168.2.2, 00:01:37, GigabitEthernet1/0/1
```

用户可以自行查看R1、R2、SW2。如果配置无误，可以看到所有的路由器都通过OSPF协议知道了非直连的其他网段的路由项。最后测试PC1与PC2的连通性，结果如图6-11所示，说明通过OSPF协议全网都可以通信了。

```
C:\>ping 192.168.5.2

Pinging 192.168.5.2 with 32 bytes of data:

Request timed out.
Reply from 192.168.5.2: bytes=32 time=7ms TTL=124
Reply from 192.168.5.2: bytes=32 time=8ms TTL=124
Reply from 192.168.5.2: bytes=32 time=7ms TTL=124

Ping statistics for 192.168.5.2:
    Packets: Sent = 4, Received = 3, Lost = 1 (25% loss),
Approximate round trip times in milli-seconds:
    Minimum = 7ms, Maximum = 8ms, Average = 7ms
```

图 6-11

知识延伸：EIGRP路由协议

EIGRP（Enhanced Interior Gateway Routing Protocol，增强型内部网关路由协议）是思科公司开发的一种平衡混合型路由选择协议，属于思科公司私有。它融合了距离向量和链路状态两种路由协议的优点，使用与OSPF相同的DUAL算法来选择无环路径，并使用与RIP相同的跳数作为度量。

1. EIGRP 的特点

EIGRP的主要特点如下。

- **OSI层次**：EIGRP属于传输层协议，运行在IP层以上，协议号为88号，支持IP、IPX、AppleTalk等多种网络层协议。
- **算法特征**：EIGRP使用距离向量DUAL算法来实现快速收敛，并确保没有路由环路，实现了很高的路由性能。
- **运行范围**：支持大型网络拓扑，运行在内部网络协议。
- **无类路由协议**：IGRP是有类路由协议，EIGRP是无类路由协议。所以EIGRP会为每个目的网络通告路由掩码。路由掩码功能让EIGRP能够支持不连续子网和可变长子网掩码（VLSM）。
- **最佳路径**：管理距离为90/170，度量值采用度量混合（带宽、延迟、负载、可信度、MTU）。

- **安全性较高**：使用EIGRP的路由器会保存能够到达目的设备的所有可用备份路由，以便能迅速切换到备用路由。如果路由表中的主路由发生故障，则会立即将最佳的备用路由添加到路由表中。如果本地路由表中没有适当的路由或备份路由，EIGRP会询问其邻居以查找备用路由。
- **负载均衡**：EIGRP既支持等价度量负载均衡，也支持非等价度量负载均衡，从而让管理员更好地分配网络中的流量。
- **快速收敛**：EIGRP使用DUAL算法来快速收敛，即使在网络拓扑发生变化时也能迅速找到最佳路径。
- **可扩展性好**：EIGRP支持大型网络，可以路由数百万个路由条目。
- **效率高**：EIGRP使用增量更新，只发送已发生变化的路由信息，减少了网络带宽的消耗。
- **易于管理**：EIGRP的配置相对简单，易于管理。

2. EIGRP 协议的工作原理

EIGRP的工作原理如下。

（1）邻居发现

EIGRP路由器通过发送Hello报文来发现邻居。Hello报文中包含了路由器的ID、自治系统号、接口信息等。

（2）建立邻居关系

如果两个路由器能够互相收到对方的Hello报文，则认为这两个路由器是邻居。邻居关系建立后，两个路由器会交换路由信息。

（3）计算路由度量

EIGRP使用复合度量来计算路由度量，复合度量由以下几个因素组成。

- **带宽**：路径上最低带宽的倒数，表示路径传输速率的一个重要参数，带宽越高，度量值越低，代表传输性能越好。
- **延迟**：路径上的总延迟。
- **可靠性**：路径上链路的可靠性。
- **负载**：路径上的负载情况。
- **MTU**：路径上的最小MTU。

（4）选择最佳路径

EIGRP使用DUAL算法来选择最佳路径。DUAL算法是一种分布式最短路径优先算法，它可以确保每个路由器都选择相同的最佳路径。EIGRP使用以下两个参数来确定到目的网络的最佳路由（后继路由）和所有备份路由（可行后继路由）：

- **通告距离（Advertised Distance，AD）**：EIGRP邻居到特定网络的EIGRP度量。
- **可行距离（Feasible Distance，FD）**：从某个EIGRP邻居获取的特定网络AD加上到达该邻居的EIGRP度量。这个总和表示从路由器到远程网络的端到端度量。路由器比较到达特定网络的所有FD，然后选择最小的FD并将其放入路由表中。

（5）发送路由更新

EIGRP路由器会向邻居发送路由更新报文，通告其已知的路由信息。路由更新报文中包含目的网络、路由度量、下一跳等信息。

（6）更新路由表

当路由器收到路由更新报文时，会更新自己的路由表。路由表中包含到达每个目的网络的最佳路径。

> **知识点拨** EIGRP 的应用
>
> EIGRP的应用场景如下。
> - **大型企业网络**：EIGRP可以为大型企业网络提供高效可靠的路由服务。
> - **服务提供商网络**：EIGRP可以为服务提供商网络提供可扩展的路由解决方案。
> - **校园网**：EIGRP可以为校园网提供快速收敛的路由服务。

3. EIGRP 的配置命令

EIGRP的配置是比较方便的，配置命令格式和OSPF非常类似，常见的命令如下。

（1）开启EIGRP

router eigrp <AS 号>

该命令用于开启EIGRP，并设置自治系统号。

（2）宣告网络

network <网络>[子网掩码/反掩码]

如果是正常的A、B、C类路由，则无须带子网掩码。如果还有子网，可以使用子网掩码或者反掩码（并且关闭自动汇总功能）。如果输入的是子网掩码，系统会自动转换成反掩码。

（3）关闭自动汇总

no auto-summary

第7章 无线局域网技术

在有线局域网的基础上,加入无线功能,就变成了无线局域网。随着无线智能设备的增多及无线技术的发展,无线局域网的覆盖率越来越高。本章主要介绍无线局域网的相关知识。

要点难点
- 认识无线局域网
- WLAN的常见标准与技术
- WLAN的常见设备
- WLAN的配置

7.1 认识无线局域网

无线局域网是相对于传统有线局域网而言。有线局域网使用的连接介质包括同轴电缆、双绞线以及光纤等有线介质。而无线局域网通过无线信号连接设备，常用于室内办公、家庭、企业等场景，实现设备与网络之间的通信。与传统的有线局域网相比，WLAN不需要布设物理网线，设备可以通过无线接入点连接网络，方便灵活。

7.1.1 无线局域网概述

无线局域网（Wireless Local Area Network，WLAN）指通过应用无线通信技术将设备互联起来，构成可以互相通信和实现资源共享的网络体系。无线局域网本质的特点是不再使用同轴电缆等介质将设备与网络连接起来，而是通过无线的方式连接，从而使网络的构建和终端的移动更加灵活。目前而言，无线局域网络是以IEEE组织的IEEE 802.11技术标准为基础，也就是所谓的Wi-Fi网络。

> **注意事项** Wi-Fi与WLAN
>
> 很多场合会把两者看作一样，但是两者确有不同。Wi-Fi是一种可以将计算机、手持设备（如PDA、手机）等终端以无线方式互相连接的技术。WLAN是工作于2.5GHz或5GHz频段，以无线方式构成的局域网，简称无线局域网。从包含关系上来说，Wi-Fi是WLAN的一个标准。Wi-Fi包含于WLAN中，属于采用WLAN协议中的一项技术。Wi-Fi的覆盖范围则可达90m，WLAN最大可以到5km。Wi-Fi无线上网比较适合智能手机、平板计算机等智能型数码产品。

目前无线局域网已经遍及生活的各个角落：家庭、学校、办公楼、体育场、图书馆、公司、大型企业等都有无线技术的身影。另外无线还可以解决一些有线技术难以覆盖或者布置有线线路成本过高的地方，如山区、跨河流、湖泊以及一些危险区域。

根据覆盖不同，除了无线局域网外，还有无线广域网（Wireless Wide Area Network，WWAN）和无线城域网（Wireless Metropolitan Area Network，WMAN）。无线广域网基于移动通信基础设施，由网络运营商经营。WWAN连接地理范围较大，常常是一个国家或是一个洲。它的结构分为末端系统（两端的用户集合）和通信系统（中间链路）两部分。无线城域网可以让接入用户访问固定场所的无线网络，可以将一个城市或者地区的多个固定场所连接起来。

7.1.2 无线局域网的结构

常见无线局域网的拓扑结构有如下几种。

1. 对等网

对等网也叫Ad-Hoc，由一组安装无线网卡的计算机或无线终端设备组成，如图7-1所示。这些计算机以相同的工作组名、ESSID和密码等对等的方式相互直接连接，在WLAN的覆盖范围内进行点对点或点对多点之间的通信。

这种组网模式不需要固定的设施，只需要在每台计算机中安装无线网卡就可以实现，因此非常适用于一些临时网络的组建以及终端数量不多的网络。

2. 基础结构网络

基础结构网络如图7-2所示，具有无线网卡的计算机或无线终端设备以无线接入点（无线AP）为中心，通过无线网桥、无线接入网关、无线接入控制器和无线接入服务器等将无线局域网与有线网络连接起来，组建多种复杂的无线局域网接入系统，实现无线设备的接入。任意站点之间的通信都需要使用无线AP转发，终端也使用AP接入网络。

图 7-1   图 7-2

> **知识点拨** BSSID与ESSID
>
> BSSID指接入点的MAC地址，不可修改。ESSID就是常说的SSID，可以修改。ESSID用来区分不同的无线网络，最多可以有32个字符。通过无线信号扫描可以发现AP的ESSID，为了安全，可以隐藏无线的ESSID。

3. 桥接模式

桥接模式也叫混合模式，如图7-3所示。在该种模式中，AP和节点1之间使用基础结构网络。而节点2通过节点1开启的无线连接功能间接连接AP。比如常见的笔记本电脑或智能手机开启的热点连接无线终端设备。

图 7-3

4. Mesh 组网

Mesh网络即"无线网格网络"，是一种"多跳（multi-hop）"网络，由Ad-Hoc网络（对等网）发展而来。Ad-Hoc网络中的每一个节点都是可移动的，并且能以任意方式动态地保持与其他节点的连接，如图7-4所示。无线Mesh能够与其他网络协同通信，形成一个动态的可不断扩展的网络架构，并且在任意两个设备之间均可保持无线互联。Mesh组网的特点如下。

- Mesh组网是为了解决单一无线路由器无法覆盖到全部范围，而采用的一种新型的组网技术。可以很轻松实现无线覆盖。
- Mesh组网是一种多跳技术，用户的Wi-Fi设备可智能跳到一个最合适的接入点上。
- Mesh之间一般支持有线/无线组阵列。
- Mesh之间无线回程的时候，会拿出专属信道做Mesh间的联络，极限情况会损失1/2的带宽做内部通信。所以当多个Mesh用无线回程级联几次以后，前后传输速度会相差极大。

● Mesh和AC+AP，一个是多跳网络，一个是天线管理。

Mesh路由器标配三个发射频段，一个2.4GHz频段和两个5GHz频段。Mesh组网使用5GHz高频段160MHz（无线信道的宽度）做无线接入点之间的高速数据流传输，而5GHz低频段80MHz以及2.4GHz频段则用来进行无线接入点与终端之间中速数据传输。

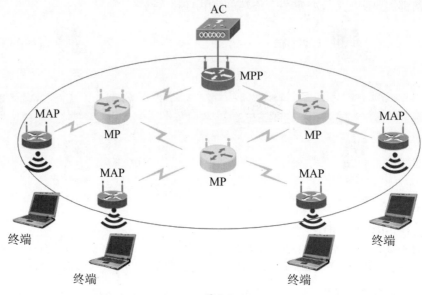

图 7-4

图7-4中，AC（Access Controller，接入控制器）控制和管理WLAN内所有的AP；MPP（Mesh Portal Point，Mesh入口点）是通过有线与AC连接的无线接入点；MAP（Mesh Access Point，Mesh接入点）是同时提供Mesh服务和接入服务的无线接入点；MP（Mesh Point，Mesh点）是通过无线与MPP连接，但不接入无线终端的无线接入点。

> **知识点拨** **Mesh组网的优势**
> - **部署简便**：Mesh网络的设计目标是将有线设备和有线、无线接入点的数量降至最低，因此大大降低总拥有成本和安装时间。
> - **稳定性强**：Mesh网络比单跳网络更加健壮，不依赖于某单一节点的性能。
> - **结构灵活**：在多跳网络中，设备可以通过不同节点同时连接网络。
> - **超高带宽**：一个节点不仅能传送和接收信息，还能充当路由器对其附近节点转发信息。随着更多节点的相互连接和可能路径数量的增加，总的带宽也大大增加。

7.1.3　无线局域网的优缺点

无线局域网的优点是其迅速得以普及的根本原因。但在此过程中，也暴露了一些缺点。

1. 无线局域网的优点

● **灵活性和移动性**：在有线网络中，网络设备的安放位置受网络位置的限制，而无线局域网在无线信号覆盖区域内的任何一个位置都可以接入网络，不受网线束缚。而且在移动的同时，能一直与网络保持连接。

● **安装便捷**：无线局域网可以最大程度地减少网络布线的工作量。一般只要安装一个或多个接入点设备，就可建立覆盖整个区域的局域网络。对于一些无法布线或者布线成本较高的地方，这是理想的解决方案。
- **易于进行网络规划和调整**：对于有线网络，办公地点或网络拓扑的改变通常意味着重新建网。而重新布线是一个昂贵、费时、浪费和琐碎的过程。无线局域网可以避免或减少以上情况的发生。
- **故障定位容易**：有线网络一旦出现物理故障，尤其是由于线路连接不良而造成的网络中断，往往很难查明，而且检修线路需要付出很大的代价，还可能造成网络中断。无线网络则很容易定位故障，只需更换故障设备即可恢复网络连接，且不影响其他设备通信。
- **易于扩展**：无线局域网可以很快从只有几个用户的小型局域网扩展到上千用户的大型网络。只要有无线覆盖的地方即可连接，设备的数量和位置可以灵活调整，并且能够提供节点间"漫游"等有线网络无法实现的特性。

2. 无线局域网的缺点

- **信号干扰**：无线信号容易受到其他信号（如微波、蓝牙、强电）的干扰，影响通信的质量。
- **性能**：无线局域网是依靠无线电波进行传输的。这些电波通过无线发射装置进行发射。而建筑物、车辆、树木和其他障碍物都可能阻碍电磁波的传输，影响网络的性能。尤其是5GHz频段，虽然带宽高，但是传输的范围和穿透能力较弱。
- **速率**：无线信道的传输速率受很多因素影响，与有线信道相比要稍低，适合个人终端和小规模网络应用。另外时延和丢包问题一直是困扰无线网络的重要因素。
- **安全性**：本质上无线电波不要求建立物理的连接通道，无线信号是发散的。从理论上讲，很容易监听无线电波覆盖范围内的任何信号，造成通信信息泄露。因此需要通过加密技术（如WPA3）保障数据的安全。

> ✅ **知识点拨** 常见的无线技术
>
> 常见的无线技术有多种，涵盖不同的应用场景和需求。比如Wi-Fi、蓝牙（Bluetooth）、蜂窝网络（Cellular Network）、NFC（Near Field Communication）、Zigbee、LoRa（Long Range）、Sigfox、WiMAX（Worldwide Interoperability for Microwave Access）、红外线（Infrared）、UWB（Ultra-Wideband）、卫星通信（Satellite Communication）等。

7.2 WLAN常见的标准与技术

无线局域网（WLAN）的标准和技术主要基于IEEE 802.11系列标准，这些标准定义了无线通信的技术规范。根据不同的应用场景和需求，WLAN的技术和标准不断演进，支持更高的传输速率、更好的网络性能和更广泛的应用。

7.2.1 IEEE 802.11系列标准

现在的WLAN主要以IEEE 802.11为标准，定义了物理层和MAC层规范，允许无线局域网及无线设备制造商建立互操作网络系统。基于IEEE 802.11系列的WLAN标准已有20多个，最早的IEEE 802.11标准发布于1997年，支持2.4GHz频段的无线通信，最大传输速率为2Mb/s。由于传输速率较低，实际应用很少。随后进行了改进和扩展，目前的最新标准是Wi-Fi 7，其中802.11a、802.11b、802.11g、802.11n、802.11ac、802.11ax和802.11be最具代表性。各标准的有关参数参见表7-1。

表7-1

协议	工作频率	兼容性	理论最高速率	发布时间
802.11a	5GHz	无	54Mb/s	1999年
802.11b	2.4GHz	无	11Mb/s	1999年
802.11g	2.4GHz	兼容802.11b	54Mb/s	2003年
802.11n	2.4GHz/5GHz	向下全兼容	600Mb/s	2009年
802.11ac	5GHz	向下全兼容	1Gb/s以上	2013年
802.11ax	2.4GHz/5GHz	向下全兼容	9.6Gb/s	2019年
802.11be	2.4GHz/5GHz/6GHz	向下全兼容	46Gb/s	2024年

其中802.11ax就是常说的Wi-Fi 6，而802.11be就是最新的Wi-Fi 7。Wi-Fi 7是基于IEEE 802.11be标准的新一代无线局域网技术，将带来更快的速度、更低的延迟以及更好的网络性能。它的目标是显著提升现有Wi-Fi网络的带宽和容量，以满足日益增长的高带宽需求，如8K视频、虚拟现实（VR）、增强现实（AR）、云游戏等。以下是Wi-Fi 7的主要特性。

1. 更高的速度

Wi-Fi 7的理论最高速度可达46Gb/s，相比Wi-Fi 6有了大幅提升，主要通过更高的调制方式和多频段组合实现。

2. 320MHz 信道宽度

Wi-Fi 7支持320MHz的信道宽度，是Wi-Fi 6最大信道宽度（160MHz）的两倍。更宽的信道意味着更多的数据可以在同一时间传输，显著提高网络的速度和容量。

3. 4096-QAM 调制

Wi-Fi 7采用4096-QAM（正交振幅调制），比Wi-Fi 6的1024-QAM能提供更高的数据传输速率。QAM等级越高，每个符号传输的数据越多，因此提升了整体数据速率。

4. 多链路操作（Multi-Link Operation，MLO）

多链路操作允许设备同时使用多个频段进行通信（如2.4GHz、5GHz和6GHz），提高吞吐量并减少时延。这种技术也使设备可以在多个频段之间自动切换，避免拥塞。

5. 多重资源单元（Multi-RU，MRU）

Wi-Fi 7提供更灵活的资源单元（RU）分配方式，允许多个设备更有效地共享信道资源，减少信道冲突并提高网络效率。

6. 改进的延迟性能

Wi-Fi 7通过多链路操作和其他技术进一步降低延迟,提供更加稳定的低延迟网络,适用于实时应用,如在线游戏、视频会议、VR/AR。

7. 适应性增强

Wi-Fi 7可以更好地应对复杂的网络环境,如拥挤的网络区域,自动调节信道和频段资源,提高整体网络性能和体验。

8. 更强的多用户体验

Wi-Fi 7通过增强的MU-MIMO(多用户多输入多输出)和OFDMA(正交频分多址),进一步提高多用户场景下的并发数据传输能力,使多个设备能够同时高效地连接网络。

9. 目标应用场景

Wi-Fi 7主要应用于高带宽需求的场景,包括8K视频流、虚拟现实(VR)、增强现实(AR)、云游戏、物联网和其他需要低延迟和高吞吐量的应用场景。

7.2.2 WLAN的主要频段及特点

主要频段是指WLAN工作时所使用的无线电波的频率,单位为Hz。WLAN的工作频段主要集中在2.4GHz和5GHz,最新的标准还引入了6GHz频段。每个频段的特点不同,适用于不同的应用场景。WLAN常见的工作频段机器特点如下。

1. 2.4GHz 频段

2.4GHz频段的范围为2.4~2.4835GHz,信号可以更好地穿透墙壁和障碍物,适合在覆盖范围较大的环境中使用。但由于2.4GHz频段还被许多其他设备(如微波炉、蓝牙设备、无线电话)使用,容易受到干扰。而且仅有13或14个信道,数量较少,且信道间有重叠,容易导致信道拥塞。

2. 5GHz 频段

5GHz频段范围为5.15~5.725GHz之间(不同国家或地区有所差异),支持更多信道和更高的带宽,传输速率更快,适合高清视频流媒体、在线游戏等高带宽应用。相比2.4GHz,5GHz频段受到的干扰较少,因此网络性能更加稳定。5GHz频段有更多的非重叠信道,可减少干扰。但5GHz频段信号的穿透能力较弱,覆盖范围相对较小,适合在没有太多障碍物的环境中使用。

3. 6GHz 频段

6GHz频段是Wi-Fi 6和Wi-Fi 7引入的新频段,旨在提供更大的带宽和更低的干扰。6GHz频段能提供更多的非重叠信道,进一步提升传输速率和网络容量,适合未来的高密度设备环境和应用。由于6GHz频段的信道数量更多,干扰较少,网络拥塞现象更少,延迟更低,适用于实时应用(如VR、AR和云游戏)。与5GHz频段相比,6GHz频段信号的穿透能力进一步降低,因此适合在近距离或同一房间内使用。

7.2.3 WLAN的主要技术

在WLAN中，采用了多种技术来提高无线网络的性能、稳定性、安全性和设备的互操作性。下面介绍一些常见的WLAN技术。

1. 多用户多输入多输出（MU-MIMO）

在路由器的介绍中，经常看到2×2、3×3、4×4。这里指的就是MU-MIMO，允许路由器同时与多个设备进行通信，而不是像传统SU-MIMO（单用户多输入多输出）那样，每次只能与一个设备通信。为极大地提高信道容量，在发送端和接收端都使用多根天线，在收发之间构成多个信道的通信系统。这样一来，就可以在不改变频谱效率和天线发射功率的情况下，利用多路天线传输的办法来增加数据传输的速度。通过提高多设备场景下的网络带宽，减少设备间的争抢，增强网络在高密度无线设备场景中的总传输能力。4×4，第一个4代表路由器，第二个4代表接收端。这里不仅需要路由器支持该功能，智能设备端也需要支持该功能，才能享受对应的高性能。MU-MIMO主要应用在多个设备同时在线且需要高带宽的场景，如智能家居、多人在线游戏等。

> **注意事项** 天线与信号的关系
>
> 决定信号强弱的并不是天线的多少，而是Wi-Fi芯片的发射功率。发射功率越大，信号自然就越强，覆盖范围也就越广。不过出于安全的考量，国家对芯片的发射功率有最高不超过20dB，也就是100mW发射功率的硬件限制。
> 另外，天线与路由器的数据转发速度也没有直接关系，需要看路由器采用了哪种MIMO技术以及接收端是否也支持，都满足的话，就可以享受对应的高带宽。

2. 波束成形（Beamforming）

波束成形通过集中无线信号向特定方向传输来提高传输质量。传统的无线信号向所有方向传播，而波束成形通过精确计算，将无线信号集中到客户端设备所在的方向。这样，信号集中传输到目标设备，可以减少信号干扰和损失。在相同功率下，波束成形可以提高有效传输距离，尤其在建筑物内有障碍物时更为有效。波束成形一般用于需要增强信号覆盖的场景，如覆盖面积较大、复杂建筑内的设备连接。

3. 基本服务集着色（BSS Coloring）

BSS Coloring是Wi-Fi 6引入的新技术，解决了由于多个接入点（AP）重叠在同一信道上而造成的信道拥堵问题。每个AP或基本服务集（BSS）会被分配一个独特的颜色值。即使不同的AP在同一信道上工作，它们的信号也能被区分开来，起到了减少干扰、提高网络效率的目的。一般应用在高密度的网络环境中，如办公室、校园等公共场所。

4. 目标唤醒时间（TWT）

TWT是Wi-Fi 6引入的节能技术，允许接入点和客户端设备协商在特定的时间间隔内进行通信。客户端设备可以在非通信时间段内进入休眠状态，只在约定的时间醒来，进行数据传输。TWT有助于延长设备的电池续航时间，特别适用于物联网设备和智能手机等移动设备。由于设备只在指定时间传输数据，也间接减少了设备间的竞争。该技术主要适用于需要长时间运行且电池容量有限的设备，如物联网传感器等。

5. 动态频率选择（DFS）

DFS是一种用于避免干扰关键设备（如天气雷达、军事设备）信号的机制。WLAN设备在5GHz频段上工作时，会自动检测雷达信号，如果出现干扰，会切换到其他信道，从而确保Wi-Fi设备不会干扰重要的通信系统。在5GHz频段上提供更多可用信道，提高频谱的利用效率。一般应用在5GHz频段上运行的WLAN网络，尤其在靠近军事或天气雷达的地区。

7.3 WLAN常见的设备

无线局域网中的无线设备均具备无线功能，具有无线信号的接收和发送的能力。常见的无线设备包括无线路由器、无线AP、无线AC和无线网桥等。

7.3.1 无线路由器

无线路由器是小型无线局域网的核心设备，所使用的网络拓扑仍然是星形。下面介绍无线路由器的相关知识。

1. 无线路由器简介

无线路由器属于路由器的一种，具备寻址、数据转发的基本功能，同时具有利用无线网络通信的功能。小型的无线路由器（图7-5）主要在家庭和小型公司等小型局域网场景中使用。一般具备有线接口和无线功能，可以连接各种有线及无线设备，实现设备互联互通和共享上网的目的。而大中型企业及政府部门通常使用企业级路由器，如图7-6所示，或者无线控制器+AP的模式来提供无线连接和共享上网的功能。这是由两者的性能、功能和适用范围所决定的。

图 7-5

图 7-6

2. 无线路由器的常见参数

在了解路由器及选购路由器时，需要了解以下一些常见参数。

（1）接口

无线路由器的有线接口一般是RJ-45接口，具备连接外网的WAN接口，有些支持多出口的无线路由器提供多个WAN口。而下行的LAN接口一般提供2~4个。有些路由器提供的接口是WAN/LAN自适应，如图7-7所示，有些路由器还提供光纤接口。其他的接口和功能有关，如可以存储的USB接口、外接硬盘的SATA接口等。

```
整机接口        4×10/100/1000/2500M 自适应WAN/LAN口
                1×10/100/1000/2500/5000/10000M自适应WAN/LAN口
                1×1000M/2500M/10000M SFP+网口
                1×USB 3.0接口
```

图 7-7

（2）标准

在有线方面，现在的Internet网络的接入带宽大都100Mb/s起步（其他常见的还有300Mb/s、500Mb/s、1000Mb/s等），所以大部分无线路由器的WAN接口都是1000Mb/s。至于LAN口方面，为了适应家庭和公司未来发展需求，建议也应选择支持1000Mb/s的。这种两种接口都是千兆的路由器也叫作全千兆路由器。在选购及查看路由器参数时，一定要查看是否遵循IEEE 802.3ab标准，该标准规定了千兆有线传输。

> **!注意事项** 网线的选择
>
> 如果搭建的是全千兆网络，那么除了路由器支持千兆、用户计算机网卡也支持千兆外，网络设备之间的网线也需要满足六类及以上标准。或者线缆材质较好，传输距离较短的情况，也可以使用超五类网线。

在无线方面，Wi-Fi 7将会是未来的主流。并发更高，支持的设备更多，网络延迟更低，信号覆盖也更强。另外这种高带宽还需要对应Wi-Fi 7的网络终端设备的支持。所以用户在选购其他无线产品时，一定要看清其标准。如Wi-Fi 6的标准为IEEE 802.11ax，Wi-Fi 7为IEEE 802.11be，如图7-8所示。

```
无线参数    传输标准
            5GHz支持 IEEE 802.11be/ax/ac/n/a 4*4 MU-MIMO，2.4GHz支持IEEE 802.11be/ax/n/g/b 2*2 MU-MIMO

            无线速率
            2.4GHz理论协商速率为688Mbps；5GHz理论协商速率为5765Mbps；理论协商速率总和6453Mbps

            无线频段
            2.4GHz&5GHz，支持双频优选

有线规格    网口传输协议
            802.3、802.3u、802.3ab
```

图 7-8

（3）频率与速度

在选购路由器时，经常看到路由器的宣传，比如双频、三频、万兆无线等。双频，指路由器的无线电波同时支持2.4GHz、5.2GHz两个频段传输信号。但与之相连的无线设备仅能工作在其中一个频段。所以用户的实际传输速度，还需要参考其连接的频段所支持的最高带宽，经测试后才能确定。

（4）硬件参数

路由器本身就相当于微型的计算机，CPU、内存（运存）、硬盘（闪存）等都有。路由器的硬件水平也能反映出路由器的性能，常见的硬件参数及说明如下。

- 运算芯片的速度，决定路由器的数据处理速度。
- 内存（运存）的大小影响运行速度和连接的设备数量。

- 信号放大器，主要提高穿墙能力、传播数据时的稳定性和覆盖范围。
- 天线的多少，对穿墙能力、信号好坏、带宽等，基本可以忽略不计。应该查看多天线使用的传输技术，如常见的MIMO技术、多入多出技术等。
- 散热需要重点考虑。因为路由器在家中基本不会关闭，所以在长时间工作中需要考虑其散热性，否则由于散热不良，容易造成死机、卡顿的情况。

7.3.2 无线AP

无线接入点（Access Point）也称为无线AP，是无线局域网的常见设备。无线AP是无线网和有线网之间沟通的桥梁，是组建无线局域网的核心设备。它主要提供无线终端设备的接入、共享上网，以及与有线局域网之间的互访。在AP信号覆盖范围内的无线终端都可以通过它通信。无线AP是一个包含很广的名称，不仅包含单纯性无线接入点，也同样是无线路由器（含无线网关、无线网桥）等类设备的统称。

1. 无线AP的功能

无线AP的主要功能有三个。
- **共享**：为接入AP中的无线设备提供共享上网或者无线设备之间的数据通信。
- **中继**：收到无线信号后，放大信号并继续发出，这就可以使远端设备接收更强的无线信号，扩大无线局域网的覆盖范围，并为其中的无线设备提供数据传输服务。
- **互联**：将两个距离较远的局域网通过两个无线AP桥接在一起，形成一个更大的局域网。此时两台AP是同等地位，不提供无线接入服务，只在两个AP之间收发数据。

2. 胖AP与瘦AP

胖AP（FAT AP）除了提供无线接入的功能外，一般还具备WAN口、LAN口等，功能比较全。一台设备就能实现接入、认证、路由、VPN、地址翻译等功能，有些还具备防火墙功能。所以胖AP可以简单理解为具有管理功能的AP，本身具有自配置的能力。它不光存储自己的配置，而且可以执行自身的配置，同时有广播SSID及连接终端的AP的能力。

> **知识点拨** 无线路由器与胖AP
> 从上面的介绍可以看到，通常见到的无线路由器中的一种形式就是胖AP，但无线路由器包含的范围更广。

通俗地讲，瘦AP（FIT AP）就是将胖AP进行瘦身，去掉路由、DNS、DHCP服务器等功能，仅保留无线接入的部分。瘦AP一般不能独立工作，必须配合无线控制器（AC）的管理才能成为一个完整的系统，多用于终端较多、无线质量要求较高的场合。要实现认证一般需要认证服务器或者支持认证功能的设备配合。从某种角度来说，瘦AP的功能就像天线。

瘦AP硬件往往更简单，多数充当一个被管理者的角色。因为很多业务的处理必须要在AC上完成，这样统一管理比单独管理要方便和高效很多。如大企业或校园部署无线覆盖，可能需要几百个无线AP，如果采用胖AP逐个去设置会非常麻烦，而采用瘦AP可以统一管理及分发设置，效率会高很多。

胖AP不能实现无线漫游，从一个覆盖区域到另一个覆盖区域需要重新认证，不能无缝切换。

瘦AP从一个覆盖区域到另一个覆盖区域能自动切换,且不需要重新认证,使用较方便。当然,现在很多AP都是胖瘦一体式,可以随时切换。

3. 常见的AP种类

常见的AP分为吸顶式、面板式以及室外专用等。

(1) 吸顶式AP

吸顶式AP如图7-9所示,安装在天花板上,提供多个工作频段,提供1个千兆接口,有些还提供管理接口。一般可以使用电源适配器或者使用PoE交换机供电,这样一条网线就解决了数据和电源的问题。可以单独使用,或者由对应品牌的AC统一管理。可以通过功能调节按钮设置工作模式,如图7-10所示。挑选时需要查看其工作频段的带宽以及带机量。

图 7-9

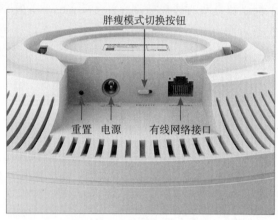

图 7-10

(2) 面板式AP

面板式AP通常布置在墙体上,和信息盒类似,如图7-11所示。有些还提供USB供电和网线接口。通过背部的网线连接到AC或者交换机,对外提供有线及无线接入。接口通常为千兆口,也可以调节胖瘦AP的工作模式,支持PoE供电,提供无缝漫游功能,如图7-12所示。

图 7-11

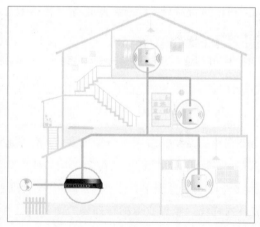

图 7-12

(3) 室外AP

在室外,如公园、景区、广场、学校等,也会使用无线AP。这种特殊的AP要求带机量高、覆盖范围广、抗干扰强，如图7-13所示。有些还提供智能识别、剔除弱信号设备、自动调节功率、自动选择信道、胖瘦一体、支持多个SSID号以分配不同的权限和策略等。在选购时，还需要选择具有强抗老化能力、工业级防尘防水、稳定散热以及可长时间稳定工作特性的产品。有条件的用户在远距离传输时，还可以使用带有光纤接口的室外AP，如图7-14所示。

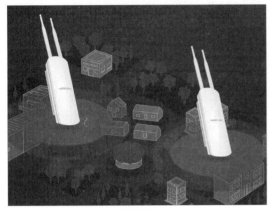

图 7-13

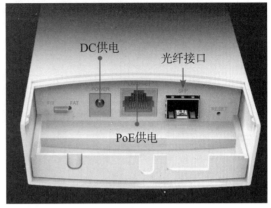

图 7-14

4. 无线 AP 的参数

选购无线AP产品时，需要重点关注以下几种参数。

（1）带机量

AP的带机量决定了此AP可以接入的设备总数量。一般来说，单频无线AP的带机量为10～25；双频无线AP的带机量为50～70；高密度无线AP的带机量通常为100～140。

（2）供电方式

AP的供电方式分为DC（直流）供电（图7-15）和PoE供电（图7-16）。两种供电方式都不会影响设备工作的稳定性，但是相比DC供电，PoE供电方式在布线和安装上更加简单、方便、美观。

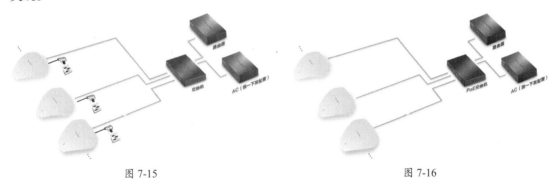

图 7-15　　　　　　　　　　　　　图 7-16

7.3.3　无线AC

无线控制器（Wireless Access Point Controller）简称无线AC，如图7-17所示，是一种专业化的网络设备，用来集中化控制无线AP。无线AC是无线网络的核心设备，负责管理无线网络中的所有无线AP。

图 7-17

1. 无线 AC 的作用

无线AC主要用来集中化控制无线AP（瘦AP），负责把来自不同AP的数据进行汇聚并接入Internet。同时完成AP设备的配置管理，主要内容包括如下。

- 统一配置无线网络，支持根据SSID号划分不同的VLAN。
- 支持MAC认证、Portal认证、微信认证等多种用户接入认证方式。
- 支持AP负载均衡，均匀分配AP连接的无线客户端数量。在大型场地布置AP时经常使用。AP覆盖范围重叠时，可以进行连接端的透明分流。
- 禁止弱信号客户端接入和剔除弱信号客户端。

AC的管理模式可以使用Web管理（图7-18）、串口CLI管理、TELNET管理。

图 7-18

2. 无线 AC 的存在形式

无线AC的存在形式包括独立AC以及一体式AC两种。

> **☑知识点拨** **AC和AP选择同一品牌还是不同品牌**
> 如果是大规模部署，从兼容性、稳定性上考虑，尽量选择同一品牌比较好，还可以实现同品牌生态的一些专业功能。从成本考虑，小规模部署可以选择不同品牌。

（1）独立AC

独立AC是单纯的AC控制器，可以自动发现并统一管理同一厂家的AP，根据不同型号有不同的带机量。在实际使用时常采用AC旁挂组网的方式来搭建和使用，拓扑如图7-19所示。无须更改现有网络架构，部署方便。

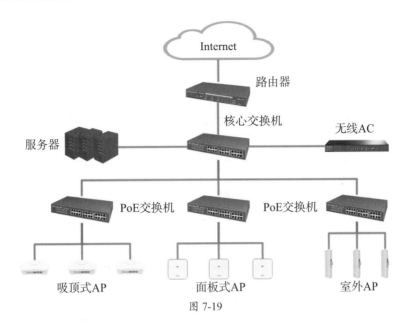

图 7-19

（2）一体式AC

所谓的一体式AC，指的是AC、路由器一体式的网关设备。不仅可以实现正常路由器的路由功能、防火墙功能、VPN功能，还自带AC功能。这样的组合性价比较高。如果是中小企业使用，AP较少，还可以使用PoE+AC一体式路由器，如图7-20所示。

图 7-20

7.3.4 无线网桥

无线网桥如图7-21所示。它利用无线传输的形式，在两个或多个网络之间搭起通信的桥梁。从通信机制上分为电路型网桥和数据型网桥。无线网桥工作在2.4GHz或5.8GHz的免申请无线执照的频段，因而比其他有线网络设备更方便部署。无线网桥根据不同的品牌和性能，可以实现几百米到几十千米的传输。很多监控的视频数据会使用无线网桥进行传输。

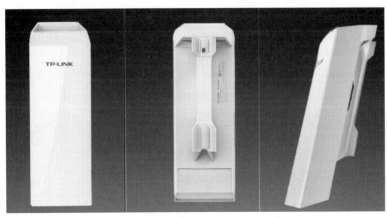

图 7-21

1. 无线网桥的应用场景

无线网桥的主要作用就是在不容易布线的地方架设可以收发信号的通信装置，如图7-22所示，这样主网桥就能将信号通过无线传输到子网桥处，实现共享上网。

图 7-22

除了共享上网与传输数据外，无线网桥还用在视频监控数据的传输方面（图7-23），以及电梯的视频监控数据传输中（图7-24）。

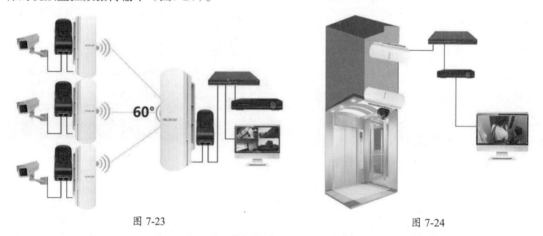

图 7-23　　　　　　　　　　　　　　图 7-24

在一定范围内，可以通过无线网桥和WLAN等技术，搭建大型的无线局域网。如果跨度过大，还可以使用无线网桥实现无线信号的放大及中继，以便扩大无线局域网的覆盖范围，如图7-25所示。

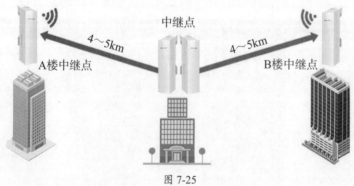

图 7-25

2. BS 与 CPE

在使用无线网桥时，经常会涉及BS与CPE。下面介绍这两种设备的区别。

（1）BS

BS就是基站，一般需外接天线使用，针对不同的应用场景，可接入碟形天线、扇区天线、全向天线。如使用碟形天线进行点对点传输，距离可达30km，如图7-26所示。如果使用扇区天线，可以覆盖120°范围内一点对多点的无线传输，距离可达5km，如图7-27所示。如使用全向天线，一点对多点无线传输，距离可达1km，如图7-28所示。

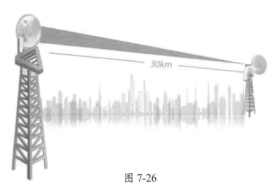

图 7-26

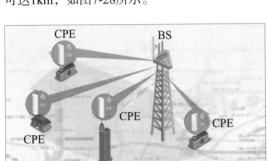

图 7-27

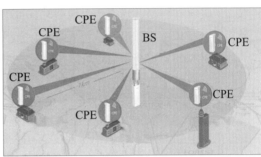

图 7-28

（2）CPE

CPE是一种接收无线信号的无线终端接入设备，可取代无线网卡等无线客户端设备。可以接收无线路由器、无线AP、无线基站等发射的无线信号，是一种新型的无线终端接入设备。同时也是一种将高速5G信号转换成Wi-Fi信号的设备。CPE设备广泛应用于农村、城镇、医院、单位、工厂、小区等无线网络接入场景，能节省铺设有线网络的费用。

根据具体型号，CPE有不同的天线技术与不同的传输距离，可以使用PoE或DC供电，可以在AP及Client之间快速切换，可以实现一键配对。可以和BS配合，也可以在CPE之间进行数据传输。如可以使用Passive PoE供电组网，成本较低。还可以使用Web管理系统进行管理，如图7-29所示。

图 7-29

7.3.5 其他无线设备

随着科技发展，无线设备的种类和功能也层出不穷，除了前面介绍的无线网卡，其他常见的设备如下。

1. 随身Wi-Fi

随身Wi-Fi既可作为USB无线网卡使用，也可以接入计算机，通过专属软件开启无线热点的随身Wi-Fi，如图7-30所示，即可搭建临时的无线环境，非常方便。

2. 无线中继器

无线中继器如图7-31所示。主要是作为中继，增加网络的覆盖范围。由于无线中继器不仅连接上级的无线信号，还要给无线终端提供信号，所以两者会各占一半带宽。其实用户将普通的路由器改成中继模式也可以叫无线中继器。配置简单、安装方便是其最大优势。无线名称和主路由的SSID可以保持一致。可以按照用户的户型和信号强度来决定安装的个数。

图 7-30

图 7-31

7.4 WLAN的配置

前面介绍了几种常见的WLAN的结构，不同的结构，组建和配置也不尽相同。例如前面介绍的家庭和小型公司局域网的组建，其中的配置就属于基础结构型网络的典型配置，包括无线路由器的无线配置，以及联网配置。配置的方式根据操作系统的不同略有不同。下面以常用的Windows操作系统为例，介绍一些其他结构的无线配置。

7.4.1 无线对等网及其共享上网的配置

无线对等网可以通过一台设备虚拟出一个无线网络，其他设备加入该网络即可通信，无须无线路由器的支持。下面以笔记本电脑和手机组成的对等网络为例进行介绍。

1. 无线对等网的互联

无线对等网可以用于临时的数据传输，无线对等网络的互联可以按照下面的操作方法进行配置。

步骤 01 在系统中搜索cmd，并选择"以管理员身份运行"选项，如图7-32所示。

步骤 02 输入netsh wlan show drivers命令检测笔记本电脑的无线网卡是否支持虚拟成AP的功能，如图7-33所示。

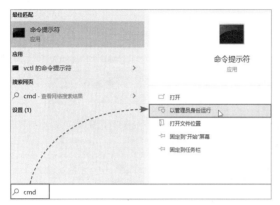

图 7-32

图 7-33

!注意事项 判断是否支持虚拟AP

如果显示"支持的承载网络：是"，说明支持，如果显示"否"说明不支持，需要更换驱动或者更换网卡。

步骤 03 使用 "netsh wlan set hostednetwork mode=allow ssid=test key=12345678"命令设置SSID为test、密码为12345678的虚拟无线，如图7-34所示。

图 7-34

步骤 04 使用netsh wlan start hostednetwork命令开启该无线AP功能，如图7-35所示。

图 7-35

步骤 05 此时搜索并进入"网络连接"中，可以看到该虚拟无线AP，如图7-36所示。可以设置其IP地址等网络参数以方便管理，如图7-37所示。

图 7-36

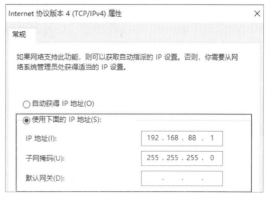

图 7-37

步骤06 使用其他终端设备如手机连接该网络后，手动给手机设置固定IP地址，如图7-38所示，完成后使用计算机ping手机，查看是否可以通信，如图7-39所示。

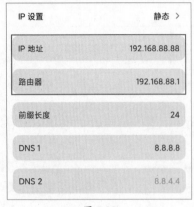

图 7-38

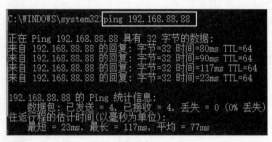

图 7-39

到此对等网的连接工作完成，接下来通过第三方软件就可以传递文件。

2. 无线对等网共享上网

无线对等网共享上网和设置热点的原理其实是一样的。本例中笔记本电脑使用有线网卡上网，然后为连接到虚拟无线接入点的无线终端设备代理上网。下面介绍无线对等网共享上网的配置方法。

步骤01 进入"网络连接"界面，在有线网卡上右击，在弹出的快捷菜单中选择"属性"选项，如图7-40所示。

步骤02 切换到"共享"选项卡，勾选"允许……来连接"复选框，并选择创建的虚拟无线网卡，完成后确认即可，如图7-41所示。

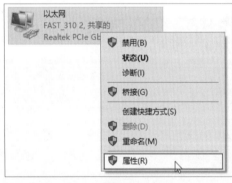

图 7-40

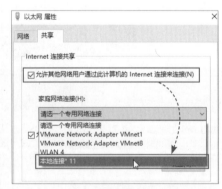

图 7-41

步骤03 系统提示自动将"本地连接11"网卡的IP地址设置为192.168.137.1，单击"是"按钮，如图7-42所示。

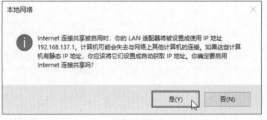

图 7-42

步骤 04 连接该无线网络后，更改手机端的IP地址，也必须在192.168.137.0/24网段中，如图7-43所示，并且将网关和DNS设置为笔记本电脑虚拟AP的IP地址。

到此无线对等网的共享上网配置完成，用户就可以使用手机上网了。

图 7-43

> **知识点拨** 关闭虚拟AP
>
> 要关闭虚拟AP，可以使用netsh wlan stop hostednetwork命令，如图7-44所示。

图 7-44

7.4.2 Mesh路由器的配置

使用Mesh路由器后，需要进行简单的设置，包括主路由和子路由器。

步骤 01 用计算机连接主路由后，进入主路由的配置向导，单击"开始配置路由器上网"按钮，如图7-45所示。

步骤 02 进行拨号设置，输入运营商给予的账户及密码，如图7-46所示。

图 7-45

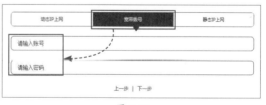

图 7-46

步骤 03 设置Wi-Fi名称和密码，并勾选"开启MESH自组网"复选框，如图7-47所示。

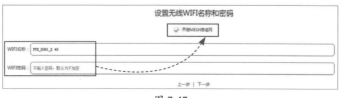

图 7-47

步骤 04 设置管理员密码，如图7-48所示。路由器应用配置并重启，变为MESH网络的主路由。

步骤 05 启动另一台路由器，在初始界面中，单击"加入MESH组网"按钮，如图7-49所示。路由器自动搜索Mesh网络，通过验证后加入其中，变成Mesh网络子路由。

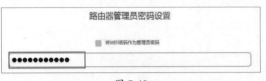

图 7-48

图 7-49

步骤 06 进入路由器管理界面的"MESH组网"中，可以查看当前的组网状态，如图7-50所示。还可以管理Mesh网络中的所有路由器。

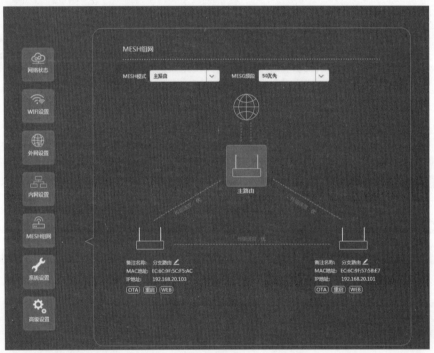

图 7-50

7.4.3 随身Wi-Fi网络的配置和管理

如果感觉使用对等网或者Windows的热点功能比较麻烦，用户可以购买和使用随身Wi-Fi。

1. 使用随身 Wi-Fi 功能

安装计算机端的随身Wi-Fi程序后，插入随身Wi-Fi，会自动安装驱动，启动程序。

步骤 01 系统检测到随身Wi-Fi后，自动开启随身Wi-Fi的配置界面，用户可以单击名称或密码修改无线接入参数，如图7-51所示。

步骤 02 其他设备可以通过SSID和密码进行连接。连接后，单击控制界面的"设备"图标，可以查看当前连接的设备，并可以对连接的设备限速或拉入黑名单，如图7-52所示。

图 7-51

图 7-52

2. 使用无线网卡功能

随身Wi-Fi除了可以作为热点提供无线网络外,本身还可以当作无线网卡使用。下面介绍设置的步骤。

步骤 01 在功能面板上单击"选项"按钮,在弹出的菜单中选择"切换到网卡模式"选项,如图7-53所示。

步骤 02 在弹出的界面中单击"开启"按钮,如图7-54所示。

步骤 03 随身Wi-Fi完成模式切换后,面板中随身Wi-Fi的其他管理功能和共享功能就无法使用了,如图7-55所示。

图 7-53

图 7-54

图 7-55

✓ 知识点拨 切换回随身Wi-Fi模式

在面板中单击"选项"按钮,选择"切换到WiFi模式"选项,可以切换回去,如图7-56所示。

图 7-56

步骤 04 可以像计算机无线网卡一样，手动选择其他无线网络名称，连接到对应的无线网络，如图7-57所示。

图 7-57

7.4.4 笔记本电脑无线热点共享上网

使用带有无线网卡的计算机或者是笔记本电脑，可以开启热点，供其他人访问。一般使用有线连接Internet，用无线实现热点的方式来实现。

使用Win+i组合键启动"Windows设置"，单击"网络和Internet"按钮，如图7-58所示。可以看到当前的状态是使用有线连接的"以太网专用网络"并连接Internet。选择"移动热点"选项，如图7-59所示。

图 7-58　　　　　　　　　　　图 7-59

选择连接到Internet的连接，单击"关"按钮，启动热点，如图7-60所示。单击"编辑"，可更改SSID和密码，如图7-61所示。完成后热点启动，用户可以通过其他无线终端连接该热点并共享上网。

选择连接到Internet的连接

图 7-60　　　　　　　　　　　图 7-61

时，无论此时是有线上网或者无线上网都可以。如果是无线网卡，系统会在当前无线网卡的基础上虚拟出一块无线网卡。两个无线逻辑网卡共用一块物理无线网卡，在一块网卡上虚拟出两个IP地址，两个网段，从而实现单个无线网卡既可以上网，又可以开热点。当然也可以设置有线网卡上网，用无线网卡搭建AP，非常灵活。

知识延伸：无线局域网的安全技术

无线安全技术旨在保护无线网络中的数据传输和访问安全，防止非法接入、窃听和数据篡改。无线网络，尤其是Wi-Fi等开放网络环境，面临独特的安全风险，因此需要使用专门的安全技术来保护数据和用户隐私，包括常见的加密技术、认证技术、防护措施以及管理策略。无线局域网常见的无线安全加密技术有WPA/WPA2、WPA-PSK/WPA2-PSK、WPA3。WEP（Wired Equivalent Privacy，有线等效加密）是早期的无线加密协议，安全性较差，密钥破解容易，已经被淘汰。

1. WPA/WPA2

WPA（Wi-Fi Protected Access，无线保护访问）是对WEP协议的改进，采用动态密钥分配机制，提高了安全性，引入了TKIP（临时密钥完整性协议）来动态生成加密密钥。虽然比WEP安全，但仍存在漏洞，特别是TKIP易受到攻击。WPA2（Wi-Fi Protected Access 2）是WPA的改进版本，采用AES（Advanced Encryption Standard，高级加密标准）加密算法，更加安全。采用CCMP（消息完整性协议）极大提升了数据保护能力。但在后期逐步发现KRACK攻击等漏洞。

2. WPA-PSK/WPA2-PSK

WPA-PSK/WPA2-PSK是现在普遍使用的加密类型，这种加密类型安全性高，而且设置也相当简单。WPA-PSK/WPA2-PSK数据加密算法主要有两种：TKIP和AES。TKIP是一种旧的加密标准，而AES不仅安全性能更高，而且由于其采用的是最新技术，无线网络传输速率也比TKIP更快。

3. WPA3

WPA3（Wi-Fi Protected Access 3）是Wi-Fi联盟组织于2018年1月8日在国际消费电子展上发布的Wi-Fi新加密协议，增强了用户认证和加密功能。主要改进的地方如下。

（1）对使用弱密码的人采取"强有力的保护"。如果多次输错密码，将被认定为攻击行为，屏蔽Wi-Fi身份验证过程来防止暴力攻击。

（2）简化显示接口受限，甚至包括不具备显示接口设备的安全配置流程。能够使用附近的Wi-Fi设备作为其他设备的配置面板，为物联网设备提供更好的安全性。用户能够使用手机或平板电脑来为另一个没有屏幕的设备（如智能锁、智能灯泡或门铃）等小型物联网设备设置密码和凭证，而不是将其开放给任何人访问和控制。

（3）在接入开放性网络时，通过个性化数据加密增强用户隐私的安全性。它是对每个设备与路由器或接入点之间的连接进行加密的一个特征。

（4）WPA3的密码算法为192位的CNSA等级算法，与之前的128位加密算法相比，增加了字典暴力密码破解的难度，并使用新的握手重传方法取代WPA2的四次握手。Wi-Fi联盟将其描述为"192位安全套件"。该套件与美国国家安全系统委员会国家商用安全算法套件兼容，进一步保护政府、国防和工业等安全要求更高的Wi-Fi网络。

第 8 章
广域网技术

相对于局域网、城域网，广域网的覆盖范围更大，技术也更复杂。在广域网中使用最多的设备就是路由器。广域网中的路由器类型多种多样，使用的协议也是多种多样。在WAN中传输数据时，路由器通常会使用一些数据链路层协议对网络层数据进行封装，为WAN链路上的数据传输提供必要的控制和寻址信息。例如常见的HDLC协议、PPP协议，还会使用一些认证协议，例如PAP和CHAP等。本章重点介绍广域网的连接以及主要使用的一些协议。

要点难点

- 认识广域网
- 广域网常见的协议
- Internet接入方式

8.1 认识广域网

广域网(Wide Area Network,WAN)是一种连接广泛地理区域的计算机网络,用于将多个局域网(LAN)或城域网(MAN)连接在一起,范围跨越城市、国家直至全球。广域网的目标是让任意地理位置的网络设备之间能够高效、快速地传输数据,以支持企业、政府和其他组织的大规模通信需求。

8.1.1 广域网的特性与分类

下面对广域网的特性及分类进行介绍。

1. 广域网的特性

前面介绍了局域网的相关知识,其中提到城域网和广域网。Internet是目前最大的广域网,其特性如下。

(1)覆盖范围广

广域网的覆盖范围可以从数十千米到数千千米,远超局域网和城域网,可以连接分布在不同城市、国家甚至全球的网络节点。

(2)传输距离远

广域网使用的通信技术(如卫星、光纤、无线电等)能够实现长距离的数据传输。

(3)传输速率较高

广域网通过高速线路和先进协议,能够实现高速数据传输。

(4)网络资源共享

广域网支持跨地域的资源共享,企业分支机构能够通过广域网共享中心服务器、应用和数据库资源。

(5)可靠性高

广域网通常需要较高的可靠性和稳定性,支持对数据传输的容错,支持路由重定向等功能,以确保在断线或故障情况下的连续服务。

(6)费用较高

由于传输距离较长,需要高级通信设备及线缆,广域网的建设和维护成本相对较高。

> **知识点拨 广域网与其他网络类型的区别**
> 广域网比局域网覆盖范围更广,依赖电信运营商提供的专线,通信成本相对较高。城域网主要服务于特定的城市区域,广域网则不受地理限制,连接范围更广。广域网是互联网的重要组成部分。互联网使用广域网技术实现全球连接和数据交换。

2. 广域网的分类

根据技术和实现方式,广域网可以分为以下几类。

(1)企业专用广域网

企业专用广域网由企业专门建立,用于连接分支机构、数据中心等,通常为封闭式网络,具有较高的安全性。

（2）公用广域网

电信运营商建设公用广域网，提供给公众使用，如互联网、电话网等。

（3）虚拟专用网（VPN）

虚拟专用网是基于公用广域网（如互联网）实现的专用网络，通过隧道技术和加密来保证数据安全，广泛用于企业内网的扩展。

> ✅**知识点拨** 广域网使用的设备
> 在广域网中使用路由器（跨网络）、广域网交换机（骨干网的高速数据交换）、调制解调器（信号转换）、防火墙（保护和控制访问）、光纤终端等设备。

8.1.2 广域网的连接技术

广域网需要通过特定的连接技术和线路实现远距离传输，常见的连接技术如下。

1. 租用线路

用户租用专用的高速线路（如T1、E1、光纤链路），提供高带宽、低延迟、较高安全性的专线连接。

2. 拨号连接

拨号连接通过电话线实现远程连接，使用调制解调器进行数据传输，速度较低，常用于早期的互联网接入。

3. 光纤通信

光纤链路提供极高的带宽和传输速率，适合长距离的广域网连接，是现代广域网的主要传输方式。

4. 卫星通信

卫星通信利用卫星链路连接偏远地区，传输距离可达数千千米，受天气和延迟影响较大。

5. 无线广域网

无线广域网使用4G/5G、微波等无线技术用于广域网连接，适合需要灵活布置的场景。

6. DSL 和 Cable

DSL（数字用户线路）和Cable（有线电视线路）通常用于家庭用户连接到互联网。

> ✅**知识点拨** 广域网的应用场景
> 包括企业广域网用于在企业和分支机构进行数据通信。远程办公用于员工通过VPN远程接入。跨国网络用于国际组织、机构、企业在不同国家间传输数据。云计算用于本地数据与云服务商的网络连接，进行各种云计算。电信骨干网用于连接ISP和电信运营商的骨干网，提供互联网接入和其他服务。

8.1.3 广域网的传输技术

广域网的数据传输与局域网不同，常见的传输技术有以下几种。

1. 电路交换

电路交换通过在通信的两端建立一个固定的传输通道来传输数据，适用于电话网络。优点是传输稳定且时延低，但通道占用率低。

2. 分组交换

分组交换将数据分成小的分组，通过网络的不同路径传输，在接收端重新组合。分组交换利用网络资源效率较高，是现代广域网传输的主流技术。

3. 虚电路交换

虚电路交换介于电路交换和分组交换之间，提供类似于电路交换的连接性，同时具有分组交换的资源共享优点。

4. 帧中继

帧中继基于分组交换技术，适合传输大量小分组，带宽利用率较高，常用于远程办公和企业广域网连接。

5. 异步传输模式（ATM）

ATM是一种基于固定长度数据单元（称为信元）的高速网络技术，支持多媒体传输，适合大规模企业网络。

6. 多协议标签交换（MPLS）

MPLS将数据包的路由信息封装在标签中进行交换，可以实现多种数据流的快速路由，广泛应用于企业广域网和ISP网络。

7. 光纤传输技术

光纤具有高带宽、低延迟和长距离传输的优势，广泛应用于广域网骨干传输。常见的光纤传输技术包括SONET、SDH和DWDM等。

8. 卫星通信

卫星通信通过地球同步轨道的卫星进行数据传输，适合覆盖偏远地区，但存在较高的时延。

> ✅ **知识点拨** 广域网的传输介质
> 广域网的传输介质包括光纤、电缆、卫星通信、微波和无线电波等，可以根据需求和环境选择合适的方式。

8.1.4　广域网的性能优化技术

广域网的性能优化技术旨在提高数据传输速率、减少延迟和丢包率，常用的方法如下。

- **流量工程**：控制网络流量的路径和带宽分配，确保重要数据流得到优先处理。
- **压缩和数据缓存**：减少数据量和传输频率，提高传输效率。
- **内容分发网络（CDN）**：在广域网中部署缓存节点，将内容推送到靠近用户的节点，降低访问时延。
- **链路聚合**：通过将多个物理链路聚合为一条逻辑链路来提高带宽和冗余性。

- **动态路由协议**：如OSPF、BGP等，根据网络状况动态调整路由，保证数据流的最优路径。

8.1.5 广域网的安全技术

广域网的安全至关重要，其主要的安全防护技术如下。
- **加密**：确保数据传输的机密性，避免敏感信息在传输中泄露。
- **身份验证**：验证用户和设备的身份，确保合法用户才能访问广域网资源。
- **访问控制**：通过控制哪些设备和用户可以访问特定网络，防止未经授权的访问。
- **防火墙和入侵检测**：防火墙限制未经授权的通信，入侵检测系统实时监测和响应安全威胁。
- **VPN**：通过在广域网上建立加密通道来保护数据隐私和完整性。

8.1.6 广域网的常见协议

广域网的数据传输与局域网有所区别，依赖的协议也不尽相同。除了前面介绍的TCP/IP协议、动态路由协议外，还包括以下一些常见的协议。

1. 链路访问协议

广域网使用的链路访问协议包括以下几种。
- **HDLC（High-Level Data Link Control）**：一种数据链路层协议，适用于点到点的同步数据传输。HDLC提供可靠的数据帧传输方式，但不支持身份验证。
- **SDLC（Synchronous Data Link Control）**：IBM公司开发的同步数据链路控制协议，常用于主机与终端设备的通信。
- **LLC（Logical Link Control）**：IEEE 802标准中的一部分，用于提供数据链路层的逻辑控制功能。LLC支持流量控制和差错检查功能。

2. 点到点协议（Point-to-Point Protocol，PPP）

PPP是一种数据链路层协议，用于在两个节点间通过串行链路传输数据，提供链路配置、链路保持、链路终止等功能，还支持身份验证（如PAP、CHAP）、压缩等机制。主要用于拨号、DSL链路、卫星通信等。

3. 帧中继协议（Frame Relay）

帧中继是一种面向连接的广域网协议，适合局域网之间的远距离连接。通过将数据分解为帧来传输，能够以较高的效率完成突发性的数据传输。特点是时延低，适合中等带宽需求的连接方式。帧中继使用虚拟电路传输数据，以提高传输效率。被广泛用于企业和服务提供商之间的连接，但随着技术发展，逐渐被MPLS替代。

4. 多协议标签交换（Multiprotocol Label Switching，MPLS）

MPLS通过标签来转发数据包，是一种可在二层和三层之间工作的协议，提供高效的广域网连接。支持流量工程，可以分配不同路径，以保证服务质量。MPLS在互联网服务提供商（ISP）

中得到了广泛应用,支持VPN、流量隔离等功能。适合企业跨区域、跨网段传输,支持复杂数据流量的管理。

5. 无线广域网协议

广域网的无线通信用到的协议如下。

- **LTE(Long Term Evolution)**:4G通信标准,具有高数据速率、低时延的特点,适合广域网中的高速无线接入。
- **5G NR(New Radio)**:第五代移动通信标准,提供更高的带宽和低时延,支持大量设备并发,适合广域网的无线通信需求。
- **WiMAX(Worldwide Interoperability for Microwave Access)**:一种基于IEEE 802.16标准的广域无线接入技术,覆盖范围广,但在许多地区逐渐被LTE替代。

6. 虚拟专用网协议(Virtual Private Network,VPN)

VPN协议在公网上创建私密的通信通道,实现数据加密,确保传输安全。常见的类型包括IPSec VPN(基于IP安全协议)、SSL VPN(基于SSL加密)、PPTP(点对点隧道协议)。适用于企业内部系统的远程接入,实现安全的远程办公。

7. 异步传输模式(Asynchronous Transfer Mode,ATM)

ATM采用固定长度的信元(53B)传输,支持语音、视频和数据等多媒体传输。ATM具有较高带宽和低时延,适合实时性要求高的传输场景,常用于语音和视频传输。适合在电信、银行等对时延敏感,且对带宽要求较高的场景中使用。

8. 宽带接入协议

- **PPPoE(Point-to-Point Protocol over Ethernet)**:一种基于以太网的点对点协议,广泛用于DSL和光纤宽带接入。
- **L2TP(Layer 2 Tunneling Protocol)**:用于VPN,提供二层隧道的功能,通常结合IPSec使用,实现安全的广域网连接。

8.1.7 广域网的未来发展趋势

随着云计算、物联网和边缘计算的普及,广域网的功能和需求也在不断提升和变化。在未来发展中,广域网将和以下许多新兴技术相结合。

- **5G和未来无线技术**:5G提供低时延、高带宽的特性,使得广域网可以覆盖更广的范围,并支持更多设备连接。
- **SD-WAN(软件定义广域网)**:通过软件定义网络技术来灵活管理和控制广域网,减少运营成本,提供更高的弹性和可控性。
- **量子网络**:量子通信技术的发展将提升广域网的数据传输速度和安全性。
- **边缘计算的融合**:广域网将集成更多边缘计算节点,实现数据在靠近数据源的地方进行计算和处理。
- **网络自动化和人工智能化**:广域网管理引入人工智能和自动化技术,优化流量路由、故障处理和资源分配。

8.2 HDLC协议

HDLC（High-Level Data Link Control，高级数据链路控制）协议是一种同步数据链路层协议，主要用于在广域网（WAN）中实现可靠的数据传输。HDLC是一种面向比特的协议，是数据链路层通信协议的基本框架。HDLC可以有效地控制数据流动、差错检测和恢复，在点到点和多点链路中应用广泛。

8.2.1 HDLC协议的特点

HDLC通过比特定界和帧格式化技术，在发送端和接收端实现同步，并提供一种高效、可靠的数据通信方法。它的主要特点如下。

- **面向比特**：HDLC使用比特填充和帧同步的方式，确保数据可以正确地在数据链路层传输。
- **同步传输**：HDLC适用于同步通信，可以精确地控制数据的传输速率和帧结构。
- **支持全双工模式**：HDLC支持全双工通信，可以同时发送和接收数据。
- **支持差错检测与恢复**：HDLC提供强大的差错检测功能，通过校验字段可以检测并纠正数据传输中的错误。

8.2.2 HDLC协议的数据传输机制

HDLC协议使用以下机制在数据链路中传输数据。

1. 发送端操作

① 发送端将用户数据分隔成帧。
② 为每个帧添加控制信息，包括帧类型、帧序列号和校验码。
③ 将帧发送到链路。

2. 接收端操作

① 接收端接收帧。
② 检查帧的校验码以检测错误。
③ 如果校验码正确，则提取帧中的控制信息和用户数据。
④ 将用户数据传递给下一层。
⑤ 向发送端发送确认或拒绝帧。

> **知识点拨** 以太网能否使用HDLC封装协议
> 因为以太网是多点链路，允许多个设备共享同一物理介质。由于以太网中HDLC地址字段无法唯一标识以太网上的接收设备，而且确认/拒绝机制在以太网的多点环境中无法有效地工作，并且与以太网帧的格式不兼容，所以HDLC协议只能配置用于在点对点链路上传输数据。

8.2.3 HDLC协议的数据帧

HDLC协议的数据帧是HDLC传输数据的基本单位，主要的结构和类型如下。

1. HDLC 的帧类型

HDLC使用三种不同类型的帧进行数据传输和控制。

（1）信息帧（I帧）

I帧用于承载数据信息，支持序列号和确认信息，主要应用于数据流的传输。I帧通过序列号来标识每一帧的数据位置，以支持可靠的数据传输。

（2）监控帧（S帧）

S帧用于提供流量控制和差错恢复，主要作用是管理和控制数据流。S帧类型包括接收准备（RR）、接收不准备（RNR）、拒绝（REJ）和选择重发（SREJ），用于指示传输状态。

（3）无编号帧（U帧）

U帧用于链路管理和控制，如链路的建立、断开等。这种帧没有编号，适用于传递控制信息。U帧包含命令和响应操作，如连接请求（SABM）、断开连接（DISC）等。

2. HDLC 的数据帧格式

HDLC帧中包含以下字段，含义如下。

- **标志字段（Flag）**：标志字段用于帧的起始和结束。HDLC使用0x7E（01111110）作为每个帧的标志字段。该字段确保接收方能识别每一帧的边界。
- **地址字段（Address）**：地址字段用于标识发送方和接收方的地址，可以支持多点链路。它在点对点通信中通常是一个单字节，表示目标地址。
- **控制字段（Control）**：控制字段用来指示帧的类型（I帧、S帧或U帧），并包含序列号等控制信息，主要用于差错控制、流量控制。
- **信息字段（Information）**：信息字段承载要发送的有效数据，通常存在于信息帧中。S帧和U帧可能没有信息字段。
- **帧校验序列（FCS）**：FCS用于差错检测，通常是16位或32位的CRC（循环冗余校验）码，用于验证数据的完整性。
- **标志字段（Flag）**：每一帧的最后也有一个标志字段（和开头一致），用于标识帧结束。

8.2.4　HDLC协议的差错与流量控制

HDLC协议对于差错和流量控制有其特殊的处理方式。

1. HDLC 的差错控制

HDLC提供可靠的差错控制机制，通过帧校验序列（FCS）来检测链路中的传输错误。若接收方检测到错误，可以使用以下几种方式进行错误恢复。

- **自动重传请求（ARQ）**：若帧出错，接收方会请求发送方重新发送该帧。
- **负确认（NAK）和确认（ACK）**：接收方若收到无错误的帧，将返回确认（ACK），否则发送负确认（NAK），指示需要重发。
- **选择性重发（Selective Repeat）**：通过SREJ帧可以请求特定的帧重新发送，而无须重发整个数据序列，降低重传量。

2. HDLC 的流量控制

HDLC提供基于滑动窗口的流量控制机制，使用窗口大小管理帧的传输速率。滑动窗口可以有效管理发送方和接收方之间的传输节奏，避免数据溢出。常见的流量控制机制如下。

- **接收准备（RR）**：表示接收方已准备好接收下一个数据帧。
- **接收不准备（RNR）**：表示接收方暂时无法接收数据，发送方应停止发送新的数据帧。

> ✅ 知识点拨 HDLC的应用
>
> HDLC协议广泛应用于各种广域网（如Frame Relay、X.25）和专用网络。HDLC的设计框架为后续多个网络协议的发展提供基础。例如，广域网中的PPP协议就是基于HDLC协议实现的，PPP协议在保留HDLC传输特性的同时增加了链路配置和身份验证等功能。此外，X.25也借鉴了HDLC的帧结构和控制机制。

8.3 PPP协议

PPP协议的前身是串行线路网际协议（Serial Line Internet Protocol，SLIP）。SLIP以其简单易用，在20世纪80年代曾经广泛应用于Internet中。由于SLIP只支持一种上层网络协议——IP协议，并且SLIP没有针对数据帧的差错检验，因此有致命的缺陷。PPP协议是TCP/IP协议栈的标准协议，为同步数据链路的数据传输和控制提供标准方法。

8.3.1 认识PPP协议

PPP（Point-to-Point Protocol，点对点协议）是一种链路层协议，用于在点对点链路中传输多协议数据报。PPP协议被广泛应用于各种网络环境中，例如拨号连接、异构网络互联和远程访问，如图8-1所示。

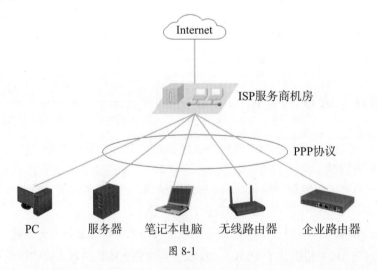

图 8-1

PPP协议与数据链路层的两个子层——LCP和NCP都有关系。PPP协议首先由LCP子层发起，主要是建立链路、配置链路参数和测试链路状况等。经过LCP子层的初始化工作，由NCP传输上层协议之间的数据通信。

PPP协议能够控制数据链路的创建、拆除和维护；支持在数据链路上进行IP地址的分配和设置；支持多种类型的网络层协议；可以对数据帧进行差错检验和传输流量控制；链路两端可以就数据压缩的格式进行协商；最为重要的是，在网络安全问题日益严峻的今日，PPP协议提供了对广域网的安全保障。

PPP协议的优缺点如表8-1所示。

表8-1

对比项	内容
优点	简单：PPP协议是一种相对简单的协议，易于理解和实现。 灵活：支持多种封装协议和认证机制，可用于各种网络环境。 可靠：使用多种功能确保数据的可靠传输，例如CRC校验码和确认/拒绝机制。 安全：支持多种认证机制，可用于保护网络安全
缺点	开销：PPP协议本身会增加一些开销，这可能会降低链路利用率。 复杂性：虽然这是一种相对简单的协议，但它仍然比一些其他链路层协议（例如以太网）复杂

8.3.2 PPP协议的主要功能

PPP协议旨在为多种链路类型提供可靠的数据传输服务，主要功能如下。

- **链路配置和建立**：PPP协议能够建立、配置和终止链路连接。
- **数据封装**：PPP协议使用HDLC风格的帧结构来封装数据，以便在链路上传输。
- **网络层协议支持**：PPP协议支持多种网络层协议（如IPv4、IPv6等）传输。
- **链路控制和管理**：通过控制协议（LCP），PPP协议实现链路协商、数据包压缩、错误检测等功能。
- **认证机制**：PPP协议提供PAP和CHAP两种身份验证协议，确保连接的合法性。

> **知识点拨** PPP协议的封装方式
>
> PPP协议封装和HDLC封装并不是并列的关系，而是功能的选择及匹配的关系。
> 理论上，上层数据可以直接使用HDLC封装成帧进行传输。但为了实现兼容性、安全性、效率等更多功能，可以选择先使用PPP等协议进行封装（PPP协议可以提供这些功能），再使用HDLC进行封装。
> 理论上，PPP协议也可以直接封装成PPP帧进行传输，但是由于网络中设备比较复杂，一般会再次使用HDLC、SLIP、帧中继等进行封装后再传输，以解决兼容性、安全性、效率等问题。
> 思科的设备提供丰富的PPP协议的支持，可以直接传输PPP帧，所以将接口配置为PPP协议封装模式即可直接使用。而其他的不同设备之间通信则需要先进行封装。

PPP协议的应用非常广泛，主要包括如下几个方面。

- **拨号连接**：PPP协议可用于将拨号用户连接到Internet或其他网络。
- **异构网络互联**：PPP协议可用于连接不同类型的网络，例如LAN和WAN。
- **远程访问**：PPP协议可用于连接远程用户到企业网络。
- **串行链路备份**：PPP协议可用于为专用线路提供备份连接。
- **蜂窝网络**：PPP协议可用于在蜂窝网络上传输数据。

8.3.3 PPP协议的组成

PPP协议包含三个主要组成部分。

- **链路控制协议（Link Control Protocol，LCP）**：LCP用于配置、管理和测试PPP链路，完成链路的建立、测试和维护。LCP还用于协商帧大小、压缩方式、检测错误等。
- **网络控制协议（Network Control Protocol，NCP）**：PPP协议使用不同的NCP来配置和支持多种网络层协议，如IP、IPX、AppleTalk等。NCP还负责协商网络层的参数和地址分配。
- **认证协议**：PPP协议支持多种认证方式，常见的包括PAP（Password Authentication Protocol）和CHAP（Challenge Handshake Authentication Protocol），用来确保接入者身份的合法性。

8.3.4 PPP协议的工作过程

PPP协议链路的工作过程可分为以下几个阶段。

1. 链路建立阶段

在链路建立阶段，LCP建立链路连接并协商链路参数，如最大帧长度、认证方式等。在认证阶段（可选，如果需要），PPP协议可在链路建立后进行身份认证。

2. 网络层协议协商阶段

在网络层协议协商阶段，NCP协商网络层协议参数，如IP地址等，以便配置传输协议的特性。

3. 链路传输数据阶段

链路传输数据阶段PPP链路处于活动状态，网络层协议的数据可以通过链路进行传输。

4. 链路终止阶段

链路终止阶段终止信号发送，释放链路资源，关闭连接。

> **知识点拨 PPP的认证协议**
>
> PPP协议支持两种主要的认证协议来确认连接的合法性。
> （1）PAP（Password Authentication Protocol）
> 一种简单的认证协议，用户通过明文传输用户名和密码进行身份验证。由于明文传输存在安全风险，PAP的安全性较低。
> （2）CHAP（Challenge Handshake Authentication Protocol）
> 一种更安全的认证协议，基于质询-应答模式。验证时，服务器向客户端发送质询信息，客户端使用共享密钥对质询信息进行哈希运算后返回给服务器进行验证。CHAP认证采用加密方式，具有更高的安全性。

8.3.5 PPP协议帧格式

PPP协议所使用的帧格式如图8-2所示。其中，各部分的含义如下。

- **标志字段F（Flag）**：帧开始的标志，值为0x7E。
- **地址字段A（Address）**：通常是广播地址0xFF，在PPP协议中主要用作占位符。

- **控制字段C（Control）**：值为0x03，表示无编号帧。
- **协议字段（Protocol）**：标识封装的协议类型，例如0x0021表示IP数据报、0xC021表示LCP数据等。
- **信息字段（Information）**：实际的数据载荷，如IP数据包或LCP数据。
- **帧校验序列（FCS）**：用于检测数据传输过程中出现的错误，通常为16位或32位CRC校验码。
- **标志字段F（Flag）**：帧结束的标志，值为0x7E。

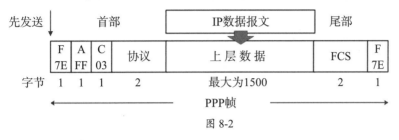

图 8-2

8.3.6 LCP与NCP的功能

LCP协议和NCP协议都是PPP协议的重要组成部分，两者的具体功能如下。

1. LCP 协议的功能

LCP主要负责管理和控制PPP链路的连接过程，其主要功能如下。

- **链路配置**：在链路建立阶段，LCP通过发送配置请求包（Configure-Request）和配置响应包（Configure-Ack/Reject/Nak）协商链路的参数。
- **链路质量监控**：LCP可以监控链路质量，当链路质量低于阈值时终止连接。
- **差错检测与恢复**：LCP通过魔术数字（Magic Number）等方式检测链路的回环情况，以防止链路出现死锁。
- **链路终止**：LCP可以通过发送终止请求包（Terminate-Request）来关闭链路。

2. NCP 协议的功能

NCP用于为不同的网络层协议配置参数。PPP协议提供多个NCP实现，以支持多种网络层协议。常见的NCP协议如下。

- **IP控制协议（IPCP）**：用于IP协议的配置和管理。
- **IPv6控制协议（IPv6CP）**：用于IPv6协议的配置和管理。
- **AppleTalk控制协议（ATCP）**：用于AppleTalk协议的配置。
- **多协议控制**：支持多种网络层协议的并行传输。

8.4 MPLS协议

MPLS（Multiprotocol Label Switching，多协议标签交换）是一种灵活高效的数据传输协议，主要应用于广域网和企业网络中，以实现快速数据包转发、流量工程和服务质量管理。MPLS在网络中使用标签来确定数据包的转发路径，避免传统的路由查表过程，从而提升传输速度和网络效率。

8.4.1 认识MPLS协议

MPLS协议通过在OSI模型的第二层（数据链路层）和第三层（网络层）之间添加标签，建立一种"标签交换"的转发方式。它在数据包上附加一个标签，并根据该标签决定数据包的转发路径，而不是依赖传统的IP地址查表。MPLS既适用于IP协议，也支持其他协议，如ATM、帧中继等，因此被称为"多协议"。

MPLS网络的主要组成部分如下。

- **标签交换路由器（Label Switching Router，LSR）**：用于读取MPLS标签，根据标签转发表将数据包转发到下一跳。
- **标签边界路由器（Label Edge Router，LER）**：位于MPLS网络的边缘，在IP数据包进入或离开MPLS网络时进行标签的添加或删除。
- **标签分发协议（Label Distribution Protocol，LDP）**：用于路由器之间的标签分发和管理，确保每个LSR都能正确识别并转发标签。

8.4.2 MPLS协议标签结构

在MPLS数据包中，标签位于数据链路层帧头和网络层数据之间，称为"MPLS标签栈"。MPLS标签字段结构包括以下四部分。

- **标签值（Label Value）**：20位，用于标识数据包的转发路径。
- **实验字段（Exp）**：3位，用于服务质量标记，实现优先级转发。
- **堆栈标志（S）**：1位，标识是否是标签栈的最后一个标签。
- **生存时间（TTL）**：8位，用于防止数据包在网络中无限循环。

8.4.3 MPLS协议的工作机制

MPLS的工作机制包括以下几个方面。

（1）标签分配

LSR在网络内部建立标签转发表，LDP协议用于标签的交换和分发。

（2）标签封装

当数据包进入MPLS网络时，LER会根据目的IP地址查找路由，分配合适的标签并添加到数据包中。

（3）标签转发

根据标签转发表中的信息，LSR直接使用标签转发数据包，而不必查找IP路由表。

（4）标签移除

数据包到达MPLS网络的出口时，LER会移除标签，并将数据包转发到IP网络。

8.4.4 MPLS协议的特性和优势

- **快速转发**：MPLS使用标签转发，避免了传统路由的查表过程，提高了转发效率。
- **流量工程**：MPLS支持流量工程，可以根据网络流量状况动态调整数据传输路径，以优化资源利用。
- **服务质量**：MPLS可以在标签上携带优先级信息，支持不同的服务质量要求，适用于语音、视频等实时应用。
- **支持多协议**：MPLS可以承载不同的协议类型，如IP、ATM、帧中继等，因此适合异构网络环境。
- **虚拟专用网络（VPN）支持**：MPLS可以用于创建MPLS VPN，通过不同的标签隔离流量，实现企业之间的逻辑隔离。

8.5 其他常见协议

除了HDLC协议和PPP协议外，在广域网中，还有其他的一些常见协议。

8.5.1 X.25协议

X.25协议是一种面向连接的网络协议，最早由国际电报电话咨询委员会（CCITT，现为ITU-T）在20世纪70年代制定，用于在分组交换网络中传输数据。X.25协议主要应用于公共数据网络，特别是在可靠性和错误控制要求较高的环境中。X.25协议为低速率的通信链路提供可靠的数据传输，常用于银行、航空预订系统等需要高可靠传输的领域。

1. X.25 协议的特点

X.25协议的主要功能和特点如下。

- **面向连接**：X.25在通信之前要建立一个虚电路连接，这使得通信路径稳定，便于控制数据流和错误处理。
- **分组交换**：X.25基于分组交换技术，每个数据包称为一个"分组"，按序编号并带有完整的路由信息。
- **错误控制**：X.25使用错误检测和纠错机制，确保数据传输的高可靠性。
- **流量控制**：X.25协议可以控制传输速度，避免网络拥塞。
- **层次结构**：X.25协议分为三层，即物理层、链路层和分组层，分别对应不同的功能。

2. X.25 协议的功能

X.25协议的主要功能如下。

- **错误检测与纠正**：X.25使用冗余检查技术，如CRC来检测分组中的误码，并通过重传机制来纠正错误。
- **流量控制**：通过滑动窗口控制传输速度，避免数据溢出和丢包现象。
- **分段与重组**：X.25支持数据分段，当数据长度超过链路的最大传输单元（MTU）时，可将数据分隔为多个分组进行传输。
- **路由选择**：X.25根据分组头的地址信息选择最佳路由，实现不同节点之间的通信。

> ✓ **知识点拨** X.25与其他网络协议的对比
> 与TCP/IP协议相比，X.25面向连接特性和严格的错误控制较为冗余，而TCP/IP在链路层上较为简单，适合在高速网络中传输大数据量。现代互联网对X.25的替代协议主要有Frame Relay、ATM、MPLS等。这些协议在速度、效率和灵活性方面更优，但X.25依然在部分地区和传统系统中使用。

3. X.25协议的帧结构

X.25帧结构包括头部、数据部分和帧校验序列，典型的结构如下。
- **标志字段（Flag）**：帧的起始和结束标志，通常为01111110。
- **地址字段**：标识发送方和接收方的地址信息。
- **控制字段**：包含链路控制信息。
- **数据字段**：实际传输的数据内容。
- **帧校验序列（FCS）**：用于检测传输中的错误。

4. X.25的应用场景

X.25主要用于早期的低速数据通信环境，如银行ATM网络、航空订票系统等。尽管如今被更先进的协议（如Frame Relay和MPLS）逐步取代，但在一些发展中国家和地区，它仍被应用在可靠性高、实时性要求较低的场景中，如远程终端、POS机等。

8.5.2 帧中继协议

帧中继（Frame Relay）是一种面向连接的分组交换协议，主要用于广域网中的数据传输。它在分组交换的基础上进行了简化，移除了较为复杂的错误控制和流量控制机制，因此具备更高的传输效率，适合快速、低延迟的网络需求。帧中继协议支持多种速率的传输带宽，通常用于企业专线、远程办公网络连接等领域。

1. 帧中继协议的特点

- **面向连接**：帧中继通过虚电路提供连接服务，用户通信前需建立连接，但没有传统X.25的复杂过程。
- **快速分组交换**：帧中继在数据链路层进行快速分组交换，适用于高速、低延迟数据传输。
- **无错误控制**：为了提升速度，帧中继不对数据传输进行错误纠正，依赖高质量的数字线路或更高层协议的错误处理。
- **动态带宽分配**：帧中继支持带宽按需分配，适合突发数据流量的网络需求。

2. 帧中继协议的功能

- **高效的传输方式**：帧中继简化了数据链路层，取消了差错控制和流量控制机制，减少了协议开销，提高了网络传输效率。
- **动态带宽分配**：在帧中继网络中，用户可动态使用空闲带宽，充分利用网络资源。
- **突发数据支持**：帧中继的带宽可以按需分配，适合传输突发数据流量，例如多媒体、视频等。

- **可靠的通信质量**：帧中继依赖于高质量的数字链路，其数据传输速度和延迟均优于X.25协议。

3. 帧中继协议的优势与劣势

帧中继协议的主要优势如下。

- **高效**：简化的协议结构减少了通信开销，适合高速数据传输。
- **灵活的带宽利用**：带宽按需分配，支持多种速率需求。
- **易于扩展**：适合广域网的企业网络需求，连接成本较低。

帧中继协议的主要劣势如下。

- **不保证端到端的可靠性**：缺少差错控制和流量控制，需要上层协议提供可靠性。
- **对线路质量有要求**：如果线路质量较差，会导致较高的误码率和数据丢失。
- **时延问题**：突发流量可能导致延迟，影响实时应用。

4. 帧中继的应用场景

帧中继适用于以下应用场景。

- **企业广域网连接**：连接分布在不同地理位置的分支机构，传输速度和带宽利用率高。
- **金融交易**：需要高速度的通信环境，以支持实时的数据传输需求。
- **视频会议**：对突发流量有一定支持，可以为视频、音频等多媒体业务提供服务。

8.6 Internet接入

Internet接入方式有多种，可以满足不同用户对速度、覆盖范围和预算的需求。用户接入互联网需要向ISP服务商提交申请，缴纳费用后，就会有专业人员布置线路，连接设备，通过拨号验证后就可以接入Internet中。以下是常见的Internet接入方式及其特点。

8.6.1 DSL技术

DSL就是数字用户线（Digital Subscriber Line）的缩写。DSL技术就是用数字技术对现有的模拟电话线路进行改造，使它能够承载宽带业务。虽然标准模拟电话信号的频带被限制在30～3400kHz，但用户线本身实际可通过的信号频率仍然超过1MHz。xDSL技术把0～4kHz的低频部分留给传统电话使用，而把原来没有被利用的高频部分留给用户上网使用。有些人将DSL也叫作xDSL，表示在数字用户线上实现的不同宽带方案。由于电话线路的带宽问题以及移动电话的发展，电话线接入逐渐被淘汰，不过不影响学习其原理。

1. xDSL技术的种类

xDSL技术包括以下几类。

- **ADSL（Asymmetric Digital Subscriber Line）**：非对称数字用户线。
- **HDSL（High speed DSL）**：高速数字用户线。
- **SDSL（Single-line DSL）**：单线的数字用户线。

- VDSL（Very high speed DSL）：甚高速数字用户线。
- DSL（Digital Subscriber Line）：数字用户线。
- RADSL（Rate-Adaptive DSL）：速率自适应DSL，是ADSL的一个子集，可自动调节线路速率。

2. ADSL 技术

ADSL是一种异步传输模式。在电信服务提供商端将每条需要开通ADSL业务的电话线路连接在数字用户线路访问多路复用器上。在用户端需要使用一个ADSL终端来连接电话线路。因为和传统的调制解调器（Modem）类似，所以也被称为"猫"。由于ADSL使用高频信号，所以在两端还需要使用ADSL信号分离器，将ADSL数据信号和普通音频电话信号分离出来，避免使用电话时出现噪声干扰。

通常的ADSL终端有一个电话Line-In接口和一个以太网接口，有些终端集成了ADSL信号分离器，并提供一个电话接口（Phone接口）供连接电话使用。某些ADSL调制解调器使用USB接口与计算机相连，需要在计算机上安装指定的软件添加虚拟网卡来进行通信。

ADSL线路的上行和下行带宽不对称。我国目前采用的方案是离散多音调（Discrete Multi-Tone，DMT）调制技术。这里的"多音调"就是"多载波"或"多子信道"的意思。上传的带宽只有下载带宽的八分之一。

> **知识点拨　拨号上网**
>
> 虽然使用其他方式上网也需要使用拨号技术进行设备注册和用户认证，但这里的拨号上网指的是一种早期的传统Internet接入方式，通过电话线将计算机连接到ISP（互联网服务提供商）的服务器。因为没有采用ADSL技术，所以最大速度通常为56Kb/s，适合低带宽需求的应用，相对便宜，但由于带宽低，已逐渐被淘汰。每次上网需拨号连接，不能同时打电话和上网，且速度慢，只适合基本的电子邮件和网页浏览。

8.6.2　以太网接入技术

以太网接入技术也叫小区宽带技术，网络服务商采用光纤连接到小区或到楼，然后使用双绞线接入用户家中，直接连接用户的路由器而不需要调制解调器。采用以太网作为互联网接入手段的主要原因是所有流行的操作系统和应用都与以太网兼容、性价比高、可扩展性强、容易安装开通以及可靠性高等。以太网的接入带宽分为10/100/1000Mb/s三级，可按需升级。

就像局域网中使用交换机和路由器共享上网一样，这种接入方式共享网络出口，在用户较多时会影响用户的网速。另外出于传输距离、运营成本、升级、管理、设备安全及耗能的问题，以太网接入技术已经逐渐被光纤技术所取代。

8.6.3　光纤接入技术

由于光纤传输具有通信容量大、质量好、性能稳定、防电磁干扰、保密性强等优点，目前被大范围应用。光纤接入技术是现在最流行的宽带接入技术，特别是无源光网络（Passive Optical Network，PON）几乎是综合宽带接入技术中最经济有效的一种方式。光纤接入的带宽下行速率通常为100～1000Mb/s，甚至更高。光纤成本不断降低，性价比逐渐显现。速度极快、延迟低、承载量高，适合大规模数据传输、高清视频、云计算等。而且光纤的使用成本低、安全稳定，将会成为未来主要的接入技术。

光纤接入技术主要分为以下几种。

- **光纤到户（Fiber To The Home，FTTH）**：光纤一直铺设到用户家庭，可能是居民接入网最好的解决方法。也是普通用户接触最多的。
- **光纤到楼（Fiber To The Building，FTTB）**：光纤进入楼宇后就转换为电信号，然后用电缆或双绞线分配到各用户，也就是前面介绍的光纤+以太网接入技术。
- **光纤到路边（Fiber To The Curb，FTTC）**：从路边到各用户可使用星形结构双绞线作为传输媒体。

光纤上网的拓扑图如图8-3所示。

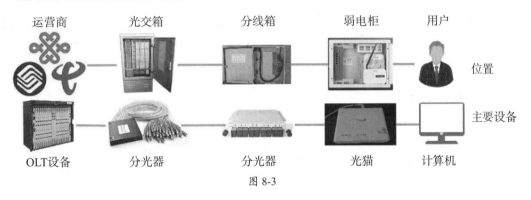

图 8-3

从拓扑图中可以看到，从运营商的OLT设备（图8-4）出来后，会进入光纤的第一级分级设备，也就是我们在路边看到的运营商使用的铁皮柜——光交箱，如图8-5所示。

图 8-4

图 8-5

光交箱会使用1∶16、1∶32甚至更高比例的分光器，如图8-6所示，将光纤分为多路或者将多路信号汇总。而下级的分纤箱一般使用1∶8的分光器，如图8-7所示。

最后通过家庭使用的光猫将光信号转换成电信号，通过双绞线连接到计算机。这样数据就可以在运营商和用户之间进行传输。这种方式也叫PON。PON采用WDM，也就是波分复用技术，实现单光纤双向传输，上行波长为1310nm，下行波长为1490nm。

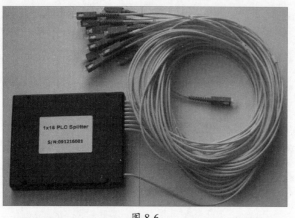

图 8-6　　　　　　　　　　　　　　图 8-7

✓ 知识点拨　其他接入技术

其他接入技术，包括如下。

- **同轴电缆**：早期的同轴电缆接入，有线电视网络使用同轴电缆提供Internet接入，通过电缆调制解调器实现数据传输。但性价比较低、网络质量不稳定，逐步被淘汰。
- **卫星接入**：通过卫星信号提供Internet服务，适用于偏远或没有地面网络覆盖的地区。
- **蜂窝网络**：包括3G、4G、5G等，提供移动数据接入，通常通过智能手机、热点设备等连接互联网。
- **无线宽带**：通过无线射频技术，如Wi-Fi或WiMAX等，提供固定或移动Internet接入。
- **专线**：以太网租赁专线提供专用的数据链路连接，广泛应用于企业、机构等对带宽和连接质量有较高需求的场景。

知识延伸：NAT技术

　　NAT（Network Address Translation，网络地址转换）是一种将私有IP地址转换为公有IP地址的技术，用于在公网和内网之间进行连接，如图8-8所示。它主要用于解决IPv4地址匮乏的问题，允许多个设备共享公网IP地址进行通信。在前面提到了内网IP如果要用于Internet的通信，需要进行NAT转换才可以。

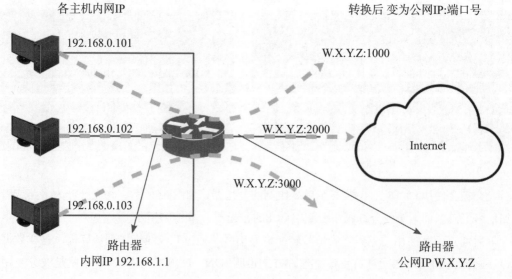

图 8-8

1. NAT 技术的工作原理

NAT的工作原理通过在路由器或防火墙上维护一个地址转换表来实现（记录了IP地址和端口号的对应关系）。当来自内部网络的IP数据包要发送到外部网络时，NAT会将数据包中的私有IP地址和端口号转换为公有IP地址和端口号，然后记录到地址转换表中。然后，路由器会将转换后的数据包转发到外部网络。当来自外部网络返回的数据包到达路由器时，会根据地址转换表将数据包中的公有IP地址和端口号转换为私有IP地址和端口号。然后将转换后的数据包转发到内部网络上的相应设备。

NAT技术不仅能解决内网设备访问Internet及IP地址不足的问题，而且还能够有效地避免来自网络外部的攻击，隐藏并保护网络内部的计算机。NAT之内的设备连接到Internet时，所显示的IP是路由器的公共IP，外界在进行端口扫描的时候，就侦测不到内网的设备，从而增强了内网的安全性。

2. NAT 技术的分类

NAT技术的分类，也可以说实现方式有三种，即静态转换、动态转换和端口多路复用。

（1）静态转换

静态转换是指将内部网络的私有IP地址转换为公有IP地址，IP地址对是一对一的，是一成不变的，某个私有IP地址只转换为某个公有IP地址。借助于静态转换，可以实现外部网络对内部网络中某些特定设备（如服务器）的访问。

（2）动态转换

动态转换是指将内部网络的私有IP地址转换为公用IP地址时，IP地址是不确定，随机的。所有被授权访问Internet的私有IP地址可随机转换为任何指定的合法IP地址。也就是说，只要指定哪些内部地址可以进行转换，以及用哪些合法地址作为外部地址时，就可以进行动态转换。动态转换可以使用多个合法外部地址集。当ISP提供的合法IP地址略少于网络内部的计算机数量时，可以采用动态转换的方式。

（3）端口多路复用

端口多路复用（Port Address Translation，PAT），也称为NAPT，是指改变外出数据包的源端口并进行端口转换，即端口地址转换。采用端口多路复用方式，内部网络的所有主机均可共享一个合法外部IP地址，实现对Internet的访问，从而可以最大限度地节约IP地址资源。同时，又可隐藏网络内部的所有主机，有效避免来自Internet的攻击。目前网络中应用最多的就是端口多路复用方式。图8-8就是NAT的端口多路复用的原理。

3. NAT 的优缺点

NAT的优点主要如下。
- **节省了IP资源**。从一定程度上解决了IPv4地址匮乏的问题。
- **提高了网络安全性**。由于内部IP地址不会暴露在外部网络上，因此可以降低被攻击的风险。
- **可以实现服务器的TCP负载均衡**。维持TCP会话。
- **简化了网络管理**。连接地址池中的IP地址可以是虚拟IP地址，不一定需要配置在物理接口上。NAT可以使网络管理员更容易管理内部网络的IP地址。

NAT的主要缺点如下。

- **增加了网络复杂性**。不便于跟踪和管理，NAT可能会使网络配置和故障排除更加困难。
- **降低了网络性能**。NAT可能会导致数据包延迟和丢包。
- **限制了一些应用程序**。一些应用程序（例如视频聊天和游戏）可能无法正常工作在NAT环境下。

4. NAT 的配置

NAT的配置需要在网关设备上运行，主要命令如下。

```
R1(config)#in g0/0/0                                  //进入路由器的内网接口
R1(config-if)#ip nat inside                           //定义该接口为内部接口
R1(config-if)#in s0/1/0                               //进入路由器的外网接口
R1(config-if)#ip nat outside                          //定义该接口为外部接口
R1(config-if)#exit
R1(config)#access-list 1 permit 192.168.1.0 0.0.0.255
                    //定义访问控制列表1，定义允许转换的地址范围，注意后面的是反掩码
R1(config)#ip nat pool test 200.1.1.1 200.1.1.1 netmask 255.255.255.0
          //定义转换后的地址池范围，本例直接使用路由器当前外网接口地址，所以起始和结束都是同一个地址
                      //用户也可以使用多个地址做动态转换，或使用一对一的静态转换
R1(config)#ip nat inside source list 1 pool test overload
                 //定义内部源地址池复用转换关系。overload代表多对一，无overload表示多对多
```

第9章 网络应用

网络负责数据的传输,是一种通信的工具,也可以说是通信平台。对于网络使用者来说,网络是透明的,主要使用网络上的各种应用。网络应用很多,大多采用C/S模式,也就是客户端/服务器模式。本章向读者介绍网络上常见的一些应用及其原理、作用等。

要点难点

- 网络操作系统
- 网页服务
- 域名系统
- DHCP服务配置
- DNS服务配置

9.1 网络操作系统

前面介绍了局域网的组成，其软件系统的组成之一就是网络操作系统。网络分为通信子网和资源子网。网络操作系统就是资源子网中各种资源运行的平台。谈到网络应用，就需要先了解网络操作系统。

9.1.1 认识网络操作系统

网络操作系统（Network Operating System，NOS）是用于管理网络资源、提供共享服务以及支持多用户和多任务的操作系统。网络操作系统主要运行于计算机、服务器、工作站、网络设备、嵌入式设备中。它不仅提供基本的管理功能（如文件管理、进程管理），还扩展了对网络协议的支持，以及对网络资源的管理和分配等功能。

1. 网络操作系统的功能

对于计算机、网络设备、服务器、网络终端来说，网络操作系统是这些硬件的灵魂，是各种网络应用、网络服务、网络功能实现的基础。网络操作系统的主要功能如下。

（1）资源共享与管理

NOS允许多台计算机共享硬件资源（如打印机、存储设备）和软件资源（如文件、应用程序）。

（2）用户管理

NOS支持多用户账户的创建、管理及权限分配，确保网络系统的安全性和资源的合理分配。

（3）网络通信支持

NOS通常支持各种网络协议（如TCP、UDP、IP等），并通过这些协议实现网络通信。

（4）文件和打印服务

NOS可以集中管理文件和打印任务，为网络上的用户提供文件存取和打印服务。

（5）安全性

提供访问控制、数据加密和用户认证等功能，以防止未经授权的访问和数据泄露。

（6）远程管理与监控

NOS允许系统管理员通过网络远程监控和管理系统，并提供日志记录等功能来跟踪活动和排查故障。

（7）负载均衡与高可用性

一些高级NOS支持负载均衡和高可用性配置，确保网络服务在高流量情况下仍然稳定运行。

> **✅ 知识点拨** 网络操作系统的类型
>
> 网络操作系统主要有两类。一类是分布式网络操作系统，通过将任务分配到不同的设备上来提高效率，使用户可以访问多个设备资源。特点是设备彼此协同工作，如同单一系统。另一类是基于客户端-服务器的网络操作系统，主要应用于局域网，客户端可以通过网络访问服务器上的资源，如文件、打印机和数据库。这类系统通常由服务器集中控制管理，服务器负责处理资源的分配和权限管理。

2. 网络操作系统的优缺点

网络操作系统的优点如下。

- 提供资源共享和集中管理，提高工作效率。
- 提供更高的安全性，可以分配用户权限，保护敏感数据。
- 支持多任务和多用户，适合大型网络环境。
- 提供远程管理功能，便于系统维护和监控。

网络操作系统的不足如下。

- 维护成本较高，需要专门的系统管理员。
- 对硬件和带宽的要求较高，尤其是大型网络。
- 安装和配置较复杂，对系统管理员技术要求较高。

3. 网络操作系统的发展趋势

网络操作系统在现代计算和网络管理中扮演着重要角色。从早期的文件和打印共享发展到如今的虚拟化和云端架构，它不仅提高了企业管理效率，也为新型网络技术的应用提供了基础平台。网络操作系统的未来发展趋势如下。

（1）云端网络操作系统

随着云计算的发展，网络操作系统逐渐向云端迁移，提供更高的可扩展性和灵活性。例如，亚马逊公司的AWS、微软公司的Azure等均提供基于云端的网络管理平台。

（2）虚拟化支持

网络操作系统越来越多地与虚拟化技术结合，提供虚拟网络环境。它允许用户在同一硬件上运行多个虚拟网络操作系统实例，提高了硬件的利用率。

（3）SDN和NFV

软件定义网络（SDN）和网络功能虚拟化（NFV）正在改变网络操作系统的架构，提供更灵活的网络管理方式和高效的资源利用。

9.1.2 常见的网络操作系统

常见的网络操作系统及其特点如下。

1. UNIX/Linux 操作系统

UNIX和Linux操作系统通常用于企业级服务器和网络设备中，提供丰富的网络功能、协议支持和强大的安全控制。它们支持SSH、FTP、DNS等多种服务，灵活且可扩展。

2. Windows Server 操作系统

Windows Server是微软公司推出的服务器操作系统，提供文件和打印服务、Web服务、虚拟化等多种功能，常用于企业环境。它与Active Directory结合，便于用户和设备的集中管理。

3. NetWare 操作系统

NetWare是Novell公司推出的网络操作系统，适用于文件和打印服务，在20世纪80年代和90年代较为流行。虽然如今使用较少，但在早期局域网中影响深远。

4. 思科IOS

思科IOS是思科路由器和交换机使用的操作系统，提供多种网络管理功能和路由协议的支持，如OSPF、BGP、EIGRP等。主要应用于企业级网络设备中。

5. macOS

macOS是苹果公司推出的网络操作系统，集成了文件共享、邮件、日历、Web服务器等功能，广泛应用于个人用户、小型企业和教育机构。

6. FreeBSD

FreeBSD是基于UNIX的开源网络操作系统，以其高稳定性和安全性闻名，广泛应用于互联网服务器、路由器等设备。

7. Android

安卓（Android）是基于Linux内核（不包含GNU组件）的自由及开放源代码的移动操作系统。主要应用于移动设备，如智能手机和平板电脑。现在大部分手机的操作系统是该系统。

9.1.3 网络服务简介

网络服务是指通过网络提供的各种应用和功能。它们利用通信协议和网络基础设施，将信息和资源共享给用户或设备。网络服务广泛应用于数据传输、文件共享、网络安全等领域，为用户提供高效、便捷的服务。常见的网络服务及功能如下。

1. 基础服务

基础服务是网络的基础服务，是实现网络的互通功能的一些基础性的功能。

- DNS（Domain Name System）：将域名解析为IP地址，使用户能够通过易记的域名访问网络资源。
- DHCP（Dynamic Host Configuration Protocol）：自动分配IP地址和网络配置参数给网络设备，简化了设备的网络接入过程。
- NTP（Network Time Protocol）：用于网络设备之间的时间同步，以确保事件发生的顺序和日志的一致性。

2. 文件和目录服务

文件和目录服务主要针对于局域网，是局域网实现共享的基础性服务。

- FTP（File Transfer Protocol）：用于在网络上进行文件传输和共享，支持文件上传、下载、删除等操作。
- SMB/CIFS（Server Message Block/Common Internet File System）：用于Windows网络共享，提供文件和打印机共享服务。
- NFS（Network File System）：一种文件共享协议，允许在不同操作系统间共享文件系统，主要用于Linux和UNIX环境。

3. 电子邮件服务

电子邮件服务主要是在电子邮件终端和服务器之间，交换和传递电子邮件信息的服务，主要包含以下协议。

- SMTP（Simple Mail Transfer Protocol）：用于发送邮件到邮件服务器。
- POP3（Post Office Protocol 3）和IMAP（Internet Message Access Protocol）：用于从服务器接收邮件。POP3通常将邮件下载到本地，IMAP则在服务器上管理邮件，便于多设备访问。

4. Web 服务

Web服务就是日常上网，通过浏览器浏览Web服务器中的各种网页信息，所需要的一种服务。主要包括以下协议。

- HTTP/HTTPS（HyperText Transfer Protocol/Secure）：用于浏览网页，HTTPS通过加密协议保证数据安全。
- WebSocket：一种在Web浏览器和服务器之间建立持久连接的协议，主要用于实时数据交换，如聊天应用和实时通知。

5. 数据库服务

数据库服务的应用比较广，是一种专门提供用于存储、管理和提供数据访问的服务。通过数据库管理系统（DBMS），支持多种数据库操作（如数据插入、查询、更新和删除），为应用程序和用户提供高效、可靠的数据服务，也是企业信息系统、电子商务、数据分析等各类应用的核心组件。主要的数据库服务软件如下。

- SQL数据库（如MySQL、PostgreSQL、SQL Server）：提供结构化数据存储、查询和管理功能。
- NoSQL数据库（如MongoDB、Cassandra）：用于存储非结构化或半结构化数据，适用于大数据和分布式环境。

6. 远程访问和管理服务

在服务器上使用比较多，用户可以通过网络远程访问和管理服务器。比较常见的协议如下。

- SSH（Secure Shell）：一种用于加密的远程登录协议，允许用户通过网络安全地访问另一台计算机。
- VPN（Virtual Private Network）：通过建立加密的"隧道"连接，实现远程访问公司的内部网络，提供数据隐私和安全性。

7. 网络安全服务

网络安全服务被广泛应用于网关设备、终端设备中，通过安全服务来隔离网络、提高网络的安全性，防范内、外部攻击和非法连接。主要的组件和作用如下。

- 防火墙（Firewall）：监控和控制网络流量的出入，保护网络免受未授权访问。
- IDS/IPS（Intrusion Detection/Prevention System）：检测并防止恶意流量或攻击的安全防御系统。

- **反病毒和反恶意软件服务**：通过网络实时扫描文件和传输内容，防止恶意软件入侵。

8. 即时通信与协作服务

即时通信和协作服务广泛应用于远程交流和多人协作的应用场景中。

- **即时消息服务（如XMPP、WebRTC）**：用于实时消息传输和多媒体通信，广泛应用于社交和企业通信工具。
- **视频会议服务（如Zoom、WebEx）**：通过网络提供远程音视频会议功能，增强远程协作。

9.2 认识WWW

通过详细介绍一些常见的网络应用，读者可以了解网络应用的具体形式和特点。下面详细介绍万维网服务——WWW。

9.2.1 万维网服务概述

WWW（World Wide Web，万维网）也被称为Web，是存储在Internet服务器中、数量巨大且彼此关联的文档集合。这些文档称为页面，是一种超文本（Hypertext）信息，可以用于描述超媒体（文本、图形、视频、音频等）被称为超媒体（Hypermedia）。页面之间的连接形式被称为超链接（Hyperlink）。万维网使用超链接的形式，可以非常方便地从因特网中的一个站点访问另一个站点。这种分布式存储结构如图9-1所示。下面介绍几个WWW的常见概念。

1. 超文本

超文本由一个叫作网页浏览器（Web Browser）的程序显示。网页浏览器从网页服务器取回"文档"或"网页"并显示。人们可以通过网页上的超链接取回文件，也可以传送数据给服务器。通过超链接获取网页文件的行为又叫浏览网页。某些特定网页的集合又叫网站，如图9-2所示。

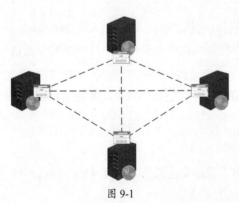

图 9-1

图 9-2

> **知识点拨** 网页、网页文件和网站
> 网页是网站的基本信息单位,是WWW的基本文档。它由文字、图片、动画、声音等多种媒体信息以及链接组成,通过链接实现与其他网页或网站的关联和跳转。
> 网页文件是用HTML编写的,可在WWW上传输,并能被浏览器识别显示的文本文件,其扩展名是.htm和.html。
> 网站由众多不同内容的网页构成,网页的内容可体现网站的全部功能。通常把进入网站首先看到的网页称为首页或主页(Homepage)。

2. 网站的分类

按照技术实现方式,网站可以分为静态网站和动态网站两类。

网站是由网页组合而成,静态网站是最初的建站方式,浏览者看到的每个页面都是建站者用HTML(标准通用标记语言)编写并上传到服务器上的一个html(或htm)文件。这种网站每增加、删除、修改一个页面,都必须对服务器的文件进行修改。静态网页是保存在服务器上的文件,每个网页都是一个独立的文件。静态网页的内容相对稳定,因此容易被搜索引擎检索。

随着网站技术和互联网技术的发展,出现了动态网站。动态网站的网页有独立的环境,有自己的数据库,会根据用户的不同要求和请求参数动态地改变和响应。现在绝大多数的网站是动态网站。

3. 超文本传输协议

在WWW客户程序与WWW服务器程序之间进行交互所使用的协议叫作超文本传送协议(HyperText Transfer Protocol,HTTP)。HTTP是应用层协议,使用TCP连接进行可靠传送,一般使用80端口检测HTTP的访问请求。为了使超文本的链接能够高效率完成,需要用HTTP协议来传送一切必需的信息。

从层次的角度看,HTTP是面向事务的应用层协议,是万维网上能够可靠地交换文件(包括文本、声音、图像等各种多媒体文件)的重要基础。协议本身也是无连接的。

HTTPS在HTTP的基础上加入了SSL协议,通过传输加密和身份认证保证传输过程的安全性。HTTPS被广泛用于万维网上敏感信息的通信,如交易支付等。

9.2.2 万维网服务的访问

万维网服务的访问方式就是使用浏览器,输入目标的域名即可访问(实际上还需要DNS将域名解析为IP地址,在后面会详细介绍),但建立访问还需要使用TCP等多种协议。

1. 统一资源定位符(URL)

万维网的访问使用URL。URL是对可以从Internet上得到的资源位置和访问方法的一种简洁的表示。知道某个资源的URL,就可以进行访问。每一个文档在整个因特网的范围内具有唯一的URL。其基本格式为:

<协议>://<主机>:<端口>/<路径>

其中的"协议"可以是FTP、HTTP、HTTPS等;"主机"指存放该资源的主机在Internet中的FQDN(绝对域名)地址;"端口"指客户端访问服务器的端口号。无端口号表示使用默认端口号进行访问;"路径"指服务器存放的该网页或者资源所在的目录路径。

如访问某网页使用的是HTTP协议,主机就必须填写其FQDN,端口默认是80(HTTPS协议的默认端口号是443),也可以不写。例如,写全的格式为http://www.dssf.com:80/。当然,一般浏览器默认使用HTTP协议并访问服务器的80端口,所以简写为www.dssf.com就可以正常访问。

2. HTTP 的访问过程

下面以访问某网站为例,介绍使用HTTP协议的访问过程。示意图如图9-3所示。

步骤01 输入网址后按回车键,浏览器分析超链指向页面的URL。

步骤02 浏览器向DNS请求解析对方的IP地址。

步骤03 域名系统DNS解析Web服务器的IP地址。

步骤04 浏览器与服务器建立TCP连接。

步骤05 浏览器发出取文件命令。

步骤06 服务器给出响应,把默认主页发给浏览器。

步骤07 TCP连接释放。

步骤08 浏览器显示默认主页中的所有文本。

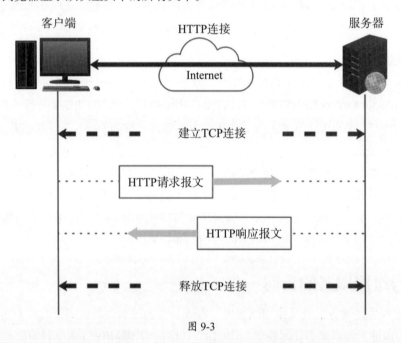

图 9-3

> **✓ 知识点拨 Web代理服务器**
>
> Web代理服务器又称为万维网高速缓存服务器,代替主机向Web服务器发出HTTP请求,将返回的网页数据转发给对应主机的浏览器,并把最近的一些请求和响应数据暂存在缓存中。当遇到相同的请求时,就会直接把暂存的网页数据转发出去,而不需要再从网页服务器下载。代理服务器的工作过程如图9-4所示。这样可以加快访问速度,节约网络主干的带宽。在局域网中优势更为明显。如果缓存中没有所需网页数据,Web代理服务器会再次与Web网站服务器建立连接,并请求数据。
>
> 其实主机或Web代理服务器的访问也不一定是网站所在的主服务器,其实大部分请求返回的网页数据是从CDN服务器发出的。

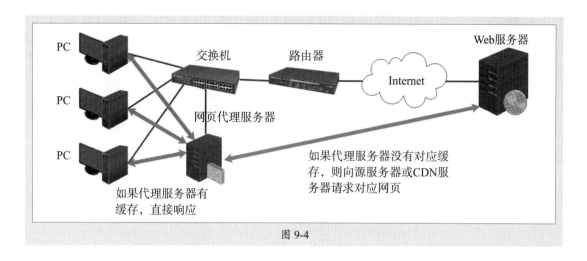

图 9-4

9.2.3 HTTP报文结构

HTTP报文分为客户发起的"请求报文"以及服务器的"响应报文"。

1. 请求报文

请求报文的结构如图9-5所示。包含"开始行""首部行""实体主体"三部分。

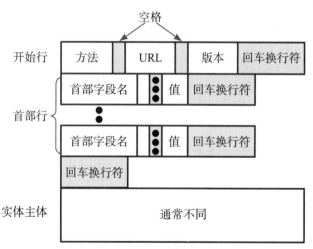

图 9-5

开始行中,"方法"是对所请求对象进行的操作。这些方法实际上是一些命令,因此请求报文的类型由它所采用的方法决定。URL是请求资源的URL。"版本"是HTTP的版本。在首部行中包含一些首部字段和对应的值,服务器端据此获取客户端的信息。实体主体就是请求报文的内容,包含多个请求的参数。

开始行中的"方法"包括OPTION:请求一些选项的信息;GET:请求读取由URL所标识的信息;HEAD:请求读取由URL所标识的信息的首部;POST:给服务器添加信息(例如,注释);PUT:在指明的URL下存储一个文档;DELETE:删除指明的URL所标识的资源;TRACE:用来进行环回测试的请求报文;CONNECT:用于代理服务器。

2. 响应报文

响应报文如图9-6所示，其中包括HTTP的版本、状态码，以及解释状态码的简单短语。状态码中，1××表示通知信息，如请求收到或正在进行处理。2××表示成功，如接受或知道。3××表示重定向，表示要完成请求还必须采取进一步的行动。4××表示客户的差错，如请求中有错误的语法或不能完成。5××表示服务器的差错，如服务器失效无法完成请求。首部行由多个字段及对应的属性值组成。实体主体就是网页的页面内容。

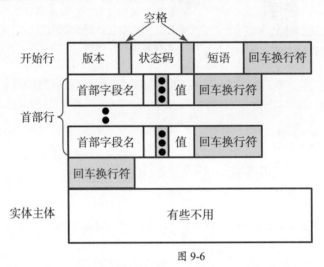

图 9-6

9.2.4 Web服务器的部署

Web服务器的部署可以使用一些专业的Web服务器软件来实施。

1. Web 服务器部署工具

用户可以根据平台（如Windows Server服务器或者Linux服务器）和对于Web服务的需要来选择部署工具，常见的工具如下。

- **Apache**：模块化、功能丰富，适合动态内容站点。
- **Nginx**：轻量级，擅长高并发处理和静态内容分发，常用于大流量网站。
- **IIS**：微软公司的服务器软件，适用于Windows环境，支持.NET应用。

2. Web 服务器类型

Web服务器可以在本地部署，也可以使用VPS部署，或者通过云服务器部署。

- **本地服务器**：使用本地的物理服务器在企业或个人环境中部署。例如，企业内部应用通常使用本地服务器来部署Web服务。
- **VPS（虚拟私有服务器）**：在云端创建一台虚拟服务器实例，常见于小型应用或中小型企业。
- **云服务器**：在云平台（如AWS、Azure、Google Cloud）搭建，可以弹性扩展和随时调整配置，适合大规模应用。

3. 部署的步骤

现在很多VPS服务商提供一键部署工具，可以一键安装操作系统，一键部署Web和其他应用。通过简单设置，即可搭建Web服务器。如果用户需要在本地服务器上进行部署，则需要按照以下步骤实施。

步骤01 在主机上安装网络操作系统，最好是服务器版本系统。

步骤02 安装服务器工具软件，如前面介绍的Apache、Nginx或IIS，根据不同的平台和应用需求选择即可。部署后，可以在本地打开默认的主页进行测试。

步骤03 按照需求对Web服务器进行配置。一般需要关闭默认主页的服务，创建自己的Web服务，如只有一个网站，则将网页程序或页面放入指定的网页根目录即可。

步骤04 如果有多个网站，则需要配置虚拟主机与虚拟目录，以便多网站共存。

步骤05 设置访问的端口、主机头、主页文件名称、网站的位置、目录的权限等，如图9-7所示。设置完毕，就可以测试在本地访问Web服务器。

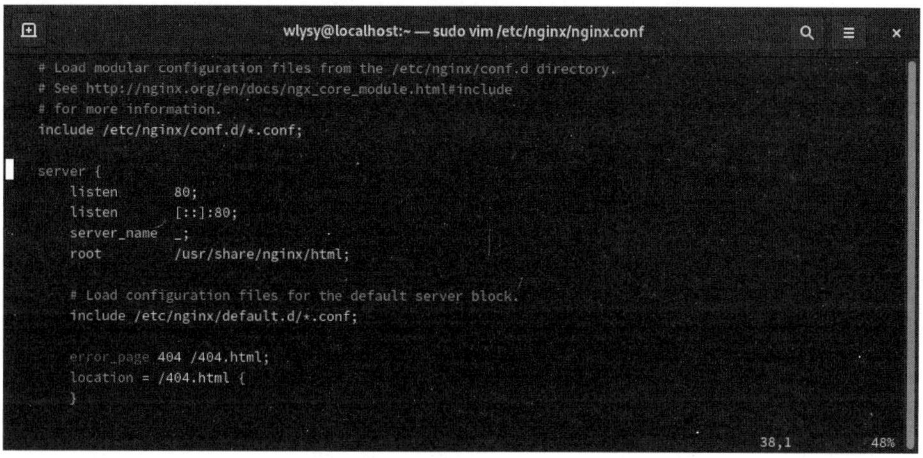

图 9-7

步骤06 如果需要其他支持，如MySQL数据库、PHP等，可以继续安装软件，并与Web服务相关联。

步骤07 安装一些缓存服务（如Redis、Memcached等）来提升响应速度，如需要负载均衡或反向代理，可以安装对应的软件或进行相关设置。

步骤08 根据所需要提供的网络服务在防火墙上制订策略，如开放端口、部署反向代理、入侵检测、自动备份、开启监控和日志管理功能。

步骤09 测试从外部是否可以访问。

步骤10 购买并配置域名解析服务，绑定设备。通过域名即可访问Web服务器。

> ✅ **知识点拨** IIS部署的特点
>
> IIS是微软公司开发的Web服务器软件，用于托管和提供Web服务。它可以在Windows操作系统上运行，并且能够托管ASP.NET、PHP等多种Web应用。IIS不仅支持网站的HTTP、HTTPS访问，还能提供FTP、SMTP等服务，广泛应用于企业Web应用、网站和内部服务的部署和管理。用户在Windows Server服务器中可以随时部署和使用IIS。

9.3 认识域名系统

前面在介绍URL的格式时介绍了FQDN，其实FQDN中就包含域名。下面详细介绍域名系统及其工作的原理。

9.3.1 域名的出现与DNS

在很早之前，使用点分十进制表示服务器的地址，用户通过IP地址访问服务器。因为那时服务器数量较少，用户可以通过记录一些常用的服务器IP地址，使用HTTP协议去浏览服务器的网页资源，或者使用FTP协议去下载资源。但随着Internet的高速发展，服务器越来越多，直接使用IP地址访问越来越困难，极容易产生错误。所以人们发明了一种命名规则，用特定的字符串与服务器IP地址相对应。通过该字符串可以连接服务器。这样的字符串相对于IP地址有非常大的进步。这种有规则的字符串叫作域名。而记录字符串与IP对应关系，并提供相互转换服务的特殊服务器叫作DNS（Domain Name System，域名系统）服务器，或简称域名服务器。DNS服务器在全球范围内采用分布式布局，主要提供域名转换服务，而且由很多DNS服务器程序协调完成解析。

9.3.2 域名的结构

域名是字符串，有其特殊的定义和使用规则。Internet采用树状层次结构的命名方法，任何一个连接在Internet上的主机，都可有一个唯一层次结构的名字（域名）与其对应。域名的结构由标号序列组成，各标号之间用点隔开，格式为"主机名.二级域名.顶级域名"。各标号分别代表不同级别的域名，这种层级结构如图9-8所示。

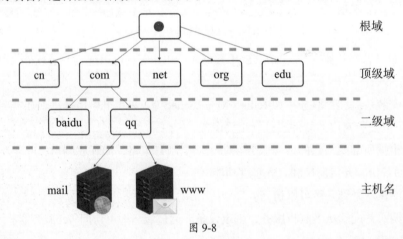

图 9-8

1. 根域及根域服务器

根域由Internet名字注册授权机构管理，该机构负责把域名空间各部分的管理责任分配给连接Internet的各个组织。根域名服务器是最重要的域名服务器。根域名服务器知道所有顶级域名服务器的域名和IP地址。本地域名服务器无法解析某个域名时，首先求助根域名服务器。

✅知识点拨 根域名服务器

全世界只有13台逻辑根域名服务器（这13台根域名服务器名字分别为A至M：a.rootservers.net……），分布于多个国家中。在IPv6网络中，又增加了25台IPv6根域名服务器。

2. 顶级域名

比较常见的有com（公司和企业）、net（网络服务机构）、org（非营利性组织）、edu（教育机构）、gov（政府部门）、mil（军事部门）、int（国际组织）。另外还有国家级的域名，如cn（中国）、us（美国）、uk（英国）等。

3. 二级域名

企业、组织和个人都可以申请二级域名。如常见的baidu、qq、taobao等，都属于二级域名。

4. 主机名

通过上述三者就可以确定一个域。通常输入的www指的其实是该域中主机的名字。因为习惯问题，常常将提供网页服务的主机标识为www；提供邮件服务的主机叫作mail；提供文件服务的主机叫作ftp。主机名加上本区的域名就是一个完整的FQDN，如www.baidu.com、www.taobao.com等。

当然在本区域内还可以继续划分域名，只要本地有一台负责继续进行域名解析的DNS服务器提供域名和相应设备IP地址的转换即可。

✅知识点拨 DNS区域

DNS区域是域名空间中连续的一部分。域名空间中包含的信息极其庞大，为了便于管理，可以将域名空间各自独立存储在服务器上。DNS服务器以区域为单位管理域名空间区域中的数据，并保存在区域文件中。

例如一个二级域名test.com，该区域可以包括主机www.test.com。也可以包括另一个区域abc.test.com，该区域中的主机就是www.abc.test.com。整个结构如图9-9所示。只要test.com中有DNS服务器可以解析abc.test.com这个子域，域名就可继续向下扩展。

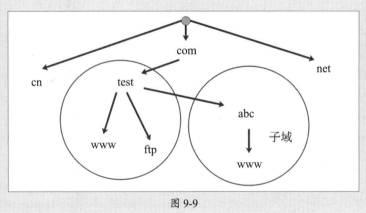

图 9-9

9.3.3 域名的查询

域名的查询就是将域名解析为IP地址的过程，需要DNS服务器的支持。下面介绍域名查询的一些知识。

1. 域名查询过程

例如，www.my.com.cn域名的查询过程如图9-10所示。

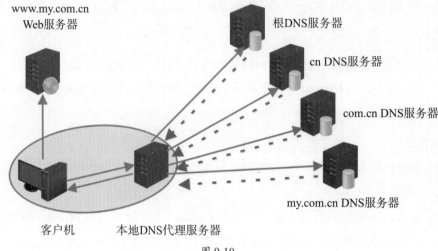

图 9-10

步骤 01 客户机将www.my.com.cn的查询传递到本地的DNS代理服务器。

步骤 02 本地DNS代理服务器检查区域数据库，发现此服务器没有my.com.cn域的授权，也没有对应的IP记录。因此，它将查询传递到根服务器，请求解析主机名称。根名称服务器看到是顶级域名的解析，就把cn DNS服务器中的IP地址返回给本地DNS服务器。

步骤 03 本地DNS服务器将请求发送给cn DNS服务器，服务器查看请求后，会将com.cn DNS服务器的IP地址返回给本地DNS服务器。

步骤 04 本地DNS服务器向com.cn DNS服务器发送请求，此服务器根据请求，查询解析表，找到并将my.com.cn DNS服务器的IP地址返回给本地DNS服务器。

步骤 05 本地DNS服务器向my.com.cn DNS服务器发送请求，由于此服务器有该主机的域名和IP地址的记录，因此将www.my.com.cn对应的IP地址返回给本地DNS服务器。

步骤 06 本地DNS代理服务器将www.my.com.cn解析后的IP地址发送给客户机。

步骤 07 域名解析成功后，客户机通过域名和IP地址就可以访问目标主机。

为提高解析效率，减少开销，每个DNS服务器都有一个高速缓存，存放最近解析的域名和对应的IP地址。当某用户再进行同样的解析时，本地DNS代理服务器就可以跳过解析，直接从本地缓存中将该域名对应的IP地址发送给该用户，大大缩短了查询时间，加快了查询过程。这和网页代理服务器有些类似。

> **注意事项** Hosts文件与本地缓存
> 实际上域名解析并不是一开始就去访问DNS服务器，而是先在本地系统的Hosts文件中查找是否有域名和IP地址的解析条目，如果有，则直接使用。所以该文件非常重要，如果被非法篡改，系统的域名解析功能就会被劫持，可能被引导到钓鱼网站，非常危险。如果Hosts文件中没有，则会去查看本地的DNS缓存，如果有，也不会向DNS申请域名解析。所以这两个位置对于域名解析非常重要。

2. 域名查询的方式

在域名查询过程中有两种查询的类型：递归查询和迭代查询。

递归查询指当DNS服务器收到查询请求后，要么做出查询成功的响应，要么做出查询失败的响应。在本例中，客户机向本地DNS服务器查询，服务器最后给出解析，就是递归查询。

迭代查询指DNS服务器根据自己的高速缓存或区域的数据，以最佳结果作答。如果DNS服务器无法解析，就返回一个指针。指针指向下级域名的DNS服务器，继续该过程，直到找到拥有所查询名字的DNS服务器、出错或超时为止。本例中，本地DNS服务器向根等DNS服务器查询过程就是迭代查询。

> ✅ **知识点拨** 正向查询与反向查询
> 由域名查询IP地址的过程属于正向查询，由IP地址查询域名的过程是反向查询。反向查询对每个域名进行详细搜索，这需要花费很长时间。为解决该问题，DNS标准定义了一个名为in-addr.arpa的特殊域。该域遵循域名空间的层次命名方案，基于IP地址而不是基于域名，其中IP地址8位位组的顺序是反向的。例如，如果客户机要查找172.16.44.1的FQDN客户机，查询域名1.44.16.172.in-addr.arpa的记录即可。

9.3.4 域名服务的部署

在服务器上就可以部署域名服务。在Windows Server系统中可以直接添加域名服务，如图9-11所示，还可以新建区域、设置域名等，如图9-12所示。

图 9-11

图 9-12

创建主机记录及对应的IP地址如图9-13所示。也可以创建反向区域，设置DNS转发器（不知道的域名可以进行迭代查询）。配置好测试主机的DNS服务器地址，就可以进行正常的解析，如图9-14所示。

图 9-13

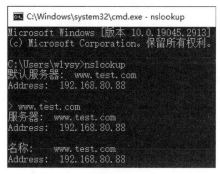

图 9-14

9.4 认识FTP服务

除了HTTP外,最常使用的就是FTP服务,也叫文件传输协议。下面介绍FTP服务的相关知识。

9.4.1 FTP服务简介

FTP(File Transfer Protocol,文件传输协议)是一种基于TCP的协议,采用客户端/服务器模式,用来在主机之间进行文件的上传或下载等操作,是Internet中应用非常广泛的服务之一。它可根据实际需要设置访问用户的操作权限,同时具有跨平台的特性。即在UNIX、Linux和Windows等操作系统中都可实现FTP客户端和服务器之间的跨平台文件传输。因此,FTP服务是网络中经常采用的资源共享方式之一。

1. FTP的功能

虽然现在支持HTTP下载的网站很多,但是由于FTP协议可以很好地控制用户数量和宽带的分配,能快速方便地上传、下载文件,因此FTP成为文件上传和下载的首选协议。通过FTP协议,用户可以把自己的计算机与世界各地所有运行FTP协议的服务器相连,访问服务器上的各种资源。FTP协议的主要功能如下。

- **文件上传:** 客户端可以将文件上传到FTP服务器指定目录。
- **文件下载:** 客户端可以从FTP服务器下载文件。
- **文件管理:** 客户端可以在服务器上创建、删除、重命名文件和文件夹。
- **权限管理:** 管理员可以控制不同用户对文件的访问权限,包括读取、写入和删除权限。

2. 工作模式

FTP协议有PORT和PASV两种工作模式,即主动模式和被动模式。

- **主动模式:** 客户端指定端口供服务器连接传输数据。适用于不需要特别复杂的防火墙设置的场景。
- **被动模式:** 服务器向客户端发送随机端口号供数据连接使用,适合客户端位于防火墙后的情况,避免端口阻塞问题。

3. 工作原理

FTP使用双通道连接系统,即控制通道和数据通道。

- **控制通道:** 用于客户端和服务器之间的命令发送和响应,一般持续整个会话。如用户身份、口令、改变目录命令等。
- **数据通道:** 用于实际的数据传输,仅在数据传输时建立。只用于传送数据。

FTP基于C/S架构,即一个客户端连接到一个FTP服务器。用户可以通过FTP客户端应用程序(如FileZilla、WinSCP等)访问FTP服务。

在一个会话期间,FTP服务器必须维持用户状态,和某一个用户的控制连接不能断开。当用户在目录树中活动时,服务器必须追踪用户的当前目录。这样,FTP就限制了并发用户数量。

FTP支持文件沿任意方向传输。

4. 服务类型

FTP服务共有4种类型。
- **匿名FTP**：允许用户匿名访问公共文件，不需要登录凭证。这种方式通常用于共享无敏感信息的公共数据。
- **认证FTP**：用户必须提供用户名和密码进行身份验证，通常用于保护私有或敏感数据。
- **FTPS（FTP Secure）**：在传统FTP基础上添加了SSL/TLS加密，提升安全性，防止数据被窃听。
- **SFTP（SSH File Transfer Protocol）**：基于SSH协议的FTP方式，具有加密传输功能，与FTPS不同，它是一个完全独立的协议。

9.4.2 FTP服务的部署

FTP服务可以在Windows Server中以添加服务器功能的方式在IIS中进行部署，也可以在Linux中通过vsftpd、ProFTPD和Pure-FTPd等程序进行部署。在Linux中，可以通过命令安装对应的工具，如图9-15所示。

图 9-15

安装完毕就可以修改FTP的配置文件。在CentOS系统中，vsftpd的配置文件位于/etc/vsftpd/vsftpd.conf，在修改前先进行文件的备份。修改的内容如下，包括启用一些选项，以及手动添加选项。

```
listen=YES：是否侦听IPv4，如果设置为YES，建议将listen_ipv6设置为NO
local_enable=YES：允许本地账户登录（需启用）
write_enable=YES：是否给予写权限（需启用）
local_root=/var/ftp/：设置ftp的主目录（需添加）
anonymous_enable=YES：是否允许匿名登录，NO是不允许，YES是允许，这里根据实际需要选择。如果允
许匿名登录，还需要设置以下几个选项：
anon_root=/var/ftp/：匿名用户根目录（需添加）
anon_upload_enable=YES：允许上传文件（需启用）
anon_mkdir_write_enable=YES：允许创建目录（需启用）
anon_other_write_enable=YES：开放其他权限（需添加）
```

完成配置文件的修改后，保存并返回，然后启动FTP服务，加入到开机启动项目中。

```
[wlysy@localhost ~]$ sudo systemctl start vsftpd.service        //启动FTP服务
[wlysy@localhost ~]$ sudo systemctl enable vsftpd.service       //加入开机自启
Created symlink /etc/systemd/system/multi-user.target.wants/vsftpd.service → /
usr/lib/systemd/system/vsftpd.service.
```

> **⚠ 注意事项** **无法提供服务**
> 在CentOS中不仅存在防火墙，还有SELinux安全工具进行系统的安全管理。如果服务无法正常访问，用户可以先关闭防火墙及SELinux，待服务正常后再启用并添加规则即可。

在FTP的默认目录/var/ftp中，不建议直接修改ftp目录本身的权限，可能会造成无法登录及操作的情况。可以在其下创建用于测试的目录，然后修改该目录的权限。创建默认目录test，并在test中创建两个测试文件aaa及bbb，递归修改test目录及其下的子文件夹及文件的所有者和所属组均为ftp。

```
[wlysy@localhost ~]$ sudo mkdir /var/ftp/test                              //创建目录
[wlysy@localhost ~]$ sudo touch /var/ftp/test/aaa /var/ftp/test/bbb        //创建文件
[wlysy@localhost ~]$ sudo chown ftp:ftp -R /var/ftp/test                   //修改权限
```

> **✓ 知识点拨** **访问FTP服务**
> 在Windows中可以使用资源管理器访问FTP服务。访问的格式是"ftp://服务器IP或域名"，也可以在命令提示符界面（CMD）或PowerShell中，通过ftp命令访问。在Linux中，可以通过相同的ftp命令访问，也可以挂载到本地访问。

9.5 认识DHCP服务

DHCP服务是局域网应用比较广的服务。通过该服务，客户端可以从服务器获取可以进行网络通信的IP地址等相关网络参数。该服务广泛应用于各类型的局域网中，小型局域网一般在路由器上实现，大中型局域网一般会采用DHCP服务器的方式，以满足更复杂的网络需求。

9.5.1 DHCP服务简介

DHCP（Dynamic Host Configuration Protocol，动态主机配置协议）服务的作用是向网络中的计算机和网络设备自动分配IP地址、子网掩码、网关、DNS等网络信息。提供DHCP服务的主机就叫DHCP服务器。

计算机和网络设备需要IP地址才能通信，IP地址的获取方式包括手动配置和自动获取两种。手动配置比较容易出现错误及IP地址冲突的问题。在大型企业中，计算机和网络设备的数量非常巨大，手动配置极易出现错误并增加管理员负担。从DHCP网络服务器获取IP地址可以减轻管理员工作负担，并减少错误。

手动输入的IP地址叫作静态IP地址。从DHCP服务器获取的IP地址有使用时间限制，租约到期后，DHCP服务器会收回该IP分配给其他请求的设备。重启计算机和网络设备后，有可能重新获取其他IP地址，所以从DHCP服务器获取的IP地址也叫动态IP地址。

> **✓ 知识点拨** DHCP服务应用范围
>
> 一般而言，计算机及网络终端使用的是从DHCP服务器获取的IP地址。而一些关键设备及服务器，由于要针对IP地址进行监听和设置策略，所以大多采用的是静态IP。当然也可以在DHCP服务器上进行设置，针对这些关键设备设置固定分配IP地址等网络参数。

DHCP的协商过程分为以下六个阶段。

1. 客户机请求 IP 地址

客户机以广播的方式发送DHCP Discover信息来寻找DHCP服务器，广播中包含DHCP客户机的MAC地址和计算机名，以便DHCP服务器确认是哪个客户机发出的。

2. 服务器响应

服务器收到请求，在IP地址池中查找是否有合法的IP地址供客户机使用。如果有，会发送一条DHCP Offer信息。该信息是单播形式，内容包括DHCP客户机的MAC地址、提供的IP地址、子网掩码、默认网关、租约期限、服务器的IP地址。

3. 客户机选择 IP 地址

客户机收到第一个DHCP Offer信息后，会提取其中的IP地址，给所有的DHCP服务器发送Request信息，表明它接受该DHCP服务器的IP地址信息。该DHCP服务器也会保留该IP地址信息，不再分配给其他客户机。未被采用IP地址的其他DHCP服务器会取消保留，并等待下一个客户机请求。

4. 服务器确定租约

选定的DHCP服务器收到客户机的Request信息后，以DHCP ACK消息的形式向客户机广播成功确认。该消息中包含有效租约和其他可配置信息。客户机在收到DHCP ACK消息，会配置IP地址，完成TCP/IP初始化。

5. 重新登录

此后，DHCP客户机重新连接网络时，不需要再发送DHCP Discover信息，而是直接发送包含前一次信息的DHCP Request请求信息。DHCP收到后查看该IP地址，如果未分配，则回复一个DHCP ACK，同意客户机继续使用。

如果发现该IP地址已经被使用，则会给客户机回复一个DHCP Nack的否认信息，收到该信息的DHCP客户端会重新发送DHCP Discover信息，重新进行一次DHCP地址的获取过程。

6. 更新租约

当到了租约时间的50%时，DHCP客户机会将之前申请IP地址时的DHCP Request包单播给DHCP服务器。如果收到ACK包，就重新更新租约时间。如果到了租约的87.5%时还没有收到ACK包，说明之前的DHCP服务器可能宕机了，但是同一网络中可能会存在备份的DHCP服务器。此时会采用广播的方式来发送DHCP Request包。如果备份的DHCP服务器收到DHCP Request包，会发送ACK包到DHCP客户机，客户机就会更新租约时间。如果到租约时间结束还未收到ACK包，就放弃之前的IP地址，重新发送DHCP Discover包，重新申请IP地址。

如果始终无法找到，此时客户机会将IP地址设置为169.254.0.0网段中的一个IP，并每隔5分钟尝试与DHCP服务器进行通信。

9.5.2 DHCP服务的部署

DHCP服务的部署主要是配置DHCP服务器，包括设置监听的网络、地址池的范围、保留的IP地址等。除了在Windows或者Linux服务器上进行DHCP的部署外，还可以在网络设备上，如路由器上进行部署。

路由器配置DHCP服务的主要过程如下。

步骤01 定义DHCP地址池并进入DHCP配置模式。

步骤02 定义可分配的IP地址范围。

步骤03 定义分配的默认网关。

步骤04 定义分配的DNS服务器地址。

步骤05 设置需要排除的IP地址或范围。

步骤06 开启DHCP服务。

图9-16所示为一种常见的拓扑结构。图中的路由器为所有的PC分配IP地址，地址池范围为192.168.1.11～192.168.1.254，默认网关为192.168.1.1，DNS服务器也为192.168.1.1，最后测试PC能不能通过DHCP获取正确的网络参数。

步骤01 对交换机SW1进行基本配置，只要配置设备名称即可。

步骤02 对路由器R1进行配置，包括端口的开启和IP地址的配置。其他的基本配置可根据需要进行配置。

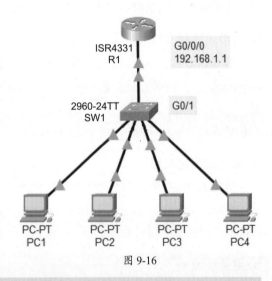

图 9-16

```
Router>en
Router#conf ter
Enter configuration commands, one per line.  End with CNTL/Z.
Router(config)#host R1
R1(config)#in g0/0/0
R1(config-if)#ip address 192.168.1.1 255.255.255.0
R1(config-if)#no sh
%LINK-5-CHANGED: Interface GigabitEthernet0/0/0, changed state to up
%LINEPROTO-5-UPDOWN: Line protocol on Interface GigabitEthernet0/0/0, changed state to up
R1(config-if)#do wr
```

步骤 03 配置路由器R1的DHCP服务，配置完毕后启动DHCP服务。

```
R1(config)#ip dhcp pool test                              //定义地址池，名称test
R1(dhcp-config)#network 192.168.1.0 255.255.255.0         //定义地址池范围
R1(dhcp-config)#default-router 192.168.1.1                //分配的网关地址
R1(dhcp-config)#dns-server 192.168.1.1                    //分配的DNS服务器地址
R1(dhcp-config)#exit
R1(config)#ip dhcp excluded-address 192.168.1.1 192.168.1.10
                               //不分配的地址范围，第一个是开始IP，第二个为结束IP
R1(config)#service dhcp                                   //启动DHCP服务
R1(config)#do wr
```

配置完毕后，更改PC的IP地址的获取方式为DHCP，查看是否可以正常获取IP地址，如图9-17、图9-18所示。

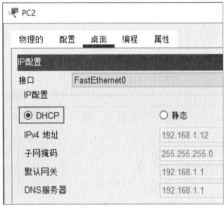

图 9-17　　　　　　　　　　　　　　　图 9-18

9.6 认识电子邮件服务

在即时通信软件出现前，人们最常使用的就是电子邮件。包括邮箱校验、工作汇报、安排、下达任务以及官方发布一些信息，在这些正式场合，都会使用电子邮件。

9.6.1 电子邮件服务概述

电子邮件是Internet中使用最多并最受用户欢迎的应用之一。电子邮件把信息、文件等以邮件的形式发送到收件人的邮件服务器，并放在其中的收件人邮箱中。收件人可随时登录邮箱进行电子邮件的读取。电子邮件不仅使用方便，而且还具有信息传递迅速和费用低廉的优点。现在的电子邮件不仅可传送文字信息，还可附上声音和图像作为附件发送给对方。电子邮件系统规定电子邮件地址的格式如下。

收件人邮箱名@邮箱所在主机的域名。如testmail@163.com，其中，testmail相当于用户账号，在该邮件服务器范畴内不能重复。邮箱所在主机域名必须是FQDN名称。

9.6.2 工作过程

电子邮件系统中使用了很多协议，常见的包括发送邮件的协议（如SMTP等）、读取邮件协议（如POP3和IMAP等）。其工作流程如图9-19所示。

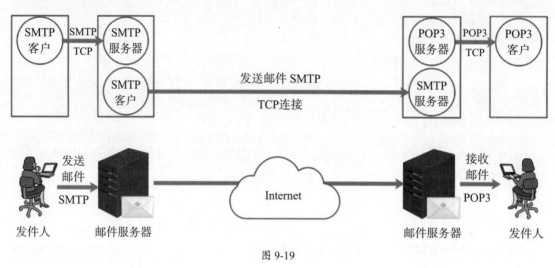

图 9-19

其中，发件人和收件人使用的是用户客户端程序，与电子邮件系统连接，用来撰写、显示、处理和通信使用。邮件服务器的功能是发送和接收邮件，同时还要向发信人报告邮件传送的情况（已交付、被拒绝、丢失等）。邮件服务器需要使用发送和读取两个不同的协议。一个邮件服务器既可以作为客户端，也可以作为服务器。

邮件传输过程如下。

步骤 01 发件人调用PC机中的邮件用户代理程序撰写和编辑要发送的邮件。

步骤 02 发件人的用户代理程序把邮件用SMTP协议发给发送方的邮件服务器。

步骤 03 邮件服务器把邮件临时存放在邮件缓存队列中，等待发送。

步骤 04 发送方邮件服务器的SMTP程序与接收方邮件服务器的SMTP服务器建立TCP连接，然后把邮件缓存队列中的邮件依次发送出去。

步骤 05 运行在接收方邮件服务器中的SMTP服务器进程收到邮件后，把邮件放入收件人的用户邮箱中，等待收件人读取。

步骤 06 收件人在收信时，同样运行PC机中的用户邮件代理，使用POP3（或IMAP）协议读取所有发送给自己的邮件。

9.6.3 常见协议解析

在电子邮件的发送和接收过程中经常使用以下的协议。

1. SMTP 协议

SMTP是一种提供可靠且有效的电子邮件传输协议。SMTP是建立在FTP文件传输服务上的一种邮件服务，主要用于系统之间的邮件信息传递，并提供有关来信的通知。使用SMTP可实现相同网络处理进程之间的邮件传输，也可通过中继器或网关实现某处理进程与其他网络之间的邮件传输。SMTP协议使用25号端口。

> **知识点拨 SMTP协议的工作过程**
>
> SMTP协议的工作过程可分为以下三步。
>
> **步骤01** 建立连接：在这一阶段，SMTP客户请求与服务器的25号端口建立TCP连接。一旦连接建立，SMTP服务器和客户就开始相互通告自己的域名，同时确认对方的域名。
>
> **步骤02** 邮件传送：利用命令，SMTP客户将邮件的源地址、目的地址和邮件的具体内容传递给SMTP服务器，SMTP服务器进行相应的响应并接收邮件。
>
> **步骤03** 连接释放：SMTP客户发出退出命令，服务器在处理命令后进行响应，随后关闭TCP连接。

2. POP3 协议

POP3协议的全名为Post Office Protocol - Version 3，即"邮局协议版本3"。是TCP/IP协议族中的一员，由RFC1939定义。协议主要用于使用客户端远程管理在服务器上的电子邮件。提供SSL加密的POP3协议被称为POP3S。POP协议支持"离线"邮件处理。

邮件发送到服务器后，客户端调用邮件客户机程序连接服务器，并下载所有未阅读的电子邮件。这种离线访问模式是一种存储转发服务。POP3的默认端口号是110，使用TCP传输。

3. IMAP 协议

IMAP（Internet Mail Access Protocol，因特网邮件访问协议）以前称作交互邮件访问协议，是一个应用层协议。它的主要作用是邮件客户端通过这种协议从邮件服务器上获取邮件的信息、下载邮件等。IMAP协议运行在TCP/IP协议之上，使用的端口号是143。它与POP3协议的主要区别是用户可以不必把所有的邮件全部下载，可以通过客户端直接对服务器上的邮件进行操作。

IMAP最大的好处是用户可以在不同的地方使用不同的终端，随时上网阅读和处理自己的邮件。IMAP还允许收件人只读取邮件中的某一部分。例如可以先下载邮件的正文部分，待以后有时间再读取或下载体积较大的附件。缺点是如果用户没有将邮件下载到自己的终端上，则邮件一直存放在IMAP服务器上，因此用户需要经常与IMAP服务器建立连接。

> **知识点拨 VPN服务**
>
> VPN（Virtual Private Network，虚拟专用网络）通过一个公用网络建立一个临时的、安全的连接，主要采用隧道技术、加解密技术、密钥管理技术和使用者与设备身份认证技术。有了VPN技术，用户无论是在外地出差还是在家中办公，只要能连接Internet，就能利用VPN非常方便地访问公司内网资源。VPN的隧道协议主要有三种，PPTP、L2TP和IPSec，其中PPTP和L2TP协议工作在OSI模型的第二层，又称为二层隧道协议，IPSec是第三层隧道协议。VPN的基本处理过程如下。
>
> **步骤01** 要保护主机发送明文信息到其他VPN设备。
>
> **步骤02** VPN设备根据网络管理员设置的规则，确定是对数据进行加密还是直接传输。
>
> **步骤03** 对需要加密的数据，VPN设备将其整个数据包（包括要传输的数据、源IP地址和目的IP地址）进行加密并附上数据签名，加上新的数据报头（包括目的地VPN设备需要的安全信息和一些初始化参数）重新封装。
>
> **步骤04** 将封装后的数据包通过隧道在公共网络上传输。
>
> **步骤05** 数据包到达目的VPN设备后，将其解封，核对数字签名无误后，对数据包解密。

知识延伸：常见的局域网共享协议

在局域网中，可以使用FTP协议来共享文件。除了FTP外，在局域网中还可以使用Samba服务和NFS服务来搭建共享服务器。

1. Samba服务

Samba是一个开源软件，主要用于在Linux和UNIX系统上实现SMB/CIFS协议，以便在不同操作系统之间（尤其是Linux与Windows）共享文件和打印机。通过Samba软件，Linux系统可以加入Windows网络，与Windows设备共享文件和资源，非常适合混合环境中的文件共享、打印服务等场景。主要的功能如下。

- **文件共享**：允许Linux/UNIX服务器与Windows客户端共享文件和文件夹。SMB/CIFS协议提供文件、目录、服务等共享功能。客户端通过SMB/CIFS协议连接到Samba服务器，进行文件上传、下载或打印。
- **打印共享**：支持在Linux服务器上创建共享打印机，供Windows用户访问。
- **域控制器功能**：可以配置Samba作为主域控制器（PDC）或备份域控制器（BDC），提供用户登录认证。
- **网络浏览**：支持工作组和域浏览，使Samba服务器能够与Windows工作组或域无缝集成。
- **身份验证**：Samba支持多种身份验证方式，包括匿名访问、共享密码和用户密码，确保资源只被授权用户访问。

2. NFS服务

NFS（Network File System，网络文件系统）是一种分布式文件系统协议，由Sun公司开发，用于在不同计算机间共享文件资源。NFS允许网络上的多台计算机通过网络访问和共享远程文件，就像访问本地文件系统一样。主要用于Linux、UNIX系统间的文件共享，也支持在UNIX与Windows之间进行有限的跨平台文件共享。

NFS的特点如下。

- **文件系统共享**：NFS可以将本地文件系统中的目录共享给远程计算机，远程用户可以像操作本地文件系统一样访问这些文件。
- **跨平台兼容**：主要用于UNIX和Linux系统，也可以通过特定工具支持Windows系统。
- **透明性**：用户在客户端上的操作对网络共享是透明的，像操作本地文件系统一样。
- **自动挂载**：支持在网络中自动挂载文件系统并访问，简化文件管理。

NFS采用RPC（Remote Procedure Call，远程过程调用）机制实现客户端与服务器之间的通信。主要步骤如下。

① 共享目录：NFS服务器将文件系统中的一个目录共享出来。

② 挂载文件系统：客户端通过NFS将服务器上的共享目录挂载到本地目录树。

③ 文件访问：挂载成功后，客户端可以访问、读取和修改服务器上的文件，就像操作本地文件一样。

第10章 网络安全

网络的特点是开放，而开放会带来各种安全问题，如黑客入侵、网络攻击、病毒木马攻击等，都是网络安全所要面临的威胁。网络安全不仅涉及个人隐私信息和数据安全，更是国家安全的重要组成部分。本章向读者介绍网络所面临的各种安全威胁、主要的应对方法以及提高个人安全防范意识和防御措施的手段等。

要点难点

- 认识网络安全
- 防火墙技术
- 加密技术
- 数字签名与数字证书
- 入侵检测技术
- 网络病毒的防范
- 网络管理技术

10.1 认识网络安全

网络安全问题现在已经成为国际难题，各国都在寻找和制定适合本国和网络发展的、提高网络安全的防范措施和相应的法律法规。下面首先介绍网络安全的基础知识。

10.1.1 认识网络安全

网络安全是指网络系统的硬件、软件及其系统中的数据受到保护，不因偶然的或者恶意的原因而遭受破坏、更改、泄露，系统可连续、可靠、正常地运行，网络服务不会中断。随着网络规模和互联网应用的扩大，网络安全已经成为保护个人、企业乃至国家安全的重要组成部分。网络安全的核心目标主要有以下几点。

1. 保护数据安全

防止未经授权的访问和泄露敏感信息，如个人隐私、商业机密等。保证数据不被篡改或破坏，确保数据的准确性和可靠性。确保授权用户能够随时访问所需的数据和服务。

2. 维护网络正常运行

抵御各种网络攻击，如病毒、木马、勒索软件、DDoS攻击等。确保网络设备、服务器和应用程序的稳定运行，避免系统崩溃或服务中断。在发生安全事件时，能够快速恢复系统，减少损失。

3. 增强网络抵御能力

定期更新系统和软件，修复已知的漏洞。通过身份认证、授权等手段，限制对网络资源的访问。建立多层次的防护体系，提高网络的安全性。

4. 提升用户信心

尊重用户隐私，保护用户个人信息不被泄露。为用户提供安全可靠的网络环境，让其放心使用网络服务。

5. 满足合规性要求

遵守国家和行业的相关法律法规，如《网络安全法》等。通过ISO27001等安全认证，证明企业的安全管理体系是符合国际标准的。

总地来说，网络安全的核心目标就是为了创建一个安全、可靠、可信的网络环境，保护用户的数字资产和隐私。

10.1.2 网络威胁及表现形式

网络威胁多种多样，从实现的原理角度分析，网络威胁主要包括以下几种形式。

1. 网络欺骗

网络欺骗也叫作中间人攻击，包括常见的ARP欺骗、DHCP欺骗、DNS欺骗、生成树欺骗等，如图10-1所示。主要过程是首先利用欺骗的手段，将黑客控制的网络设备伪装成正常的网关、DNS服务器、DHCP服务器、交换机等。然后悄无声息地截获网络中其他设备发送的数据包，最后对数据包进行解读、篡改。如DNS欺骗，则可以将某访问重定向到黑客设置的钓鱼网站中，没有经验的用户按照正常网站进行登录。其账户、密码等信息就会被黑客截获，造成各种损失。

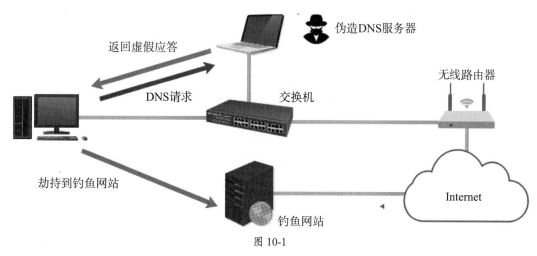

图 10-1

2. 拒绝服务

网络上的服务器会侦听各种网络终端的请求，然后给予应答并提供对应的服务。每一个终端请求都要耗费一定的服务器资源。如果在某一时间点有非常多的服务请求，服务器要同时处理多个请求，就会造成响应缓慢。如果请求量达到一定级别，又没有有效的访问控制手段，服务器就会因为资源耗尽而宕机，这也是服务器固有缺陷之一。当然，现在有很多应对手段，但也仅仅是保证服务器不会崩溃，而无法做到在防御的同时下还不影响正常的访问，这就是网络攻击所达到的效果。常见的拒绝服务攻击包括SYN泛洪攻击、Smurf攻击、DDoS攻击等，如图10-2所示。图10-2中的黑客会伪造多个伪终端，向服务器发送服务请求，服务器就会一直等待终端的响应，从而占用大量的服务器资源，使正常访问受阻或服务器崩溃。

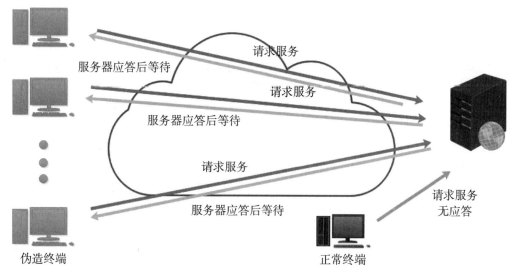

图 10-2

3. 缓冲区溢出攻击

在计算机中，有一个叫"缓存区"的区域，用来存储用户输入的数据。缓冲区的长度是被事先设定好的，且容量不变。如果用户输入的数据超过了缓冲区的长度，就会溢出，而这些溢出的数据会覆盖在合法的数据上。通过这个原理，可以将病毒代码利用缓存区溢出使计算机执行并传播，如以前大名鼎鼎的"冲击波"病毒、"红色代码"病毒等。另外可以通过溢出攻击得到系统最高权限，接着通过木马将计算机变成"肉鸡"。

4. 病毒木马

现在病毒和木马的界线已经越来越不明显。在经济利益的驱使下，单纯的破坏性病毒越来越少，逐渐被可以获取信息，并可以勒索对方的恶意程序所代替。如常见的勒索病毒，就是通过病毒进行感染，非法锁定用户的文件，并对用户进行勒索，否则文件将无法使用，如图10-3所示。随着智能手机和App市场的繁荣，各种木马病毒也在向手机端泛滥。App权限滥用，下载被篡改的破解版App等，都可能造成用户的电话簿、照片等各种隐私信息的泄露。

图 10-3

5. 钓鱼网站

网络安全中的"钓鱼"属于专业术语，指创建与官网类似的网站页面，诱导用户输入账户和密码来直接获取用户信息。然后登录正常的官网，进行各种非法操作。除了网页钓鱼外，还有短信钓鱼，以手机银行失效或过期为由，诱骗客户登录钓鱼网站而盗取资金等。

6. 密码破解

密码破解攻击也叫穷举法，利用软件不断生成密码的组合来尝试登录。例如一个四位纯数字的密码，可能的组合数量有10000次，那么只要用软件组合10000次，就可以得到正确的密码。无论多么复杂的密码，理论上都是可以破解的，不过使用复杂密码可以大大增加破解的时间和难度，有可能需要几年至几百年才能破解出来，这种密码就认为比较安全。为了增加效率，可以选择算法更快的软件，或者准备一个高效率的字典，按照字典的组合进行对比，如图10-4所示。

为了应对软件的暴力破解，出现了验证码。为了对抗验证码，黑客又对验证码进行识别和破解，然后又出现了更复杂的验证码、多次验证、手机短信验证、多次失败锁定等验证及账户安全策略。所以暴力破解的难度也越来越大。

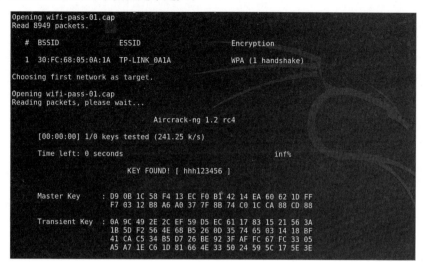

图 10-4

7. 漏洞攻击

无论是程序还是系统，只要是人为参与的，都会有漏洞。漏洞的产生原因包括程序逻辑结构设计不合理、编程中的设计错误、编程水平低等情况。一个固若金汤的系统，加上一个漏洞百出的软件，整个系统的安全防范机制即形同虚设。黑客可以利用漏洞对系统进行攻击和入侵。

> ✅ **知识点拨** 进步造成的漏洞
>
> 随着技术的发展，有可能以前很安全的系统或协议，如加密的算法、密码长度等，会逐渐暴露出不足和安全隐患，这也是漏洞产生的原因之一。

8. 其他常见的威胁

除了以上介绍的威胁外，常见的威胁还有SQL注入攻击，在数据库查询中插入恶意代码来访问或修改数据；跨站脚本攻击，通过注入恶意脚本，使用户在浏览网页时触发并泄露信息；零日攻击，利用系统中未被发现的漏洞进行攻击。

10.1.3 网络安全的防范机制

网络安全的防范机制包括很多种，针对不同的威胁可以采取不同的防范措施。下面介绍一些常见的防范机制。

1. 访问控制策略

访问控制是网络安全防范和保护的主要策略。它的主要任务是保证网络资源不被非法使用和访问，是保证网络安全最重要的核心策略之一。访问控制涉及的技术比较多，包括入网访问控制、网络权限控制、目录级别控制以及属性控制等多种手段。

2. 密码策略

密码技术是信息安全核心技术，通过设置密码，为信息安全提供更多安全保证。基于密码的数字签名和身份认证是当前保证信息完整性的最主要方法之一，密码技术主要包括古典密码体制、单钥密码体制、公钥密码体制、数字签名以及密钥管理技术等。

3. 数据保护策略

数据安全包括物理存储设备的安全和访问获取的安全。没有完全的、一劳永逸的安全手段，除了在数据存储、传输中需要进行加密外，在日常还要做好数据的备份，才能在出现问题后快速解决。

4. 日志审查策略

对敏感设备的网络通信、安全事件发生的时间点等，需要进行日志的记录以及审查。

5. 网络隔离策略

通过物理或逻辑手段将网络分段，以限制数据流通，防止信息泄露。例如，将重要系统放在专用内网，外部网络禁止直接访问。

6. 安全更新和漏洞扫描

定期更新操作系统和应用程序，安装最新补丁，修复漏洞。可以通过漏洞扫描工具检测系统中存在的安全漏洞。

7. 切断威胁通道

对被感染的硬盘和计算机进行彻底杀毒处理，不使用来历不明的U盘和程序，不随意下载网络可疑信息。

8. 提高防毒杀毒技术

通过安装防毒杀毒工具，对系统进行实时监控。对网络服务器中的文件进行定期扫描和监测，在工作站上添加防病毒卡，加强网络目录和文件访问权限的管理。

9. 建立安全管理制度

提高系统管理员和用户的网络安全素质和安全技术。对重要部门和信息，严格做好开机查毒，及时备份数据，这是一种简单且有效的方法。

> **✓ 知识点拨** 确保网络设备物理安全
>
> 网络设备的安全环境条件包括温度、湿度、空气洁净度、腐蚀度、虫害、震动、冲击、电气干扰等方面，都要有具体的要求和严格的标准。选择一个合适的安装场所对网络设备中心十分重要，它直接影响系统的物理安全性和可靠性。要注意其外部环境的安全性、可靠性、场地抗电磁干扰性，避开强震动源和强噪声源，并避免设在建筑物高层和用水设备的下层或隔壁。还要注意出入口的管理。机房的安全防护是针对环境的物理灾害，以及防止未授权的个人或团体破坏、篡改或盗窃网络设施、重要数据而采取的安全措施和对策。

10.1.4　网络安全体系建设

目前计算机网络面临很大的威胁，其构成因素是多方面的。这种威胁将不断给社会带来巨大的损失。网络安全已被信息社会的各个领域所重视。随着计算机网络的不断发展，全球信息化已成为人类发展的大趋势；给政府机构、企事业单位带来了革命性的改革。但由于计算机网络具有连接形式多样性、终端分布不均匀性和网络的开放性、互联性等特征，致使网络易受黑客、病毒、恶意软件和其他不轨行为的攻击，所以网上信息的安全和保密是一个至关重要的问题。对于军用自动化指挥网络、银行和政府等传输敏感数据的网络系统而言，其网上信息的安全和保密尤为重要。无论是在局域网还是在广域网中，都存在自然和人为等诸多因素的潜在威胁。因此，网络的安全措施应全方位地针对各种不同的威胁和网络的脆弱性，确保网络信息的保密性、完整性和可用性。

1. 网络安全模型

PDR模型由美国国际互联网安全系统公司（ISS）提出，是最早体现主动防御思想的一种网络安全模型。PDR模型包括protection（保护）、detection（检测）、response（响应）三部分。

（1）保护

保护就是采用一切可能的措施来保护网络、系统以及信息的安全。保护通常采用的技术及方法主要包括加密、认证、访问控制、防火墙以及防病毒等。

（2）检测

检测可以了解和评估网络和系统的安全状态，为安全防护和安全响应提供依据。检测技术主要包括入侵检测、漏洞检测以及网络扫描等技术。

（3）响应

应急响应在安全模型中占有重要地位，是解决安全问题的最有效办法。主要解决紧急响应和异常处理问题。所以建立应急响应机制，形成快速安全响应的能力，对网络和系统而言至关重要。

2. 网络安全体系的安全要求

在网络安全体系中划分了多个层次，分别对应不同的安全策略和对应的措施。

（1）物理层安全

物理层安全指物理环境的安全性。包括通信线路的安全、物理设备的安全、机房的安全等。物理层的安全主要体现在通信线路的可靠性（线路备份、网管软件、传输介质）、软硬件设备安全性（替换设备、拆卸设备、增加设备）、设备的备份、防灾害能力、防干扰能力、设备的运行环境（温度、湿度、烟尘）、不间断电源保障等。

（2）网络层安全

网络层的安全问题主要体现在网络方面的安全性，包括网络层身份认证、网络资源的访问控制、数据传输的保密与完整性、远程接入的安全、域名系统的安全、路由系统的安全、入侵检测的手段、网络设施防病毒能力等。

（3）应用层安全

应用层的安全问题主要由提供服务所采用的应用软件和数据的安全性产生，包括Web服务、电子邮件系统、DNS服务等。

另外该层的安全问题还有来自网络内使用的操作系统安全性。主要威胁表现在三方面，一是操作系统本身的缺陷带来的不安全因素，主要包括身份认证、访问控制、系统漏洞等。二是对操作系统的安全配置问题。三是病毒对操作系统的威胁。

（4）管理层安全

管理层安全包括安全技术和设备的管理、安全管理制度、部门与人员的组织规则等。管理的制度化很大程度上影响着整个网络的安全，严格的安全管理制度、明确的部门安全职责划分、合理的人员角色配置都可以在很大程度上降低各类安全隐患。

> ✓ 知识点拨 **网络安全体系原则**
> 网络安全体系的设计原则包括：①木桶原则；②整体性原则；③安全性评价与平衡原则；④标准化与一致性原则；⑤技术与管理相结合原则；⑥统筹规划分步实施原则；⑦等级性原则；⑧动态发展原则；⑨易操作性原则。

3. 信息安全等级保护

网络传输的数据本质是各种信息，所以网络信息安全是网络安全的重要组成部分。我国的信息安全规范和标准中最主要的就是信息安全等级保护。它是我国针对网络信息安全制定的规范。信息系统安全等级保护的核心是对信息系统划分等级，按标准进行建设、管理和监督。通过信息安全等级保护，可以更好地对信息进行分类、制订保护内容、更好地实施保护策略。信息安全等级保护（简称等保）是对信息系统按照重要性等级分级别进行保护的一种制度。它是我国为保障信息安全而制定的一项基本制度，旨在通过分等级的安全保护，确保信息系统的安全。信息保护的重要意义主要体现在以下几个方面：

- **保障信息安全**：等保工作可以有效地防止信息系统遭受破坏、泄露、篡改等，保障信息系统的安全。
- **维护国家安全**：等保工作可以有效地维护国家安全和社会秩序，保障公共利益。
- **促进经济社会发展**：等保工作可以为经济发展提供安全保障，促进经济健康发展。

10.2 防火墙技术

防火墙最初是一个建筑名词，指的是修建在房屋之间、院落之间、街区之间，用以隔绝火灾蔓延的高墙。而这里介绍的用于计算机网络安全领域的防火墙则是指设置于网络之间，通过控制网络流量、阻隔危险的网络通信以达到保护网络的目的，由硬件设备和软件组成的防御系统。像建筑防火墙阻挡火灾、保护建筑一样，网络防火墙有阻挡危险流量、保护网络的功能。

10.2.1 认识防火墙

防火墙一般布置于网络之间。防火墙最常见的形式是布置于外部公共网络和内部专用网络之间，用以保护内部的专用网络。有时在一个网络内部也可以设置防火墙，用来保护某些特定的网络设备或网络服务器。这些被保护的设备与网络中的其他设备相隔离（如使用VLAN技术），从而起到隔离威胁、防止网络攻击和渗透的作用。

防火墙保护网络的手段就是控制网络流量。网络上的各种数据信息以数据包的形式进行传递。网络防火墙要实现安全控制，就要判断途经各个数据包是否符合防护策略，据此决定是否允许其通过。不同种类的防火墙查看数据包的信息也不同，判断的标准则是由用户决定和配置。

用以保护网络的防火墙有不同的形式和不同的复杂程度。它可以是单一设备，也可以是一系列相互协作的设备；可以是专门的硬件设备，也可以是经过加固甚至只是普通的通用主机。

10.2.2 防火墙的种类

防火墙基于一组预定义的规则对数据包进行检测、筛选和控制，以确保网络流量符合安全策略。它通过检查数据包的源地址、目的地址、端口号和协议类型来确定数据包的合法性。常见的防火墙类型包括如下。

1. 包过滤防火墙

包过滤防火墙可以基于静态规则对数据包进行过滤，可以依据IP地址、端口号和协议对数据包进行过滤。包过滤防火墙查看流经的数据包头部信息，由此决定数据包的处理方式。它可能会丢弃这个包（通知发送者或直接丢弃），可能会接受这个包（让这个包通过），也可能执行其他更复杂的动作。数据包过滤应用在内部主机和外部主机之间，过滤系统所在的设备可以是一台路由器或一台防火墙主机。包过滤防火墙的优点是效率高、易于配置和管理。缺点是只能检查包头信息，无法识别数据包的内容，对应用层攻击（如SQL注入）无防护能力。

2. 状态检测防火墙

状态检测防火墙又称为动态包过滤，是传统包过滤的功能扩展。状态检测防火墙工作于传输层，与包过滤防火墙相似，状态检测防火墙判断允许还是禁止数据流的依据也是源地址、目的地址、源端口、目的端口和通信协议等。与包过滤防火墙不同的是，状态检测防火墙是基于会话信息做出决策，而不是包的信息。状态检测防火墙摒弃了包过滤防火墙仅考查数据包的IP地址等几个参数，而不关心数据包连接状态变化的缺点，在防火墙的核心部分建立状态连接表，并将进出网络的数据当成一个个会话，利用状态表跟踪每个会话状态。状态检测对每个包的检查不仅根据规则表，更考虑数据包是否符合会话所处的状态，因此提供了完整的对传输层的控制能力。优点是能够防御基于连接的攻击，适合需要状态跟踪的协议。缺点是状态表需要额外资源，影响效率，对应用层的深度检测有限。

3. 应用代理防火墙

应用代理防火墙通常称为应用网关防火墙。防火墙会彻底隔断内网与外网的直接通信，内网用户对外网的访问变成防火墙对外网的访问，然后再由防火墙转发给内网用户。所有通信都必须经应用层代理软件转发，访问者任何时候都不能与服务器建立直接的TCP连接，应用层的协议会话过程必须符合代理的安全策略要求。应用代理防火墙可以对HTTP、FTP等特定协议进行深层检测。

代理防火墙的主要功能是对连接请求进行认证，然后再允许流量到达内部资源。这使其可以认证用户请求而不是设备。为了使认证和连接过程更加有效，很多代理防火墙认证用户后，使用存储在认证数据库中的授权信息确定该用户可以访问哪些资源。通过授权限制允许该用户访问其他资源，而不要求用户对每个想访问的资源进行认证。同时，代理防火墙能用来认证输入和输出两个方向的连接。

> ✅ **知识点拨** 下一代防火墙
>
> 下一代防火墙的工作方式会结合包过滤、状态检测、应用层控制、入侵防御、VPN等多种功能,并利用深度包检测(DPI)识别数据包中的应用层信息。能够识别应用层协议,检测恶意流量,过滤不合规应用,提供全面保护。缺点是配置较为复杂,资源消耗较大,成本较高。

10.2.3 防火墙的部署模式

根据网络的情况和部署的位置,防火墙的部署有以下几种不同的模式。

- **边界防火墙**:部署在内部网络和外部网络之间,是企业网络与互联网间的第一道防线。
- **内部防火墙**:在公司内部不同网络间设置防火墙,用于保护部门或业务之间的网络。
- **主机防火墙**:直接部署在终端设备上,用于保护单独设备的进出流量。
- **云防火墙**:在云环境中使用的防火墙,基于虚拟机或虚拟网络,保护云资源的访问控制。

10.2.4 防火墙的策略

防火墙的核心在于其安全策略配置,主要包括以下要点。

- **白名单和黑名单**:根据允许的流量设定白名单,不允许的流量设定黑名单。
- **默认规则**:通常配置为"默认拒绝"或"默认允许"。推荐采用默认拒绝策略,只允许明确的流量进出。
- **入站和出站规则**:明确数据进入或离开网络的限制条件,例如允许外部访问网站服务器,限制内部网络访问外部IP地址。
- **时间策略**:在特定时间段允许或禁止特定流量,如在工作时间外禁止远程办公访问。

> ✅ **知识点拨** 防火墙的常见性能指标
>
> 在使用防火墙时,需要注意防火墙的一些性能指标,并根据实际的网络需求进行选择。主要的性能指标如下。
> - **吞吐量**:防火墙在单位时间内可以处理的数据量,一般以Mb/s或Gb/s为单位。
> - **并发连接数**:防火墙支持的同时活动的连接数。
> - **连接建立速率**:每秒可以建立的新连接数量,决定了高并发环境下的响应速度。
> - **延时**:数据包在防火墙处理时的平均时延,时延越低越好。

10.2.5 防火墙的发展趋势

防火墙技术将持续进步,以应对更为复杂的威胁。防火墙的未来发展主要表现在以下几个方面。

- **AI和机器学习**:利用AI分析网络流量模式,检测异常行为和潜在威胁。
- **零信任架构**:结合身份验证、数据加密、网络分段等技术,全面保护各级资源。
- **边缘计算和云防火墙**:防火墙逐渐向边缘计算和云环境迁移,以保护分布式资源。
- **集成威胁防御**:基于实时的威胁情报更新规则,自动响应攻击事件。

10.3 加密技术

加密技术是利用密码学中的数学或物理手段,对网络数据在传输过程中和存储体内进行保护,以防止泄露,从而保护数据的机密性、完整性和可用性的技术。通过密码算法和密码对原始信息进行转化,使其成为没有正确密码任何人都无法理解的加密信息。在这种情况下即使信息被截获并阅读,这则信息也是毫无利用价值的。以无法读懂的形式出现的信息一般被称为密文。为了读懂密文,必须重新转换为它的最初形式——明文。而含有用来以数学方式转换信息的双重密码叫作密钥。而实现这种转换的算法标准,据不完全统计,到现在为止已经有200多种。

10.3.1 加密技术关键要素

在信息加密过程中,密钥和算法是两个关键要素。密钥是加密算法的关键,算法是将明文转换为密文的数学变换。

密钥一般是一组字符串,是加密和解密最主要的参数,由通信的一方通过一定标准计算得来。所以密钥是变换函数所用到的重要的控制参数。密钥的安全性决定了加密算法的安全性。密钥的长度越长,安全性越高。

算法是将正常的数据(明文)与字符串进行组合,按照算法公式进行计算,从而得到新的数据(密文),或者将密文通过算法还原为明文。没有密钥和算法,这些信息没有任何意义,从而起到了保护作用。

根据柯克霍夫原则,密码系统的安全性取决于密钥,而不是密码算法,即密码算法要公开。密码算法是评估算法安全性唯一可用的方式。如果密码算法保密,密码算法的安全强度就无法进行评估。另外也防止算法设计者在算法中隐藏后门。算法被公开后,密码学家可以研究、分析其是否存在漏洞,同时也接受攻击者的检验,有助于推广使用。当前网络应用十分普及,密码算法的应用不再局限于传统的军事领域。只有公开后,密码算法才可能被检验并使用。对用户而言,只需掌握密钥就可以使用,非常方便。

10.3.2 加密算法的分类

加密算法是信息加密技术的核心,根据所采用密钥的不同方式,常见的加密算法可以分为两类,对称加密算法与非对称加密算法。

1. 对称加密算法

对称加密算法也叫私钥加密算法,使用相同的密钥对数据进行加密和解密。发送方使用密钥对要传输的数据进行加密,然后将加密后的数据发送给接收方。接收方使用相同的密钥来解密接收到的数据,以恢复原始数据。整个过程如图10-5所示。

发送方和接收方必须在通信之前共享相同的密钥。对称加密算法在保护数据的机密性方面非常有效,因为只有拥有正确密钥的人才能解密数据。双方的密钥都必须处于保密状态,因为私钥的保密性必须基于密钥的保密性,而非算法上。收发双方都必须为自己的密钥负责,才能保证数据的机密性和完整性。对称密码算法的优点是加密、解密处理速度快、保密度高。常见的对称加密算法有AES、DES、3DES、RC2、RC4等。

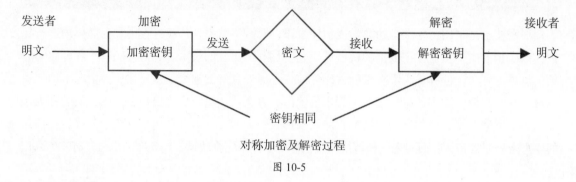

对称加密及解密过程

图10-5

2. 非对称算法

在非对称算法中，如果用公开密钥对数据进行加密，只有用对应的私有密钥才能解密；如果用私有密钥对数据进行加密，那么只有用对应的公开密钥才能解密，如图10-6所示。该算法也是针对对称加密密钥密码体制的缺陷提出来的。这种加密技术的主要优势在于安全性高，因为即使公钥被泄露，也不会对系统的安全性造成影响。

非对称加密算法基于数学问题的难解性，如大素数分解、离散对数问题等。这些问题的特点是容易进行正向计算，但很难进行逆向计算。因此，通过这些数学问题来设计加密算法，可以确保加密过程安全可靠。公钥和私钥通过特定的数学关系生成，使得公钥可以加密数据，但只有通过与之对应的私钥才能解密数据。

如A和B在数据传输时，A生成一对密钥，并将公钥发送给B。B获得这个密钥后，可以用密钥对数据进行加密，并将其数据传输给A，然后A用自己的私钥进行解密。这就是非对称加密及解密的过程，如图10-6所示。

常见的非对称算法有RSA、ECC、IDEA、DSA、背包算法、McEliece算法、Diffie-Hellman算法、Rabin算法、零知识证明、椭圆曲线算法、ELGamal算法等。

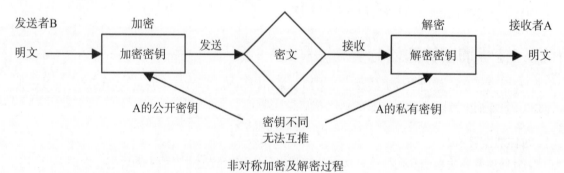

非对称加密及解密过程

图10-6

10.3.3 数据完整性保护

数据完整性保护是一种确保数据在传输、存储和处理过程中不被篡改或损坏的技术和措施。它在数据安全中扮演着关键角色，特别是在防止数据因各种非法因素（如人为篡改、传输错误或存储问题）而受到破坏的情况。数据完整性保护技术广泛应用于数据库管理系统、网络传输和文件存储等多个领域,以确保数据在应用过程中始终保持准确和完整。数据完整性保护通常使用以下几种方法。

1. 校验和

校验和是一种简单的完整性检测技术,将数据按照特定的算法生成一个校验值,并随数据一同传输。接收方再生成校验值并与发送方的值进行对比,如果一致则认为数据未被修改。常用于文件传输、数据存储等,检测传输过程中是否发生了错误。

2. 散列函数

散列函数(如MD5、SHA系列)通过算法将数据映射成唯一的哈希值。由于哈希值对数据改动非常敏感,任何微小的变化都会导致生成不同的哈希值,对抗篡改效果较好,广泛应用于密码验证、数据完整性校验。但不具备加密功能,主要用于验证数据的真实性和一致性。

3. 数字签名

数字签名基于公钥加密算法(如RSA、DSA)生成,用于验证数据来源的真实性和完整性。发送方用私钥对数据进行签名,接收方通过公钥验证签名的有效性。广泛用于数字证书、电子合同、软件分发等场景,以防止数据被篡改。不仅保护完整性,还提供数据的来源验证,适用于更高安全性的应用场景。

4. 信息鉴别码

信息鉴别码是一种基于密钥的校验方法,通过对消息及密钥生成鉴别码来保护数据的完整性和真实性。应用于需要数据完整性保护和身份验证的场合,如支付系统、加密通信。相比校验和和哈希,信息鉴别码具备防止恶意篡改的能力,通常用于对传输的数据进行认证和保护。

5. 错误校正码

错误校正码可以检测和纠正数据在传输和存储中产生的错误,通常用于磁盘存储、内存和通信系统。适用于可能产生传输错误的应用,如无线通信、存储设备等。不仅能检测错误,还能纠正错误,具有较高的可靠性。

10.4 数字签名与数字证书

数字签名和数字证书是保障数据通信安全、身份验证和信息完整性的两种核心技术,广泛应用于电子商务、在线身份认证、电子邮件和数据传输等场景。

10.4.1 数字签名

数字签名是一种通过加密技术实现的数据认证和完整性保护机制,类似于传统签名。可以区分真实数据与伪造、被篡改过的数据。对于网络数据传输,特别是电子商务极其重要。数字签名一般采用报文摘要技术。报文摘要技术主要使用哈希函数,是附加在数据单元上的一些数据,或是对数据单元所做的密码变换。这种数据或变换允许数据单元的接收者用以确认数据单元的来源和数据单元的完整性并保护数据，防止被人为伪造。它是对电子形式的消息进行签名的一种方法。数字签名基于非对称加密算法。

1. 工作原理

数字签名的生成和验证过程通常包含以下几个步骤。

步骤 01 生成消息摘要。对原始消息（如文件或电子邮件）应用哈希函数（如SHA-256）生成消息摘要。摘要是固定长度的，且唯一对应于原消息。

步骤 02 私钥加密摘要。发送方使用自己的私钥对消息摘要进行加密，加密后的结果即为"数字签名"。

步骤 03 附加签名并发送。将原始消息和数字签名一并发送给接收方。

步骤 04 接收方验证签名。

- 接收方收到信息后，使用相同的哈希算法生成消息摘要。
- 使用发送方的公钥解密收到的数字签名，得到发送方的消息摘要。
- 比较两个摘要是否一致，一致则证明信息来源和完整性可信。

2. 数字签名的功能

数字签名的主要功能如下。

- **防冒充（伪造）**：私有密钥只有签名者自己知道，所以其他人不可能构造。
- **可鉴别身份**：由于传统的手工签名一般双方直接见面，身份自可一清二楚。在网络环境中，接收方必须能够鉴别发送方所宣称的身份。
- **防篡改（防破坏信息的完整性）**：对于传统的手工签字，假如要签署一份200页的合同，是仅在合同末尾签名呢？还是对每一页都签名？如果仅在合同末尾签名，对方会不会偷换其中的几页？而对于数字签名，签名与原有文件已经形成了一个混合的整体数据，不可能被篡改，从而保证了数据的完整性。
- **防重放**。如在日常生活中，A向B借钱，同时写一张借条给B。当A还钱时，肯定要向B索回他写的借条并撕毁，否则B可能会再次用借条要求A还钱。在数字签名中，如果采用了对签名报文添加流水号、时间戳等技术，可以防止重放攻击。
- **防抵赖**。如前所述，数字签名可以鉴别身份，不可能冒充伪造，那么，只要保管好签名的报文，就好似保存好手工签署的合同文本，也就是保留了证据，签名者就无法抵赖。那如果接收者确已收到对方的签名报文，却抵赖没有收到呢？要预防接收者的抵赖。在数字签名体制中，要求接收者返回一个自己的签名给对方或者第三方，表示收到报文。如此操作，双方均不可抵赖。
- **机密性（保密性）**。手工签字的文件（如同文本）是不具备保密性的，文件一旦丢失，其中的信息就极可能泄露。数字签名可以加密要签名消息，对消息本身进行加密。当然，如果签名的报文不要求机密性，也可以不用加密。

10.4.2 数字证书

数字证书是在互联网通信中标识通信各方身份信息的一个数字认证，用来在网上识别对方的身份。因此数字证书又称为数字标识。数字证书对用户在网络交流中的信息和数据等，以加密或解密的形式保证信息和数据的完整性和安全性。

从专业角度来说，数字证书是由权威的证书颁发机构（CA）签发的电子文档，用于验证主体（如用户、网站、组织）的身份和公钥的真实性。数字证书中包含主体的公钥及身份信息、CA的签名等，用于确保主体身份的合法性。

1. 数字证书的结构与内容

数字证书通常采用X.509标准，其基本内容包括如下。

- **版本号**：证书的版本信息，通常为X.509 v3。
- **证书序列号**：唯一的编号，方便证书标识。
- **签名算法**：用于签名证书的算法类型。
- **签名哈希算法**：签名证书的哈希算法。
- **证书主体信息**：包括证书持有人的身份信息（如名称、机构等）。
- **公钥信息**：持有人的公钥及其使用信息。
- **颁发机构信息**：证书颁发机构的名称和数字签名。
- **有效期**：证书的起始时间和截止时间。
- **颁发机构签名**：由CA使用私钥对证书内容加密生成的签名，确保证书的合法性。

2. 工作过程

数字证书的验证过程有以下几个步骤。

步骤01 获取证书。接收方获得数字证书，用于验证发送方身份。

步骤02 验证证书签名。使用CA的公钥解密证书中的签名，以确认证书合法性。

步骤03 验证证书内容。检查证书是否在有效期内、持有人是否与公钥相符等信息。

步骤04 使用证书中的公钥。确认证书合法后，使用其中的公钥对发送方的签名信息进行验证。

> **✓知识点拨** 数字证书的应用场景
>
> 数字证书现在广泛应用于以下场景：HTTPS安全连接，网站服务器和客户端间的身份验证和加密通信；通过SSL/TLS证书进行身份验证，确保网站真实性并保护用户通信隐私；VPN安全远程访问，确保用户身份真实性和数据加密。

10.5 入侵检测技术

入侵检测技术是网络安全中的关键技术，用于检测系统、网络或设备中的可疑活动或恶意入侵行为，并做出相应的防护动作。入侵检测系统通过监控和分析网络流量、系统事件、文件改动等来识别异常或违规行为，及时预警和防护。

10.5.1　入侵检测系统简介

入侵是指任何企图危及资源的完整性、机密性和可用性的活动。入侵检测是对入侵行为的发觉。它通过对计算机网络或计算机系统中的若干关键点搜集信息并对其进行分析，从中发现网络或系统中是否有违反安全策略的行为和被攻击的迹象。

入侵检测系统（Intrusion Detection System，IDS）是一种对网络传输进行即时监视，在发现可疑传输时发出警报或采取主动反应措施的网络安全设备，是进行入侵检测的软件与硬件的组合。入侵检测系统与其他网络安全设备的不同之处在于，IDS是一种积极主动的安全防护技术。IDS最早出现在1980年4月，到20世纪80年代中期，IDS逐渐发展成为入侵检测专家系统（IDES）。20世纪90年代，IDS分化为基于网络的IDS和基于主机的IDS。后又出现分布式IDS。目前，IDS发展迅速，已有人宣称IDS可以完全取代防火墙。

10.5.2　入侵检测系统功能

入侵检测系统是防火墙的合理补充，帮助系统应对网络攻击，扩展了系统管理员的安全管理能力（包括安全审计、监视、进攻识别和响应），提高了信息安全基础结构的完整性。入侵检测系统从计算机网络系统中的若干关键点搜集信息，并分析这些信息，查看网络中是否有违反安全策略的行为和遭到袭击的迹象。入侵检测系统被认为是防火墙之后的第二道安全闸门，在不影响网络性能的情况下对网络进行检测，从而提供对内部攻击、外部攻击和误操作的实时保护。入侵检测系统与防火墙在功能上是互补关系。入侵检测系统可以检测来自外部和内部的入侵行为和资源滥用；防火墙在关键边界点进行访问控制，实时发现和阻断非法数据。它们在功能上相辅相成，在网络安全中承担不同的角色，通过合理部署和联动提升网络安全级别。

一个成功的入侵检测系统，不但可使系统管理员时刻了解网络系统（包括程序、文件和硬件设备等）的任何变更，还能给网络安全策略的制定提供指南。更为重要的是，它应该管理、配置简单，从而使非专业人员能非常容易地获得网络安全。而且，入侵检测的规模还应根据网络威胁、系统构造和安全需求的改变而改变。入侵检测系统在发现入侵后，应及时作出响应，包括切断网络连接、记录事件和报警等。

10.5.3　入侵检测技术分类

入侵检测按技术可分为特征检测和异常检测。按检测对象可分为基于主机的入侵检测和基于网络的入侵检测。

1. 特征检测

特征检测是收集非正常操作的行为特征，建立相关的特征库。当监测的用户或系统行为与库中的记录相匹配时，系统就认为这种行为是入侵。特征检测可以将已有的入侵方法检查出来，但对新的入侵方法无能为力。

2. 异常检测

异常检测是总结正常操作应该具有的特征，建立主体正常活动的"行为基线"。当用户活动状况与正常的"行为基线"相比，有重大偏离时即被认为该活动可能是"入侵"行为。

3. 基于主机的入侵检测

基于主机的入侵检测产品主要用于保护运行关键应用的服务器或被重点检测的主机。通过对该主机的网络实时连接及系统审计日志进行智能分析和判断，如果其中主体活动十分可疑（特征或违反统计规律），入侵检测系统就会采取相应措施。

4. 基于网络的入侵检测

基于网络的入侵检测是大多数入侵检测厂商采用的形式。通过捕获和分析网络包来探测攻击。基于网络的入侵检测可以在网段或交换机上进行监听，来检测对连接在网段上的多个主机有影响的网络通信，从而保护这些主机。

10.5.4 入侵检测技术的发展趋势

入侵检测技术的发展趋势集中在智能化、自动化、实时响应和集成化等多个方面。随着网络威胁的复杂化和攻击手段的多样化，传统入侵检测系统逐渐显现出固有的局限性，因此新技术和方法的引入成为必然。

1. 与人工智能和机器学习的集合

人工智能（AI）和机器学习（ML）已成为入侵检测技术创新的重要方向。机器学习算法可以通过分析正常网络行为，动态构建行为基线，识别与基线偏差较大的异常行为，从而有效检测未知攻击。AI算法能够从大量数据中自动提取攻击特征，并持续更新特征库，帮助入侵检测系统快速识别新型威胁。

2. 实时响应与自动化防护

通过快速分析和决策，入侵检测系统能够在检测到威胁的瞬间作出响应，将潜在攻击造成的损失降到最低。入侵检测系统在发现异常后可以自动进行网络隔离、阻断威胁、调整防火墙规则等防护措施，减少对人工干预的依赖。实时与威胁情报系统对接，使入侵检测系统可获得最新攻击特征，并即时响应最新的威胁信息。

3. 高度集成化的安全解决方案

随着网络安全需求的不断增加，入侵检测系统逐渐与其他安全系统高度集成，形成全面的安全防护体系。入侵检测系统与防火墙、VPN系统联合工作，通过防火墙实现动态策略调整，阻止已知威胁源访问内部网络。与安全信息和事件管理（SIEM）系统的整合，使入侵检测能够从更全面的数据源进行分析，通过大数据提供更精准的威胁检测。

4. 基于行为的入侵检测系统

基于行为的入侵检测系统（BID）通过对用户、设备、应用的行为进行检测并分析，生成更细化的行为模型。

5. 基于威胁情报的入侵检测

威胁情报可以帮助入侵检测系统提前获知攻击者的行为模式和攻击特征，提升检测效率和精准度。

6. 云计算和边缘计算
云计算和边缘计算技术的普及为入侵检测技术带来新的挑战与机遇。

> **✅知识点拨** **零信任架构**
> 入侵检测逐渐向零信任架构靠拢，在网络安全中强化"永不信任，始终验证"的理念。在每次请求和通信中都严格验证用户和设备身份，以应对内部威胁和被劫持的合法账户。根据用户行为和环境变化实时调整权限，防止滥用资源。

10.6 网络病毒防范技术

病毒和木马可以说是信息存储的最大威胁。了解及防范病毒与木马是信息存储安全的重中之重。

10.6.1 认识计算机病毒

计算机病毒与医学上的"病毒"不同。计算机病毒不是天然存在的，是利用计算机软件和硬件所固有的脆弱性编制的一组指令集或程序代码。它能潜伏在计算机的存储介质（或程序）里，条件满足时即被激活，通过修改其他程序的方法将自己的复制品或者演化的形式放入其他程序中。其他程序被认为"感染"了计算机病毒。计算机病毒对计算机资源进行破坏，对用户的危害性很大。

> **✅知识点拨** **病毒的特点**
> 计算机病毒的主要特点如下。
> - **自我复制**：计算机病毒能够在感染的系统中复制自身。
> - **传播性**：计算机病毒能够通过网络、邮件、文件共享等方式扩散到其他系统。
> - **破坏性**：计算机病毒会破坏文件或损坏系统，造成严重的经济损失和效率下降。
> - **隐蔽性**：计算机病毒通常会采取各种手段隐藏自身，以防止被发现和删除。

10.6.2 病毒的主要危害

病毒的主要危害如下。
- **破坏数据**：删除、修改或损坏文件和系统数据。
- **盗取信息**：窃取个人隐私信息、银行账号、密码等敏感信息。
- **降低系统性能**：占用系统资源、减慢系统运行速度，导致系统崩溃。
- **勒索**：加密用户文件，勒索用户支付赎金以解密文件。
- **远程控制**：将感染的计算机变成僵尸网络的一部分，被黑客远程控制。

10.6.3 病毒的防范技术

计算机及网络病毒防范技术主要包括以下几方面。

1. 防病毒软件

安装和及时更新防病毒软件是最有效的防范方法。防病毒软件可以检测、隔离和清除病毒。常见的防病毒软件有卡巴斯基、诺顿、McAfee等。保持更新防病毒软件的病毒库非常重要，更新后才可以应对新的病毒。设置防病毒软件进行实时监控，及时发现潜在威胁，同时定期执行全面扫描，确保系统中没有潜藏的病毒。

2. 防火墙

防火墙可以控制进入和离开网络的数据流量，还可以深入检查应用层的数据包内容，识别和阻止潜在的恶意流量，例如伪装成正常流量的病毒。

3. 入侵检测和入侵防御系统

通过入侵检测系统监测网络中的异常流量，通过特征匹配或行为分析，识别可能携带病毒的恶意流量。在检测到潜在的病毒攻击后，入侵防御系统不仅会发出告警，还会自动采取措施阻止恶意活动，例如封锁特定的IP地址或端口。

4. 及时进行漏洞修复

病毒通常利用系统或应用程序的漏洞进行感染和传播，定期安装安全补丁可以修复已知的漏洞，降低感染病毒的风险。硬件设备（如路由器）的固件中也可能存在漏洞，定期更新固件可以防止网络病毒通过这些漏洞进入网络。

5. 邮件和网络流量过滤

网络病毒往往通过垃圾邮件传播，邮件过滤器可以帮助识别并隔离带有病毒附件或恶意链接的邮件。还需要过滤恶意网站和不安全的下载链接，防止用户访问可能含有病毒的网页。

6. 行为分析

通过监控用户的行为，识别异常活动，尤其是敏感文件的非法访问和传输，预防病毒通过内部渠道扩散。监测网络中所有设备的行为，发现设备异常活动（如流量激增），防止感染设备的病毒扩散。

7. 数据备份和恢复

一旦系统感染病毒，特别是勒索病毒，可能导致数据丢失或被加密。定期备份数据确保在受感染时可以恢复数据，减少损失。将重要数据的备份保存在不同的位置，确保在感染病毒的情况下可以安全恢复。

8. 安全意识培训

培训员工识别网络钓鱼邮件、不明链接和可疑附件，提高防范意识，减少因人为失误引发的病毒感染。培养员工使用强密码和多因素认证，防止病毒利用弱密码通过网络渗透。

9. 网络分段

将网络划分为多个子网，减少病毒在不同网络之间的传播速度和范围。在检测到病毒感染时，迅速隔离受感染的网络区域，阻止病毒扩散。

> **✓ 知识点拨** **沙盒技术**
>
> 沙盒是一种特殊的运行方式,通过在沙盒中运行不明来源的文件或程序,观察其行为,防止潜在病毒直接感染系统。沙盒可以模拟环境,检测病毒的行为特征,有效识别和阻止未知病毒。

10.7 网络管理

网络管理关系到各种安全策略的实施,直接关系到网络的安全。下面介绍网络管理的相关知识。

10.7.1 认识网络管理

网络管理采用某种技术和策略对网络上的各种网络资源进行检测、控制和协调,并在网络出现故障时及时报告和进行处理,从而实现尽快恢复,保证网络正常高效运行,达到充分利用网络资源的目的,并保证网络向用户提供可靠的通信服务。网络管理体系包括以下几个方面。

1. 网络管理工作站

网络管理工作站是整个网络管理的核心,通常是一个独立的、具有良好图形界面的高性能工作站,并由网络管理员直接操控和控制。所有向被管设备发送的命令都由网络管理工作站发出。

2. 被管理设备

网络中有很多被管设备,包括设备中的软件,可以是主机、路由器、打印机、交换机等。每一个被管设备中可能有许多被管对象。被管对象可以是被管设备中的某个硬件,也可以是某些硬件或软件配置参数的集合。被管设备有时也称为网络元素或网元。

3. 管理信息库

在大规模的复杂网络环境中,网络管理需监控来自不同厂商的设备,这些设备的系统环境、信息格式可能完全不同。因此,对被管设备管理信息的描述需要定义统一的格式和结构,将管理信息具体化为一个个被管对象,所有被管对象的集合以一个数据结构给出,这就是管理信息库。库里面包括数千个被管对象,网络管理员通过直接控制这些对象去控制、配置或监控网络设备。

4. 代理程序

每一个被管设备中都运行着一个程序,以便和网络管理工作站中的网络管理程序进行通信,这个程序称为网络管理代理程序,简称代理(Agent)。代理程序对来自工作站的信息请求和动作请求进行应答,当被管设备发生某种意外时用trap命令向网络管理工作站报告。

5. 网络管理协议

网络管理协议(Network Management Protocol,NMP)是网络管理程序和代理程序之间通信的规则,是两者之间的通信协议。

10.7.2 网络管理协议

常见的网络管理协议就是SNMP（Simple Network Management Protocol，简单网络管理协议）。SNMP是众多网络监控协议的一种，但有其特殊性，因为其设计用于在中央报警主站（SNMP管理器）与每个网络站点的SNMP远程（设备）之间传输消息。这样就能在网络上的多个设备与监控工具之间建立无缝的通信通道。

SNMP监控帮助IT管理员管理服务器和其他网络硬件，如调制解调器、路由器、接入点、交换机以及连接网络的其他设备。有了关于这些单独设备更加清晰的视图，IT管理员可以准确掌握关键网络状态信息，如网络和带宽使用情况，或者可以跟踪运行时间和流量以优化性能。

SNMP架构基于"客户端/服务器"模型。监控网络时，服务器是负责汇聚和分析网络上的客户端信息的监控器。客户端是服务器监控的连接网络的设备或设备组件，包括交换机、路由器和计算机。

10.7.3 安全管理

安全管理要管理硬件设备的安全性能，如用户登录特定的网络设备时进行身份认证等，还具有报警和提示功能。安全管理主要包括操作者级别和权限管理、数据的安全管理、操作日志管理、审计和跟踪。操作级别和权限完成网络管理人员的增、删以及相应的权限设置（包括操作时间、操作范围和操作权限等）。数据的安全管理完成安全措施的设置，以实现网络管理数据的不同处理权限。操作日志管理完成对网络管理人员所有操作（包括时间、登录用户、具体操作等）的详细记录，以便将来出现故障时能跟踪发现故障产生的原因，以及追查相应的责任。审计和跟踪主要完成网络管理系统上配置数据和网元配置数据统一。

> **知识点拨** 常见网络管理软件
>
> 在进行网络管理时，经常会用到各种管理软件，如网络扫描软件，用于发现主机和网络结构，常见的软件是Nmap。数据嗅探工具主要用于获取数据包，常见的Wireshark如图10-7所示。漏洞扫描工具用于发现漏洞，并寻找漏洞补丁，常用的软件是Nessus。远程管理工具用于远程管理服务器等，常见的远程桌面工具如向日葵、ToDesk等。

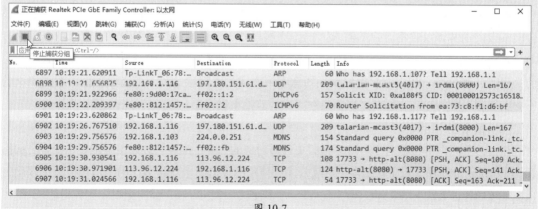

图10-7

知识延伸：网络渗透测试技术

渗透测试是一种主动的网络安全测试方法，用于模拟真实的网络攻击来评估系统的安全性。通过渗透测试，安全专家可以发现并修复系统中可能存在的漏洞，减少因黑客入侵带来的风险。渗透测试涉及多个环节，包括计划、信息收集、漏洞检测、攻击尝试、结果分析等，最终生成测试报告以供修复参考。

1. 渗透与渗透测试

渗透一般指网络渗透，是攻击者常用的一种攻击手段，也是一种综合的高级攻击技术，是对网络主机或网络服务器群组采用的一种迂回渐进式的攻击方法，通过长期而有计划的逐步渗透攻击进入网络，最终完全控制整个网络。网络渗透之所以能够成功，是因为网络上总会有一些或大或小的安全缺陷或漏洞。攻击者利用这些小缺口一步一步地将这些缺口扩大、再扩大，最终导致整个网络安全防线的失守，并掌控整个网络的权限。

渗透测试本身并没有一个标准的定义。国外一些安全组织达成共识的通用说法是：渗透测试是通过模拟恶意黑客的攻击来评估计算机网络系统安全的一种方法。这个过程包括对系统的任何弱点、技术缺陷或漏洞的主动分析。这个分析从一个攻击者可能存在的位置进行，并且从这个位置有条件主动利用安全漏洞。

渗透测试与其他评估方法不同。通常的评估方法根据已知信息资源或其他被评估对象去发现所有相关的安全问题。渗透测试根据已知可利用的安全漏洞去发现是否存在相应的信息资源。相比较而言，通常的评估方法对评估结果更具有全面性，而渗透测试更注重安全漏洞的严重性。

2. 渗透测试的执行标准

学习渗透测试，首先需要了解渗透测试的流程、步骤与方法。尽管渗透目标的环境各不相同，但依然可以用一些标准化的方法体系进行规范和限制。可以这么说，遵循渗透测试执行标准是网安渗透的入门必修课，渗透安全测试执行标准分为以下7个阶段。

（1）前期交互阶段

渗透测试团队和客户组织进行交互讨论，确定渗透测试的范围、目标、限制条件以及服务合同细节。通常涉及收集客户的需求、准备测试计划、定义测试范围与边界、定义业务目标、项目管理与规划等活动。制定可行的渗透测试目标进行实际实施。渗透测试必须得到客户相应的书面委托和授权。客户书面授权委托同意实施方案是进行渗透测试的必要条件。渗透测试的所有细节和风险的知晓、所有过程都应在客户的监控下进行。

（2）情报搜集阶段

情报搜集阶段的目标是尽可能多地收集渗透对象的信息（网络拓扑、系统配置、安全防御措施等），在此阶段收集的信息越多，后续阶段可使用的攻击向量就越多。因为情报搜集可以确定目标环境的各种入口点（物理、网络、人），每多发现一个入口点，都能提高渗透成功的概率。

（3）威胁建模阶段

利用信息搜集阶段搜索到的信息，分析目标系统可能存在的缺陷，进行建模根据模型来对下一步攻击进行规划，接下来就是挨个验证是否存在漏洞并进行利用，这个阶段同样存在信息搜集。

（4）漏洞分析阶段

通过漏洞扫描或者手动检测，利用漏洞特征来确定目标的脆弱点，并进行验证。

（5）渗透攻击阶段

验证漏洞存在后，利用发现的漏洞对目标进行攻击，漏洞攻击阶段侧重于通过绕过安全限制来建立对系统或资源的访问，实现精准打击。

（6）后渗透攻击阶段

后渗透攻击，顾名思义就是漏洞利用成功后的攻击，即拿到系统权限后的后续操作。后渗透攻击阶段的操作可分为权限维持和内网渗透两种。

① 权限维持：提升权限及保持对系统的访问。如果漏洞利用阶段得到的权限不是系统最高权限，应继续寻找并利用漏洞进行提权。同时为了保持对系统的访问权限，应留下后门（木马文件等）并隐藏行踪（清除日志、隐藏文件等）。

② 内网渗透：利用获取的服务器对其所在的内网环境进行渗透。内网环境往往要比外网环境更容易渗透，可以利用获取的服务器进一步获取目标组织的敏感信息。

（7）撰写报告阶段

渗透测试的最后一步便是报告输出。客户不会关心渗透的过程到底是怎样，他们重点关注的是结果；因此一份好的报告尤其重要。好的报告至少要包括以下两个主要部分。

① 执行概要：执行概要部分向客户传达测试的背景和测试的结果。

② 测试背景：测试的背景主要是介绍测试的总体目的、测试过程中会用到的技术、相关风险及对策。测试的结果主要是将渗透测试期间发现的问题进行简要总结，并以统计或图形等易于阅读的形式进行呈现。然后根据结果对系统进行风险等级评估，并解释总体风险等级、概况和分数，最后再给出解决途径。

3. 渗透测试的工具

根据不同的领域，渗透测试工具也不同，有些工具也可以跨领域使用。常见的渗透测试工具如下。

- **网络渗透测试工具**：Nmap、Metasploit、Wireshark、John the Ripper和Burp Suite等。
- **Web应用程序渗透测试工具**：Nmap、Metasploit、Wireshark、John the Ripper、Burp Suite、ZAP、sqlmap、w3af、Nessus、Netsparker、Acunetix、BeEF、Wapiti、Arachni、Vega、Ratproxy、diresearch、Sn1per等。
- **数据库渗透测试工具**：Nmap、sqlmap、SQL Recon、BSQL Hacker等。
- **自动化渗透测试工具**：Metasploit、John the Ripper、Hydra、Sn1per和BSQL Hacker等。
- **开源渗透测试工具**：Scapy、BeEF、w3af、Wapiti、Arachni、Vega、Ratproxy和Sn1per等。

> ✅ **知识点拨** 渗透测试系统Kali Linux
> Kali Linux是基于Debian的Linux发行版，专门为网络安全和渗透测试而设计。它集成了大量安全工具，涵盖信息收集、漏洞分析、无线攻击、网络监听、密码破解、应用程序漏洞利用等多个领域，广泛用于网络安全研究、渗透测试、计算机取证以及逆向工程。

第11章 网络新技术及应用

网络技术在快速发展,新技术和新应用不断涌现,这些技术不仅提升了数据传输速度和网络性能,还满足了多样化的业务需求。本章介绍一些依托于强大的互联网所衍生的一些新技术和应用。

 要点难点
- 云计算技术
- 物联网技术
- 大数据技术
- 人工智能技术

扫码下载
本章内容